모든 범죄는 증거를 남긴다

과학수사와 범죄

과학나눔연구회 **정해상** 편저

Scientific Criminal
Investigation

 일진사

머리말

이 넓은 세상, 세계 도처에서 이 순간에도 흉악한 범죄가 자행되고 있다. 기법도 지능화, 다양화해져서 속된 말로 '뛰는 놈 위에 나는 놈 있다'라는 표현 그대로 범인을 특정하기가 결코 쉽지 않다.

옛날에는 인두를 불에 달궈 지지거나 주리를 틀어서라도 자백을 받아냈다. 하지만 인권이 기본이 되는 오늘날의 민주 사회에서는 어떠한 물리적 압박도 법으로 엄격하게 금지하고 있다. 설사 자백을 받았다 할지라도 그것은 재판에서 증거로 인정받지 못한다. 용의자가 아무리 범죄행위를 부인한다 한들 빠져나갈 수 없는 명확한 물증을 제시함으로써만이 범인을 특정할 수 있다. 그래서 범행에 대한 과학적 수사가 절실하다.

수사관은 범죄 현장에서 수집되는 증거물(證據物)로부터 사실의 진상 규명에 필요한 다양한 정보를 얻게 된다. 따라서 수사관은 수사 활동을 통해 인적인 것(증인·목격자·피의자 등의 증인)이든 물적인 것(흉기·약물·혈흔·지문 등)이든, 사실 해명에 필요한 증거물을 찾으려고 애쓴다.

그러나 과학 분석의 대상이 되는 증거물은 일반 실험·연구나 질병의 임상 진단 경우와는 달리, 미량이고 신선하지 못하며 변질·변형·파괴가 예측될 뿐만 아니라 다른 물질에 침윤 혹은 혼합되어 있는 등, 다양한 외부 환경에 의한 영향을 받고 있다. 따라서 이미 확립된 자연과학 이론에 엄밀하게 따른다 할지라도 분석 기술 그 자체는 증거물의 실체에 적합하도록 달라지지 않을 수 없었다.

참고로 마지막 제8장의 "화학을 이용한 범죄"를 예외로 하고는 이 책의 각 장에서 소개한 범죄 사례의 대부분은 당시 사람들의 이목을 끌었던 역사적인 사건들이다. 이러한 범죄 사실의 진상을 해명하기 위해 증거물이 분석되었다. 바로 과학수사가 힘을 발휘한 것이다.

사실 해명을 위해 제시된 증거물의 유효성이 인정되는 경우도 있지만 증거 분석의 과오로 억울하게 죄를 뒤집어쓴 원죄(冤罪)의 사례도 있었다. 이와 같은 긴 고난의 과정을 경험하면서 과학수사는 발전해 왔다.

끝으로, 이 책에서는 사건의 전말에 비해서 별로 다뤄지지 못했던 증거물의 감정에 관해 비교적 상세하게 기술했다.

과학수사가 어떻게 발전해 왔는가를 이해할 수 있다면, 그리고 과학수사를 위해 뛰고 있는 수사관들의 노고를 이해하는데 조금이라도 도움이 된다면 책을 엮은 보람으로 생각하겠다.

편저자

차 례

제2장 과학수사와 잘못된 감정

제3장 범죄 수사에서 지문의 활용

제4장 사체의 신원 확인과 복원

제5장 일산화탄소 및 바곳(투구꽃) 살인사건

제8장   화학을 이용한 범죄

제1장

탈륨에 의한 독살사건

범죄에 많이 쓰이는 독극물

원소기호 Ti, 원자번호 81, 원자량 204.3833인 탈륨(thallium)은 수많은 금속 중에서도 가장 독성이 강한 것 중의 하나이다. 무미·무취한 공포의 백색가루로 잘 알려진 탈륨에는 많은 화합물이 있지만 그중에서도 실제로 많이 쓰이고, 더욱이 사람에게 독성이 문제가 되는 것은 황산탈륨과 아세트산탈륨, 질산탈륨이다. 모두 백색의 결정(結晶)이고, 물에 쉽게 용해된다([그림 1.1]).

탈륨은 소화관, 피부, 때로는 호흡기로부터 흡수된다. 항상 범죄에서 문제가 되는 것은 본인이 모르는 사이에 입으로 들어와 경구 섭취로 중독을 일으키는 경우이다. 탈륨은 위(胃) 등의 소화관에서 흡수된 뒤 전신의 장기로 분포해 중독 증상을 야기한다.

아세트산탈륨과 질산탈륨은 성상이 거의
비슷하다. 설탕과 유사하나 아무런 맛이 없다.

[그림 1.1] 아세트산탈륨의 백색 결정

탈륨 중독의 원인으로는, 과거에는 탈모용의 의약품으로 많이 사용된데 따른 만성 중독과 살서제(쥐약)를 넣은 과자를 아이들이 모르고 먹어서 일어나는 급성 중독사고가 압도적으로 많았다. 또 산업 현장에서 탈륨을 다룰 때 그 분진을 흡입해 일어나는 직업병으로서 중독사고도 많지는 않지만 보고된 사례가 있었다. 1950년대 후반에는 유럽의 살인자들이 즐겨 사용한 독극물로서 이 탈륨은 비소(砒素, arsonic)보다 더 빈번하게 쓰였다.

그러나 오늘날에 이르러서는 전반적으로 중독은 드문 편이다. 하지만 자살을 기도한 중독 예가 산발적이지만 발생하고 있으며, 여전히 살인 등의 범죄와 범죄라고는 입증하지 못한 예가 가끔 보도되고 있다.

탈륨 중독과 관련해서 상대적으로 범죄가 차지하는 비율이 예전보다 다소 높아진 것은 사실이지만 실제 의학 논문으로 발표된 경우는 드물다.

여기에서는 먼저 탈륨 중독의 전반적인 역사를 소개하고, 이어서 탈륨을 사용한 살인 또는 살인미수 사건에 관한 논문으로 발표된 것을 중심으로 약술하겠다.

탈륨 중독사건의 역사

탈륨은 영국의 유명한 화학자·물리학자인 윌리엄 크룩스 (William Crookes, 1832~1919) 경에 의해 1861년에 발견되었다. 그는 황을 다루는 공장의 연통 분진에서 셀렌(selenium, Se)을 추출하려다가 우연히 발견하고 탈륨이라 명명했으며, 2년 뒤인 1863년에는 프랑스의 화학자 클로드 오거스트 라미 (Claude-Auguste Lamy, 1820~1878)가 탈륨은 사람을 포함한 모든 동물에 대해서도 독성이 강하다는 것을 지적했다.

19세기 말엽에는 유럽을 중심으로 황산탈륨이 의약품으로 결핵, 매독, 임질, 적리(赤痢)의 치료에 사용되기 시작했다. 또 아세트산탈륨이 두부백선(頭部白癬, Dictdmnus Dasycarpus) 치료의 전처리제로 사용되었다.

1920년에 들어오자 약 2퍼센트의 황산탈륨을 튜브에 넣은 페이스트(paste)가 살서제(상품명 젤리오페이스트)로 독일에서 판매되기 시작했다. 황산탈륨은 곧 미국에서도 쥐약으로서뿐만 아니라 살충제로 사용되었다. 또 아세트산탈륨의 크림은 탈모제로도 발매되었다.

1932년에 미국에서는 처음으로 탈륨 중독이 집단으로 발생했다. 캘리포니아 주에서 일하는 멕시코인 노동자가 1퍼센트의 황산탈륨을 바른 곡물을 창고에서 훔쳐내어 자식을 포함한 서른한 명이 빵을 만들어 먹은 뒤 열네 명이 입원하고 다섯 명이 사망했다.

1934년에 미국의 뭉크는 그해까지 전 세계에서 발생한 탈륨 중독의 집계를 발표했다. 그에 의하면, 778건의 중독 사례 중에서 46명이 사망했는데, 주목할 점은 그중 692건의 사례는 황산탈륨을 탈모제로 사용해서 일어난 중독 예였다. 이 통계에서 살인에 의한 범죄 예는 불과 2건이 포함되었다.

1943년에 미국의 게틀러와 와이스는 탈륨을 함유한 살서제와 살충제, 탈모크림과 연고가 시장에 등장해서 일반 대중이 쉽게 입수할 수 있게 됨으로써 탈륨으로 인한 사고와 의도적인 중독이 발생하게 되었다고 보고했다.

1956년에 그로스만이 보고한 바에 의하면, 1935년부터 1955년까지 소아의 탈륨 중독 예가 미국에서 17건 발생했다고 한다. 대부분은 모르고 입에 넣어 중독을 일으킨 것이지만 3건은 살인 의도에서 발생한 것으로 의심되고, 다섯 명은 원인 불명이었다.

1963년 리드 등은 1954년부터 1955년 사이 미국의 텍사스 주 서부에서만 130명의 소아 중독 사례가 있었다고 보고했다. 이 증례들은 살서용으로 황산탈륨을 넣은 도넛이나 쿠키 등을 먹음으로써 초래된 중독이었다.

1957년에는 독일의 프랑크푸르트에서 러시아인 망명자의 암살 명령을 거부한 소련의 한 첩보원이 KGB에 의해 탈륨으로 중태에 빠진 사건이 있었다. 이 경우는 그 첩보원을 미국이 육군법원에 입원시켜, 의사들이 총력을 다해 치료한 결과 겨우 생명을 건졌다. 이 탈륨은 특수하게 만들어진 것으로, 방사성 탈륨이었다고 한다.

1961년에 영국의 애거서 크리스티(Agatha Christie, 1890~1976)는 『창백한 말(The Pale Horse)』이라는 추리소설을 발표했다. 이 소설은 탈륨 중독을 모티브로 하여 기괴한 연속 살인사건을 다룬 것이다. 이 탈륨 중독에 대해서는 당시, 미국에서 다발했던 기묘한 탈륨 살인사건을 모티브로 삼았다고 하며, 크리스티 자신은 탈륨 중독에 관해 조예가 깊음을 여러 곳에서 보여 주고 있다. 실제로 크리스티는 제2차 세계대전에 자진 지원해 약제사로 활동했으며, 그때 수많은 약물에 대해 상세한 지식을 습득한 것으로 짐작된다.

1971년 7월 이후, 영국의 하트퍼드셔(Hartfordshire) 주의 보빙턴(Bovingdon)에 소재한 사진회사에서 탈륨에 의해 두 명이 사망하고 두 명이 전형적인 중독 증상을 야기한 사건이 발생했다. 경찰과 법의학자의 대대적인 수사로 그레이엄 영(Graham Frederick Young, 1947~1990)이라는 사원에 의한 탈륨 연쇄 살인사건이 백일하에 밝혀졌다. 그레이엄 영이라는 사내는 독극물의 위력에 매료된 독살마로, 죄 짓는 것을 삶의 보람으로 생각했으며, 열한 살의 어린 시절부터 무려 20년 이상 독극물을 사용한 살인 연구를 이어왔다고 한다.

1974년에는 벨기에의 스티븐스 등이 탈륨 중독의 11 증례를 종합해서 보고했다. 범죄와 관련된 것이 5건으로 가장 많고, 2건이 자살, 3건이 사고로 인한 것이었다고 한다.

1980년 스위스의 메슐란에 의하면, 스위스에서는 과거 20년 사이에 탈륨을 사용한 살인사건이 늘어나고 있으며, 그가 아는 것만도 9건이라고 했다. 독일 등지에서는 살인의 수단으로 탈륨과 파라티온이 비소(arsenic)를 대신하고 있다고 한다.

1981년 미국의 톰슨은 미국에서도 아직 탈륨은 살인제(殺人劑)로 사용되고 있으며, 원인 불명의 중독 사례가 적지 않다고 지적했다.

1988년 영국에서 도피생활을 계속한 이라크의 반체제 인사 압둘라 알리(Abdullah Ali)는 탈륨에 의해 사망했다.

1990년 미국의 마크는 탈륨은 현재도 살인용 독극물로 지명도가 높다고 했다.

1992년 이라크 정부로부터 위험인물로 점 찍힌 이라크군 중령과 대학교수가 각각 돌연한 원인 불명의 병자가 되었다. 두 사람은 가까스로 다마스쿠스를 경유해 영국으로 탈출해서 치료를 받았다. 그 결과 탈륨 중독임이 판명되었다.

세계의 유명 탈륨 살인사건

오스트리아에서 일어난 주부의 탈륨 살인사건

1927년, 컵프스는 오스트리아에서 발생한 하나의 탈륨 살인사건에 대해 상세하게 소개했다.

1925년 6월, 한 가정주부가 소설에서 힌트를 얻어 쥐약으로 남편을 살해할 것을 계획했다. 약국에서 살서제(殺鼠劑)로 판매하는 '젤리오페이스트'를 구입해 그것을 여러 번 상습적으로 남편의 음식물에 몰래 넣었다. 아침에는 커피밀크 속에, 저녁에는 채소나 소시지, 토마토 소스 등 온갖 방법으로 음식물에 첨가하고, 점차 그 첨가량을 늘려 나갔다. 처음에는 남편이 구역질을 하고 구토로 이어졌다가 후에는 다리에 강한 통증을 호소하게 되었다. 입원 후 3주가 되자 탈모가 시작되었다. 당시, 친척들은 혹시나 아내가 독극물을 먹인 것이 아닌가 의심했다고 한다.

그러나 일단 증상이 회복되었기 때문에 퇴원했다. 퇴원 후 7일 만에 다시 구토가 심해지고 수족이 마비되며, 이어서 시력이 저하되고 불면에 시달리다가 재입원 40일 만에 사망했다. 주치의가 경찰에 고소한 관계로 해부가 실시되었지만 특별한 이상 소견이 나오지는 않았다.

환자가 사망한 후에 재판이 진행되었고, 2년 후에 아내는 자신이 범인이었다고 자백했다. 이것이 탈륨을 사용한 범죄 사례의 최초의 보고였다.

탈륨 독살사건으로, 세계적으로 처음 유명했던 것은 그 어느 것보다도 마르타 마레크 사건을 들지 않을 수 없다. 오스트리아 빈(Wien)에서 고아였던 마르타는 가난한 가정에 맡겨져 자라다가 1919년, 불과 열다섯 살 때 모리츠 프리츠라는 큰 부자 노인의 눈에 들어 그의 정부(情婦)가 되었다. 5년간 정부로 지내다가 노인이 죽자 호화로운 저택과 엄청난 유산이 그녀의 것이 되었다. 그 부호의 사인(死因)에 의혹을 제기한 친척들이 시체를 발굴해 조사하려고 했으나 반대에 부딪쳐 실현하지 못했다.

수개월이 지나 마르타는 에밀 마레크라는 공과 학생과 결혼했다. 에밀과는 부호 노인이 사망하기 이전부터 정을 통하는 사이였다. 낭비벽이 심한 마르타는 얼마 지나지 않아 빈털털이가 되고 빚까지 짊어지자 두 사람은 보험금 사기를 계획했다. 그러나 뜻대로 되지 않았다.

1932년 에밀 마레크가 '폐결핵'으로 자선병원에서 사망했다. 그의 죽음에 별로 의심스러운 점은 없었다. 하지만 그로부터 1개월 후 이번에는 친딸인 잉게보르그가 죽었다. 이때도 의혹은 없었다. 외톨이가 된 마르타는 친척인 수잔 레벤슈타인 부인과 함께 살기로 했다. 그러나 부인은 얼마 지나지 않아 마르타에게 재산을 남기고 숨을 거뒀다. 병의 증세는 마레크와 똑같아서, 하지의 마비를 강하게 호소했다. 어떻든 마르타는 부인의 유산을 상속받았다. 그러나 그 낭비벽은 여전해서 오래지 않아 다시 무일푼의 신세가 되었다.

그녀는 이번에는 키텐 베르거라는 노부인에게 방을 빌려주었으나 얼마 지나지 않아 키텐 베르거 부인도 죽었다. 친척 관계도 아닌 겨우 하숙집 주인이 부인의 보험금을 타게 되자 죽은 부인의 아들은 어머니의 죽음이 의심스러웠다.

경찰에 신고해 유체를 발굴, 검시한 결과 체내에서 고농도의 탈륨이 검출되었다. 이렇게 해서 사인은 탈륨에 의한 것으로 판명되었다. 이에 따라 마르타의 남편인 에밀과 딸인 잉게보르그, 그리고 레벤슈타인 부인의 사체도 다시 조사했다. 그 결과 세 사람 모두의 사체에서 고농도의 탈륨이 검출되었다.

경찰 조사로 마르타가 약국에서 탈륨을 구입한 사실도 밝혀졌다. 경찰은 다른 한편, 혼자 남은 마르타의 아들 행방도 수소문해서 다른 읍내에 하숙하고 있는 것을 찾아냈다. 그는 수족이 완전 마비되고 위독 상태에 있었으나 바로 병원으로 옮겨져 겨우 목숨은 건졌다.

히틀러의 침공으로 오스트리아에서도 사형 제도가 부활되었으므로 1938년 12월 6일 마르타는 참수형으로 처형되었다.

영국의 그레이엄 영 사건

영국에서 발생한 탈륨에 의한 범죄 중에서 가장 유명한 것은 앞에서 소개한 그레이엄 영(Graham F. Young) 사건이다. 이 사건은 여러 논문에서도 언급되었다. 많이 알려진 것은 1974년의 어빙과 존슨, 같은 1974년의 캐바나프, 1991년의 캐바나프 교수의 논문이고, 콜린 윌슨(Colin H. Wilson, 1931~2013)의 저서 『현대 살인백과』에도 상세하게 소개되어 있다.

이 그레이엄 영 사건이 밝혀지게 된 계기가 된 것은 1971년 11월 20일, 런던 경찰청의 커크패트릭 경감이 성 토머스 병원의 법의학주임인 존슨에게 전화로 수사를 의뢰한 데서부터 비롯되었다.

이 의뢰는 앞에서도 소개한 바 있는, 보빙던에 소재하는 사진공장에서 두 사람이 연이어 사망했는데, 그 두 사람이 공통적으로 사지(四肢)의 마비와 머리의 탈모를 일으킨 바로 그 사건에 관해서였다. 이 의뢰에 대해 존슨은 바로 경찰청에 전화로 사인은 탈륨 중독에 의한 것임이 틀림없다고 연락했다. 런던경찰청은 광범위하게 탐문 수사를 시작했다.

그 결과, 같은 공장에서 근무한 그레이엄 영이라는 남자가 용의자로 떠올랐다. 그가 유독 독극물학(毒劇物學)에 흥미를 느끼고 있었던 사실을 확인하고, 그의 거실을 수색한 결과 중독학에 관한 서적과 독극물이 다수 발견되었다. 무엇보다도 가장 큰 수확은 압수한 그의 일기였다. 그의 일기에는 독극물을 사용한 범행이 극명하게 기록되어 있었으며, 그 일기는 마치 학술논문 같았다고 한다. 이렇게 되자 그는 범행을 시인하고 오히려 수사관에게 10분 정도 탈륨 중독에 대해 매우 전문적인 강의까지 했다.

성 토머스 병원의 존슨은 먼저 런던의 퀸스퀘어(Queen Square)에 있는 국립병원의 저명한 신경병리학자인 캐바나프 교수와 경찰청의 법의학연구소 분석전문가인 앨번 풀러(Alvan Fuller, 1878~1958) 부장에게 도움을 청해 사법적 해부를 하기로 했다.

한편, 이미 탈륨 중독에 대해 논문를 발표한 바 있는 벨기에의 겐트대학 법의학자 토머스 교수에게 탈륨 중독의 임상증상과 치료에 관해 조언을 구했다.

가장 먼저 사망한 사람은 이글(Bob Egle)이라는 59세의 창고계(倉庫係) 남성이었다. 그레이엄 영은 이 남성에게 자주 차(茶)를 대접했는데 그는 1971년 6월 30일에 병원에 입원해서 말초신경 장애 진단을 받고, 발증 9일 만에 사망했다. 사인은 길랭-바레증후군(Guillain-Barre syndrome)으로 판명되었다. 그는 화장 후 매장되었으나 묘에서 파낸 재와 잔존하는 병리 표본에서 탈륨이 검출되었다.

두 번째 사망 예는 역시 빅스(Fred Biggs)라는 60세의 창고계 남성이었다. 10월 30일 그레이엄 영은 그에게 차를 대접했다. 다음 날부터 복통과 오심, 구토·설사가 나고, 그 후 양쪽 하지의 심한 통증에 시력장애와 호흡 곤란까지 동반해 11월 9일 사망했다. 이 사람 역시 부검 때 확보한 각 조직에서 탈륨이 검출되었다.

세 번째 희생자는 배트(Jethro Batt)라는 39세의 전기공 남성이었다. 10월 5일 저녁, 그레이엄 영은 이 사람에게 커피를 주었다. 그 커피에서는 금속 냄새가 났었다고 본인이 후에 진술했다. 집에 돌아온 후 식욕이 없었으며, 10월 17일에는 하지에 마비감이 나타났다. 결국 11월 5일에 입원하게 되었는데, 탈모와 환각 증세가 있었고 소변에서 탈륨이 검출되었다.

탈륨에 희생된 최후의 사람은 같은 공장의 사무원인 26세의 남성이었다. 10월 8일에 그레이엄 영으로부터 차(茶)를 대접받았으나 그 속에 설탕이 들어 있지 않아 다는 마시지 않았다고 후에 본인이 털어놓았다. 다음 날 아침부터 양쪽 발에 강한 마비감이 느껴지고 하지의 통증 때문에 잠을 자지 못했다고 한다. 후에 탈모가 시작되었으며, 이 증례에서도 소변에서 탈륨이 검출되었다.

이 일련의 탈륨 중독사건에서 주목해야 할 점은 범인이 아세트산탈륨을 사용한 사실, 투여량을 세심하게 일기에 기록한 사실, 아세트산탈륨을 물에 녹인 후 차나 커피에 섞어 마시게 한 사실 등이다.

최초의 증례는 0.93그램을 2회에 나눠 마시게 했으며, 신경 증상이 나타나고 나서 9일 만에 사망했다. 두 번째 증례도 0.93그램을 3회에 나눠 마시게 했으며, 신경 증상이 나타나고 19일 만에 사망했다.

그레이엄 영의 일기에 기록된 증상과 소견, 그리고 그의 옷에서 탈륨이 검출된 사실이 움직일 수 없는 증거가 되어 그는 살인죄로 기소되었고, 최종적으로 종신형이 선고되었다. 영은 1990년 8월, 와이트(Wight) 섬에 있는 파커스트(Parkhurst) 감옥에서 43세의 생일을 한 달 앞두고 젊은 나이에 병으로 사망했다.

미국에서의 탈륨 살인사건

1964년, 하우스만과 윌슨은 탈륨에 의한 몇 가지 범죄 예를 소개했다.

1961년, 66세의 보험 세일즈맨과 그의 아내는 11월 18일에 두 사람 모두 양쪽 하지에 격심한 통증이 나타났다. 먼저 남편이 잠을 자다가 호흡 곤란과 가슴에 통증이 심해지차 구급차를 불러 입원했다. 입원 당시 이미 혼수 상태였으며, 입원한 지 1시간 반 만에 사망했다. 사인은 심근경색이었다. 한편, 아내도 양쪽 하지의 통증이 심해져 걸을 수 없게 되었으므로 11월 23일에 입원했다. 당시, 통증을 너무 강하게 호소했으므로 히스테리로 진단되었다. 그러나 입원한 다음 날 사망했다.

이 부인 언니의 승낙을 얻어 부검이 실시되었다. 그 결과 몸의 조직에서 많은 양의 탈륨이 검출되었으므로 탈륨 중독으로 진단되었다. 또 이때 매장된 남편의 유체를 발굴해서 조사한 결과 역시 각 조직에서 탈륨이 검출되었다. 이 부부의 장례식에 참석하기 위해 그 집을 방문한 다른 부부도 양쪽 하지에 통증이 나타나고, 후에 탈모 현상이 나타났다. 이 부부의 소변에서도 탈륨이 검출되었다.

사망한 부부의 처형의 거동이 어쩐지 수상하다고 느낀 경찰은 그녀를 심문한 결과 4시간 만에 결국 모든 것을 자백받았다. 범행의 동기는 자신이 피해자 부부에게 이용당했다고 생각했으며, 자기 사생활을 간섭하는 것에 화가 났기 때문이라고 했다.

살서제로 판매되는 1.3퍼센트의 황산탈륨 용액 100밀리리터를 39센트에 구입해서 2회로 나눠 피해자 부부의 냉장고 음료수에 넣었다고 했다. 그녀는 정신과 의사의 감정 결과 심한 정신장애가 있는 것으로 밝혀져 정신병원에 이송되었다.

1988년, 디센클로스 등은 집단 탈륨 중독사건을 보고한 바 있다. 이 사건에 관해서는 후에 제프리 굿과 수전 고레크의 공저로 『독극물 지능범의 심리분석』이란 제목의 단행본이 출판되었다.

이 책은 그 사건의 생생한 수사 기록이며 모두 실화(實話)로서 독살 지능범의 심리분석이 잘 표출되어 있다. 저자인 제프리는 저널리스트로 후에 퓰리처상을 수상했고, 수전은 이 사건 규명에 공헌한 현지의 FBI 비밀 수사관이었다.

1988년 10월에는 플로리다 주의 아르토우라스라는 작은 읍에서 일가 몰살을 노린 가공할 만한 사건이 발생했다. 우선 가장 먼저 입원한 사람은 어머니였다. 양쪽 다리가 타는 듯이 아프다고 호소하더니, 곧 머리카락도 송두리째 탈모했다.

이 여자를 진찰한 신경내과 의사는 곧바로 탈륨 중독을 의심했다. 소변에서는 정상인의 2만 배에 이르는 탈륨이 검출되었으며, 곧바로 두 아이들도 수족 마비를 나타내기 시작했다.

경찰과 신경내과 의사가 연계해 수사하는 과정에서 일가 일곱 명이 탈륨이 혼입된 콜라를 마시고 어머니는 사망, 다른 아이들은 말초신경 장애를 나타내기 시작해 중태에 빠진 사실이 밝혀졌다. 피해자의 집 부엌에서 뚜껑을 열지 않은 콜라병

네 개가 발견되었고, 병에서는 모두 치사량을 초과하는 탈륨이 검출되었다. 콜라 제조공장을 철저하게 조사했으나 의심스러운 점은 전혀 발견되지 않았다.

이웃에 사는 조지 트리발을 범인으로 의심했지만 체포할 만한 증거가 전혀 없었다. 이 사건은 미국 전체가 주목하게 되어 FBI가 수사에 개입했다. FBI의 행동과학팀은 독극물을 사용한 의도에서부터 범인의 성격과 심리를 분석해서 조지에 대한 의혹을 압축했다. 그리하여 FBI 심리분석관의 지원을 받아 수전에 의한 유인 수사가 시작되었다.

FBI는 모든 것을 수전에게 걸었다. 조지는 지능지수가 높고 냉혹한 사나이였다. FBI의 행동과학팀과 범인 간의 숨막히는 대결이 이어졌다. 조지는 좀처럼 입을 열려고 하지 않았다. 수전은 덫을 놓고 속속 사실을 밝혀 나갔다. 그것은 한 걸음만 잘못 디디면 스스로도 독살당할지 모르는 위험한 도박이었다. 조지의 부인은 수사관들에게 남편이 자주 읽는 책이 있다고 알려 주었다.

목숨을 건 수사 끝에 조지의 집에서 탈륨의 분말이 든 작은 병과 조지가 쓴 「독살 안내서」, 애거사 크리스티(Agatha M. C. Christie)가 쓴 『창백한 말』 등이 속속 발견되었다. 범행 동기는 매우 단순했다. 이웃집 라디오가 시끄러워서였다는 것이다. 그는 콜라 여덟 병 속에 탈륨을 타서 이웃집 냉장고에 몰래 넣었다고 했다.

1991년 플로리다 주 지방법원의 재판장은 조지 트리발에게 사형을 선고했으며, 2년 후인 1993년에 플로리다 최고법원은 조지와 그 대리인이 제기한 일련의 상소를 기각했다.

일본에서의 탈륨 살인사건

후쿠오카 대학병원의 탈륨 중독사건

1979년도 저물어가는 12월 중순이 지난 어느 날, 규슈(九州)대학 대학원 의학연구소의 이노우에 나오히데(井上尚英) 교수는 전화를 통해 후쿠오카(福岡)대학병원의 내과 의사로부터 중독성이라 생각되는 말초신경 장애의 원인을 알 수 없으므로 긴급 진단해 주기 바란다는 의뢰를 받았다.

약속한 12월 18일에 이노우에 교수가 진찰한 환자는 후쿠오카대학병원의 임상검사 기사로 근무하는 28세의 남성이었다. 이 남성은 동년 12월 4일경 돌연 상복부의 불쾌감과 구역질에 구토가 뒤따르고 닷새 후부터는 사지 말초부가 쑤시고 아프면서 마비감이 느껴졌다. 그리고 10일경부터는 머리털이 빠지기 시작하고, 사지의 이상 감각과 함께 전신 권태감도 일어났다.

이 사람의 병력(病歷)을 보면 이것이 처음이 아니었다. 같은 해 8월 상순에도 하복부의 통증, 구역질과 구토가 나타났으며, 그 후 7일 정도 되어서는 사지 말초부가 심하게 쑤시고 아프면서 이상 감각이 느껴졌다고 한다. 그때도 역시 전신의 권태감이 동반했고, 14일째부터는 두발의 탈모가 나타났으며, 4주일 후 무렵부터는 손톱, 발톱에 횡단성의 흰 선(Mees line)이 확인되었다. 이때의 사지 통증과 이상 감각, 탈모 등은 약 2개월쯤 지나 치유되었다고 한다.

12월 18일에 긴급 진단을 받은 그는 불면을 호소했으며 다소 초췌한 모습이었다. 두부에는 또 탈모가 인지되었으며 많이 야윈 편이었다. 흉부와 복부에는 특별한 소견이 없었고 신경학적 검사에서는 시신경 등의 뇌신경과 경부(頸部)에 이상이 검증되지 않았지만 사지 말초부에 짜릿짜릿한 이상 감각과 통증이 있었다. 이 동통(疼痛) 때문에 근력검사는 할 수 없었고 일어서거나 걷기도 어려웠다. 감각 장애로서 심부(深部) 감각(振動覺)의 저하가 인지되었다.

입원 때의 검사 소견에 따르면 통상적인 소변(尿)과 혈액 검사, 흉부 X선, 심전도, 뇌파검사 등에서는 모두 이상이 인지되지 않았다. 하지의 말초신경(배복신경)을 추출해서 병리학적으로 상세하게 검사(신경생검)한 결과 말초신경 장애를 나타내는 명확한 소견을 얻었다.

이 증례는 이제까지 두 번 정도 같은 증상이 나타나 같은 경과를 밟았다. 두 번 다 먼저 복부 증상으로, 하복부 불쾌감, 구역질, 구토가 일어났고, 그 5일 내지 7일째부터 사지 말초부에 동통과 이상 감각이 나타났으며, 복부 증상에서부터 10일 내지 14일째 무렵부터 두발의 탈모가 나타났다.

지난 8월에는 손톱과 발톱에 횡단성(橫斷性)의 흰 선이 인지되었고, 신경학적 검사에서는 사지 말초부에 동통과 이상 감각이 심하며 감각 장애로 진동각의 저하가 인지되었다.

이상으로 이 증례는 2회 모두 복부 증상 후에 말초신경 장애가 나타나고 얼마 지나서 두부의 탈모를 초래하며 손톱과 발톱에 횡단성 흰 선이 인지되었다.

이와 같은 증상의 발현 상태와 경과로 보아 2회 모두 급성 탈륨 중독인 것으로 의심되었다. 이노우에 교수는 머리에 떠오르는 많은 유사 증상을 하나하나 지워 간 결과 역시 탈륨 중독밖에 남지 않았다.

그러나 탈륨 중독을 객관적으로 증명하려면 중독 증상이 발현한 그 시점의 소변을 조사할 수밖에 없었다. 다행히도 두 번째 발병할 당초의 소변 2일분이 보관되어 있었으므로 그 일부를 시험관에 분할받아 산업의과대학 위생학교실에 분석을 의뢰했다.

즉시 그 소변을 전광흡광 광도계로 분석한 결과 놀라울 정도의 고농도 탈륨이 검출되었다. 그 결과 또 다른 의문이 이노우에 교수를 괴롭혔다. 어찌하여 그는 두 번이나 탈륨에 중독당한 것일까? 어쨌든, 서둘러 그 원인을 규명해야 했으므로 주치의와 이노우에 교수에게는 고뇌의 날이 계속되었다.

두 번 모두, 증상이 갑자기 나타나는 것으로 보아 급성 중독으로 진단되었다. 탈륨이 체내로 침입한 경로는 어떤 형태로든 입을 통해서 들어간 경구 섭취에 의한 것으로 판단되었다. 본인에게 직접 문의한 바 단 한 번도 탈륨을 사용한 적이 없었으며, 자살할 목적으로 복용한 적은 더더욱 없었다고 강하게 부정했다. 스스로 탈륨을 마신 적이 없다면 누군가 그에게 탈륨을 마시게 했을 것이다. 집 안에서 탈륨을 섭취했을 가능성을 조사했지만 그럴 가능성은 역시 없었다고 판단되었다. 그의 아내의 소변도 조사해 보았지만 전혀 검출되지 않았다.

탈륨을 섭취할 가능성이 있는 마지막 장소는 직장밖에 없었다. 같은 증상을 나타낸 증례가 직장에서 있었는가? 주치의의 조사에 의하면 과거에는 전혀 없었다는 사실이 밝혀졌다.

그렇다면 직장의 어느 누군가가 몰래 탈륨을 섭취하게 한 것인가? 만약에 그렇다면 그 범행의 동기는 무엇인가? 그래서 우선 그의 양해를 얻어 이노우에 교수와 주치의 두 사람은 그가 근무하고 있는 직장의 실내에 탈륨이 존재하는지 여부를 철저히 조사했다. 그러나 실내에서 탈륨 자체는 물론 유사한 것도 전혀 발견되지 않았다.

이제까지 발생한 탈륨에 의한 범죄에서는 홍차나 커피에 탈륨을 몰래 넣어 마시게 한 사례가 많았다. 그가 기호하는 것을 탐문했더니, 그는 직장에서 하루에 여러 잔의 커피를 버릇처럼 마신 것으로 밝혀졌다. 전문가의 감이라고 할까, 어쩌면 커피에 단서가 될 열쇠가 숨어 있을지도 모른다는 생각이 들었다.

만약에 그렇다면, 직장 안의 누군가가 이 환자가 상용하고 있는 커피 잔에 탈륨을 몰래 넣었을 것이다. 그리고 그 범인은 이 환자가 상용(常用)하고 있는 커피 잔이 어느 것인지도 알고 있는 자일 것임이 틀림없었다.

어떻든, 탈륨 중독의 재발을 막는 차원에서 직장 안의 휴게실에서 사용하고 있는 커피 잔을 누가 사용하는 것인지 알 수 없도록 모두 똑같은 것으로 교체하도록 했다. 그래서 이노우에 교수는 그의 직장 안에서는 더 이상 탈륨 중독은 발생하지 않을 것이라고 안도했다.

그러나 이로부터 약 2년이 지난 1981년 7월 말 예상도 못했던 세 번째 중독 증상이 나타났다. 이번에는 지난번의 증상자 외에도 같은 직장의 동료 두 명에게서 똑같은 증상이 나타났다. 때를 같이해 식욕 부진과 구역질, 구토가 나고, 며칠 후에는 사지 말초부에 동통과 심하게 저리는 이상 감각이 나타났다. 또 10일째 무렵부터는 머리의 탈모도 생겼다. 주치의의 보고에 따르면 세 사람 모두 증상의 정도에 다소의 차이는 있지만 똑같은 증세를 나타냈다고 한다.

이노우에 교수는 이 보고를 들었을 때, 이렇게 되면 범인은 틀림없이 같은 직장 안에 있을 것이라고 확신했다. 그리고 이 사건을 경찰에 연락할 것인가를 두고 많이 고민했으나 어디까지나 외부자이므로 알리지 못했다.

이 시점에서, 병원 안에서 탈륨 중독이 집단으로 발생한 사실이 보도기관에 알려졌으므로 사태를 중시한 후쿠오카대학병원은 8월 말 병원장을 위원장으로 하는 조사위원회를 발족시켜 그 원인 규명에 착수했다. 9월 21일에 후쿠오카 현 경찰청에 제소하고, 경찰청은 극비리에 조사를 시작했다. 그 결과 후쿠오카대학병원 임상검사부의 다른 방에서 마이코플라스마(mycoplasmatales) 배지(培地)를 만드는 데 아세트산탈륨이 사용된 사실이 밝혀졌으며, 직원 중 누군가가 그것을 범행에 사용한 것으로 추정되었다.

그리하여 임상검사부 직원 39명 모두의 소변을 받아 분석했다. 그 결과 중독 경험자 세 명을 포함해 일곱 명의 소변에서 탈륨이 검출되었다. 이 일곱 명은 모두 같은 휴게실에서 커피를 마셨던 것으로 미뤄볼 때 그 휴게실에 놓여 있던 설탕 그릇에 무언가 단서가 있을 것이라 믿어 설탕을 조금씩 들어내자 그릇 바닥의 한쪽 구석에서 탈륨의 결정이 덩어리가 되어 붙어 있는 것이 발견되었다.

직장 안의 어느 누군가가 설탕 그릇에 탈륨을 섞어 넣었다가 조사가 시작되었다는 소문을 듣자 서둘러 증거를 감추기 위해 탈륨이 섞인 설탕을 버린 것으로 추정했다. 탈륨이 검출된 일곱 명에 대해 설탕 사용량을 검사했더니, 설탕을 많이 넣은 일곱 명이 탈륨에 중독된 것으로 판명되었다. 동료의 한 사람에게 의혹이 집중되었으나 그는 시종 혐의를 강력 부인했고, 끝내는 자신은 무관하다는 유서를 남기고 자살했다.

도쿄대학 의학부의 탈륨 중독사건

1991년 4월 어느 날, 도쿄 경시청(警視廳)의 수사관 두 명이 이노우에 교수의 연구실을 방문했다. 그들이 먼저 제시한 것은 두발이 매우 엉성한, 아니 거의 빠진 듯한 머리 사진이었다.

사진의 주인공은 이미 사망했지만 사인이 확정되지 않았으므로 사인 규명에 협조를 바란다는 것이 방문 목적이었다. 사자(死者)는 도쿄대학 의학부 부속 동물실험 시설에서 근무한 38세의 남성 기관(技官)이었다.

수사 협력 의뢰를 받은 이노우에 교수는 먼저 사망한 증례에 대해 발병에서 사망하기까지, 그 기간에 통원·입원한 의료기관 모두의 진료카드(Karte)를 압수해 자각 증상과 다각적 소견 및 입원 시 검사 소견을 철저하게 분석했다. 그 결과 다음과 같은 사실이 판명되었다. 그는 원래 건강했고 병원에 입원한 적이 없었으며 어떤 투약도 받은 적이 없었다.

1990년 12월 14일, 그는 A정형외과의원에서 진찰을 받고 "양팔, 양다리에 마비감이 느껴지고 보행이 어려워졌다"고 호소해 상용량(常用量)의 2배의 진통제가 처방된 것으로 기록되어 있었다. 이것은 사지의 마비 외에 동통이 매우 심했음을 의미한다.

12월 16일에는 '보행의 어려움 때문에 지팡이 대여'라고 기록되어 있는 것으로 보아 근력 저하가 심해져 걷기가 어려웠던 것으로 믿어졌다. 이때 수면제도 상용량의 2배의 양이 처방되었다. 그의 아내의 이야기로는 이제까지 한 번도 수면제를 복용한 적이 없다고 했다. 따라서 불면도 있었던 것으로 짐작된다.

12월 18일에는 '불면이 더욱 심해졌다'고 기록되어 있고 다른 수면약이 처방되었다.

12월 22일, B병원에서 수진. '다리에 힘이 없어졌다'고 호소.

12월 23일, 복통을 호소해 C병원에서 수진. '마비성 장폐색'이 의심되었다.

12월 26일, D병원 신경내과에서 수진. '하지 근력 저하'를 지적받았다.

하지 말초부의 동통과 찌릿찌릿하는 이상 감각, 하지의 근력 저하, 불면이 지속되었기 때문에 12월 27일 신경병원에 입원했다. 입원 때 정신 상태가 정상이 아니었으며, 무표정하고 멍청한 모습이었다. "침대에 자석이 들어 있다. 혹은 전기가 무엇이냐"라는 질문도 했으며 의식은 몽롱한 상태여서 무엇인가 보인다는 따위의, 환각을 시사하는 기록이 있었다.

입원 날 정신과 의사의 진찰에서도 정신적으로 이상이 있음이 확인되었으며, 정신 증상의 치료약이 처방되었다. 신경내과 의사에 의한 신경학적 검사에서는 명확한 말초신경 장애가 인지되었다.

12월 28일 이후 날마다 혼자 알아들을 수 없는 소리를 중얼거려 실제로는 존재하지도 않은 거미 등의 벌레가 보인다는 환각(환시)이 이어지고, 보행 불능, 불면, 식욕 부진, 심한 복통 등의 고통을 되풀이 호소했다. 의식은 몽롱했으며 고혈압이 계속되었다고 진료카드에 적혀 있었다.

발증으로부터 약 20일이 지난 1월 3일 아침, 간호사는 병실에서 머리의 두발이 송두리째 빠져 침대 위에 흩어져 있는 것을 발견했다. 그 후에도 몽롱한 의식 상태가 계속되고, 환각과 탈모도 지속되었다. 1월 4일에서야 처음으로 탈륨 중독이 의심되어 모발과 손톱·발톱의 분석을 순천당(順天堂)대학 의학부 위생학교실에 의뢰했다.

1월 22일에 그의 모발과 손톱·발톱에서 고농도의 탈륨이 검출되었다는 보고가 도착함으로써 탈륨 중독이라는 진단이 확정되었다.

그 후에도 앞에서 지적한 증상과 이상 소견이 계속되었지만 발병에서부터 약 2개월이 경과한 2월 14일 갑자기 혈압이 떨어져 사망했다.

이 시점에서 종합적으로 검토해 볼 때, 이 증례는 발병한 극히 초기에 진료한 의료기관이 복부 증상의 존재를 제대로 파악하지 못했음을 알 수 있다. 그러나 치료 기록을 살펴보면 그에게는 사지의 이상 감각과 심한 동통이 어느 날 갑자기 나타났으며, 하지의 근력 저하도 인지되어 보행이 어렵게 된 것으로 미뤄 보아 명백히 말초신경 장애가 일어났던 것은 의심의 여지가 없다. 또 장폐색 같은 특정 복부 증상과 환각 등의 정신장애가 나타나고 의식은 몽롱한 상태였으며, 발증에서 20일 정도에는 두발에 현저한 탈모가 발생했다.

이 탈모가 실마리가 되어 탈륨 중독이 의심되고, 모발과 손톱·발톱에서 고농도의 탈륨이 검출되어 진단이 확정되었다. 그러나 그에게는 손톱·발톱에 흰 선(미즈 선[Mees line])

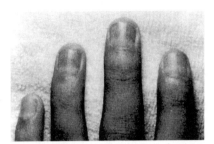
손톱 끝 가까이 부분의 흰 띠 모양(帶狀)의 선을
말한다. 탈륨 섭취 2주째 무렵에 촬영한 것

[그림 1.2] 전형적인 탈륨 중독의 미즈 선

의 존재를 나타내는 기록은 없었다([그림 1.2]).

그는 발증 상태와 경과로 보아 급성 탈륨 중독으로 진단되
었다. 탈륨의 침입 경로는 증상의 발현 현상으로 보아 역시
경구 섭취한 것으로 판단되었다.

또 말초신경 장애가 매우 중증이었고, 보행도 곤란했으며,
정신 증상과 의식장애도 인지되었을 뿐만 아니라 고혈압 등의
자율신경 증상도 지속되다가 사망한 것으로 미뤄 보아 매우
많은 양의 탈륨, 그것도 치사량 상당을 섭취한 것으로 추정되
었다. 요컨대 사인은 전형적인 탈륨 중독에 의한 것으로 판단
되었다.

탈륨 중독의 원인 규명과 관련해서, 그 자신에 대한 수사
결과 자살할 동기는 전혀 인지되지 않았다. 가정 내에서 중독
을 야기했을 가능성도 전혀 발견되지 않았으므로 직장에서 누
군가로부터 음료수에 탄 탈륨을 받아 마셨을 것으로 추정되
었다.

그리하여 직장을 철저하게 수사하는 과정에서 그 대학 동물실험 시설의 특정 부서에서 마이코플라스마 배지를 만들기 위해 아세트산탈륨을 사용하고 있다는 사실이 밝혀졌다. 그리고 그것은 한 기관(技官)에 의해 취급되고 있었으며, 그 기관과 사망자 간의 인간관계가 매우 불편했다는 사실도 의혹으로 떠올랐다.

또 그는 항상 자기만 쓰는 컵에 녹차를 받아 마셨다고 했는데, 그가 상용한 컵에서도 탈륨이 검출되었다. 경시청 감식과의 조사에 의하면, 놀랍게도 그의 테이블 위 여기저기, 의자, 실내 벽면, 냉장고, 심지어는 화장실 등, 광범위한 곳에서 탈륨이 검출되었다. 왜 이처럼 이곳저곳에서 탈륨이 검출되었는가에 대해서는 좀처럼 이해가 되지 않았다.

직장 내의 인간관계 등 여러 상황으로 미뤄 보아 아세트산탈륨의 취급자인 기관의 혐의가 점차 농후해졌다. 그 사람이 피해자의 컵에 탈륨을 넣은 것으로 추정되었다. 하지만 그를 체포할 결정적인 증거는 여전히 발견되지 않았다.

경시청은 조금씩 증거를 굳혀 압박해 나갔다. 그 기관이 구입한 탈륨병 하나가 행방불명이었다. 상세하게 분석해 나가자 그 탈륨은 피해자로부터 검출한 성분과 일치했다.

그리하여 1993년 7월 22일, 그는 드디어 체포되었다. 그의 진술에 의하면 아세트산 1병 25그램을 수돗물에 녹여 피해자가 자리를 뜬 잠깐 사이에 피해자의 컵에 넣어 마시게 했다고 한다. 그리고는 위장하기 위해 일부러 수돗물에 녹인 탈륨 용액을 실내 여기저기에 뿌렸다고 했다. 그의 진술에 따라 이노우에 교수 등은 수돗물에 대한 아세트산탈륨의 용해 실험을 실시한 결과 그 기관이 말한 대로 25그램의 아세트산탈륨은 불과 7밀리리터의 수돗물에 완전 용해되는 것이 확인되었다.

탈륨은 왜 독약으로 많이 사용되는가

탈륨은 연구실 등에서 쉽게 손에 넣을 수 있고, 무미·무취하므로 음식물에 섞어 넣어도 쉽게 탄로나지 않는다. 또 탈륨에 의한 중독 자체가 일반인들에게 매우 생소하기 때문에 다른 병으로 오진되거나 간과되는 증례가 적지 않았기 때문에 탈륨이 살인 등의 범죄에 악용되어 왔다.

또 탈륨을 복용하고 나서 증상이 나타나기까지 일정 시일 무증상의 잠복 기간이 있는 것도 문제이다. 이렇게 되어 범행 시일과 장소를 특정짓기 어려운 것도 바로 탈륨이 이상적인 살인약으로 선호되는 이유이다.

『창백한 말』의 저자 애거사 크리스티의 설명에 따르면, "탈륨을 복용해도 그로부터 2~3일 동안은 보통 아무런 일도 일어나지 않을 것이지만, 조만간 희생자는 발병의 증후를 보이기 시작하므로 의사를 찾게 된다. 그러나 의사는 보통 병과는 좀 다른 원인으로 인한 병이 아닌가 의심해 볼 뿐, 근거는 발견하지 못한다"고 했다.

더욱 중요한 사실은, 중독 증상이 매우 다채롭기 때문에 탈륨에 의한 중독이라 쉽게 진단되는 경우가 적은 것도 범인에게 선호되는 이유이다. 크리스티는 탈륨 증폭의 증례로 "사인이 된 병은 놀랄 만큼 다종, 다양했다. 파라티푸스, 뇌졸중, 알코올성 신경염, 연수(延髓) 마비, 간질, 위염 등도 혼재했다. 어떤 사건에서는 뇌종양, 뇌염, 폐염 등이 발견되었으며, 중독 증상이 있는 단계에서는 다발성 신경염, 류마티스열, 소아마비 등의 진단을 받는 일도 있다"고 설명했다.

어떻게 하면 탈륨 중독을 조기에 진단하느냐 하는 문제는 치료 측면에서나 범행의 단서를 찾는 측면서도 매우 중요하다.

일반적으로 탈륨에 의한 급성 중독에서는 복부 증상, 신경 증상, 모발이 주요 증상으로 나타난다. 복부 증상은 탈륨을 복용한 후 12~24시간 이내에 나타나며, 가벼운 복통과 식욕 부진 후에 심한 복통과 설사를 동반하기까지 한다.

신경증이 나타나는 것은 보통 2~5일째부터이다. 이 신경 증상의 출현은 범행 날짜를 특정하는 데 어느 정도 참고가 된다. 사지의 말초신경이 침해되어 말초신경 장애를 초래한다. 신경 증상이 진행되면 저림, 마비 등의 감각 장애와 함께 근력 저하 등의 운동장애가 일어난다. 또 길랭-바레증후군(Guillian-Barre syndrome)으로 진단되기도 한다.

또 탈륨 중독에서는 특히 사지에 심한 통증을 동반하는 이상 감각이 나타나고, 중증 예에서는 보행도 어렵게 된다. 그리고 불면 등의 정신 증상과 의식장애, 경련이 뒤따르며 빈맥과 고혈압 등의 자율신경 증상도 나타난다.

무엇보다도 탈륨 중독에 가장 특징적으로 나타나는 증상은 탈모이다. 탈모는 두발에서 음모까지 전신에 보이지만 두발이 가장 현저하다. 눈썹만큼은 남는 사례가 많다. 탈모가 시작되는 것은 복용에서 2~3주 후이고, 대부분의 경우 탈모가 나타난 뒤에야 비로소 탈륨 중독으로 진단되었다. 죽음을 면한 경우 탈모는 약 3개월이면 원상태로 회복되어 완전 재생된다.

탈륨 중독의 확정 진단은, 급성기에는 소변 속의 탈륨을 측정하는 것이 가장 쉽고 확실한 방법이다. 그리고 만성기에는 모발과 손톱·발톱에서 탈륨을 검출하고, 이미 사망한 경우에는 병리 해부를 한다면 장기로부터의 탈륨 검출이 중요하다. 이와 같은 검사는 탈륨 중독의 진단과 수사에 불가결한 것임은 말할 나위가 없다. 치사량은 성인의 경우 약 1그램이 일반적이다.

치료에서는 탈륨 중독 특유의 해독제는 없으나 근년 혈액 투석으로 체내에서 탈륨을 제거할 수 있게 되었다. 따라서 자살 등의 급성 중독 예에서는 이와 같은 응급조치로 어느 정도 목숨을 건지는 것이 가능하지만 살인사건의 경우는 진단까지 시간이 걸리고 치료의 시작도 늦어지기 때문에 실제로 구명(救命)은 매우 어렵다. 특히 치사량 이상을 복용한 경우는 아무리 서둘러 적절한 치료를 시작한다 한들 구명은 거의 불가능하다. 이것도 탈륨이 살인제(殺人劑)로 언제까지나 널리 쓰이는 하나의 이유일 것이다.

제2장

과학수사와 잘못된 감정

돌연 드레퓌스 대위에게 씌워진 혐의

1894년 9월 26일 아침, 파리 주재 독일 대사관의 쓰레기통 속에서 세탁부가 우연히 일반적으로는 '명세서'로 알려진 얇은 종이쪽지 한 장을 집어 들었다. 이 명세서야말로 무려 12년간에 걸쳐 프랑스 국내에서 격렬한 논쟁을 야기하고, 프랑스 제3공화국의 정치와 사회의 역사에 깊은 상처를 남긴 국가적 원죄(冤罪)사건, 소위 드레퓌스 사건의 개막을 의미했다.

어떤 경로를 통해서였는지, 이 명세서는 프랑스 육군정보부의 앙리(Hubert-Joseph Henry) 소령의 손에 넘겨졌다. 명세서에는 암호화된 정보를 포함해 프랑스 육군의 기밀정보가 매우 상세하게 기록되어 있었다. 이것은 프랑스 정보를 독일에 팔아넘기려고 하는 바로 첩보활동 그것이었다.

알프레드 드레퓌스(Alfred Dreyfus, 1859~1935)는 독불

국경에 가까운 알자스(Alsace)의 부유한 유대인 직물업자의 아들로 태어났다. 이공계 대학을 졸업한 그는 직업군인을 지원해 뜻을 이루고, 30세 때는 육군 포병대위로까지 승진해 장래가 약속된 육군 장교로 만족한 군인 생활을 하고 있었다.

하지만 돌연 드레퓌스는 기밀 정보 누설의 장본인으로, 그에게 국가반역죄 혐의가 씌워졌다. 전혀 가당치도 않은 누명이었다. 무슨 모략인가, 얼핏 가슴에 스치는 것이 있었다. 당시 프랑스는 반유대주의가 맹위를 떨치고 있었다. 유대인의 아들로 태어난 드레퓌스는 독불 국경에 가까운 알자스 출신으로 평소 독일 사람과 접촉이 많은 편이어서 근거도 없이 친독파로 간주되었던 것도 사실이다.

수사의 중심적 역할을 담당한 앙리 소령은 드레퓌스의 국가반역죄 사실을 입증하기 위해 유일한 증거물인 명세서 해명에 분주했다. 앙리 소령은 질투심과 의구심이 많은 사람으로 잘 알려져 있었고, 이런 사건에는 최적의 인물이라 할 수 있었다. 이 명세서를 쓴 사람은 누구인가. 필적 감정이 드레퓌스 사건의 핵심이 되었다. 본래 증거를 확보하고서야 활동하는 것이 범죄 수사의 상도(常道)이지만 상황 증거는 고사하고, 거의 직감만으로 드레퓌스 대위를 국가반역죄 용의자로 낙인찍어 버렸다.

드레퓌스는 이미 대위로 승진했으며 이제까지 화약학교와 퐁텐블로(Fontainebleau) 포병학교에 근무하기도 했었다. 당시 각국의 주불 대사관은 주재무관(駐在武官)을 중심으로 첩보기관을 운영해, 파리에는 영국, 미국, 독일, 이탈리아, 오스트리아 등이 경쟁하듯 활동하고 있었다. 특히 독일의 활동은 두드러졌으며, 첩보활동은 주로 군사기밀 탐지에 집중되었다. 이번에 문제가 된 명세서의 내용도 암호문을 포함해 총포의 신기술, 포병의 구성과 사격 교범 등, 바로 드레퓌스가 전문으로 하는 분야와 관계되는 것이었다. 앙리 소령은 자료의 성격으로 미뤄 보아 드레퓌스의 전문인 포병을 대상으로 삼았다.

외무장관인 가브리엘 아노토(Albert Auguste Gabriel Hanotaux, 1853~1944)는 관계 각료회의에서 확고한 증거도 없이 체포하는 것에 강력히 반대했다. 한편 육군장관인 오거스트 메르시에(Auguste Mercier) 장군은 "나는 반역자와 타협했다고 하여 탄핵받고 싶지 않다"며 드레퓌스 체포에 찬성했다. 10월 15일 드레퓌스에게 육군성에 평복으로 출두하도록 명령하고 구술 필기를 시켰다. 이로써 필적의 결정적 증거를 확보했다고 확신해, 드레퓌스의 강력한 항의에도 불구하고 그 자리에서 체포되었다.

앙리 소령은 범죄 수사의 전문가와는 거리가 먼 아마추어에 가까운 몇 사람에게 중요 증거물의 필적 감정을 의뢰했다. 그들은 아무런 과학적 증거도 제시함이 없이 드레퓌스의 필적이 틀림없다는 결론을 내렸다.

이와 같은 필적 감정 결과를 통보받은 육군정보부는 합리적 근거도 명시하지 않은 이러한 감정 증거로는 도저히 재판 심리에 대처할 수 없다고 판단해 즉시 확실한 자격을 가진 세

명의 필적 감정인을 선정해 재감정을 의뢰했다. 그리고도 불안을 떨쳐버리지 못해 다시 사회적으로 권위 있는 또 한 사람의 감정인을 참가시키려 찾기 시작했다.

베르티용 부자

당시 프랑스에서, 아니 유럽 각국에서 알퐁스 베르티용(Alphonse Bertillon, 1853~1914)의 이름은 널리 알려져 과학수사의 거인으로 군림하고 있었다. 이 당시 베르티용은 파리의 프랑스 경찰청 감정국장이라는 요직에 있었다. 국가반역죄의 증거물 감정인으로서 육군정보부에는 더할 나위 없는 적절한 인물이었다. 후에 이 권위야말로 드레퓌스 사건을 12년간이나 오래도록 끌어오게 된 요인이 되기도 했다.

베르티용은 본래 학자 집안의 출신으로, 부친인 루이 아돌프 베르티용(Louis Adolf Bertillon)은 인류학이란 새로운 학문을 개척했을 만큼 학구파 인물이었다. 당시의 학문 사회를 이끌었던 벨기에의 아돌프 케틀레(Adolph Quetelet, 1796~1874)교수를 유독 신봉했다. 케틀레는 전문학자, 수학자로서 오늘날까지도 그 이름을 남기고 있지만 그의 본래의 업적은 1835년에 쓴 그의 최초의 논문 「사회물리학(Physique Sociale)」에 집약되어 있다.

케틀레는 벨기에의 겐트(Gent)에서 태어나 1819년에 브뤼

셀(Brussel)의 수학 교수로, 1828년에는 왕립천문대의 대장이 되었다. 그러나 수학을 이용하는 통계학에 재능을 발휘해, 사회물리학 논문에서 사람의 인격과 행동, 지금으로 말하면 범죄심리학에도 통달하는 이론을 전개했다. 특히 범죄 통계에 흥미를 가지고 성별, 연령, 교육 그리고 기후에까지 언급함으로써 범죄와의 관계를 논했다. 또한 그는 사회의 법칙성 발견에 통계학 기법을 도입한 통계학자였다. 서로 독립된 사상에서 일어나는 확률을 모아 곱하면 두 사상(事象)이 동시에 일어날 확률성(통계적 개연성)을 얻을 수 있다는 법칙을 사회 현상 분석에 응용한 것도 케틀레였다. 이 개연성 이론은 오늘날의 범죄 수사에도 활용되고 있다.

그러나 그의 통계학적 발상은 인간의 신체적, 더 나아가서는 지적인 능력에까지 미쳐 자칫하면 인간의 존엄성을 훼손할 위험성까지 내포하게 되어, 그가 제창한 '평균적 인간(l'homme moyen)'이란 개념은 당시 커다란 논쟁의 표적이 되었다. 케틀레는 이와 같은 학구적 활동을 하면서 1871년에 「인체측정법의 방법과 이론(L'Anthropométrie)」을 발표했다.

인류학자인 아버지 베르티용은 그런 케틀레의 매력에 빠져들어 제자가 되고, 그것도 모자라 케틀레의 동료인 인류학자의 딸과 결혼해 태어난 아들이 알퐁스 베르티용이다. 신동이란 소리를 들었지만 자라서는 반항 청년의 기질을 유감없이 발휘하기도 했다. 학교를 졸업하고는 영국에서 교사로 근무한 후 군대에 징집되어 병영생활을 했다. 그러나 구제할 수 없는 열등병이었다. 두뇌가 우수한 반면, 몸에 밴 왕성한 반항정신을 염려한 부친은 스물여섯 살의 아들을 파리 경찰청의 공석이 된 사무직에 앉혔다.

베르티용의 업무 중에 범죄자의 기록을 정리하는 일이 있었다. 범죄자의 '신체적 특징'으로는 성별, 나이, 두발의 형태와 색깔, 피부색, 거기다 아무리 보아도 흐릿한 얼굴 사진이 첨부되어 있는 정도의 것이었다. 이 신체적 특징은 범죄자의 신원을 확인하기 위해 사용되었다. 이러한 조잡한 것으로 범죄자의 신원 확인을 할 수 있겠는가, 그는 날마다 소박한 의문을 느꼈다.

아버지, 할아버지 모두 인류학자인 가계(家系)를 이어 태어나면서부터 지적인 두뇌가 뛰어났던 베르티용은 갑자기 연구에 대한 열정이 솟구쳤다. 범죄자에 대한 이러한 기록으로는 실제 범죄 수사에 도움이 되지 않으며, 범인에 대한 목격 증언을 얻었다손 치더라도 이런 기록으로 범인이 누구인가를 가려낼 수 있다고는 생각하지 않았다.

어느 사이엔가 공부벌레가 된 베르티용은 아버지가 빠져든 케틀레의 논문 「인체측정법의 방법과 이론」을 모두 읽었다. 그리고 또 별로 이름이 알려진 사람은 아니었지만 이태리의 범죄인류학파의 창시자인 체사레 롬브로소(Cesare Lombroso, 1836~1909)의 논문까지 통독했다.

토리노대학 의학부 교수인 롬브로소는 범죄의 인류학적 연구에 전념해, 범죄자의 두골 383개를 해부하고 5,907명의 체격을 조사했다고 하는, 지금 같으면 어리석음을 느낄 정도로 연구에 몰두했다고 한다. 그리하여 범죄인의 인류학적 특징을 자기 나름으로 종합해서 '태생적 범인(胎生的犯人)'이라는 관념을 만들어 냈다.

범죄인 총수의 3분의 1은 이 태생적인 범인이며, 이런 부류의 태생적 범인은 그 소질에 바탕해 인과 필연적(因果必然的)으로 죄를 범한다는 것이다. 그러므로 이에 대해 책임을 지울 수는 없겠지만, 위험한 존재이므로 국가는 이들에 대해 일정한 대책을 강구하는 것이 마땅하다고 제안했다. 이것을 실증주의적 범죄관으로 보는 경향도 없지는 않았으나, 그보다도 머리의 모양과 신체적 특징으로 이와 같은 판단에 이르는 것은, 단두형(短頭型) 두개를 열등민족으로 배척하려고 했던 히틀러의 악마적 인류학관(人類學觀)을 방불케 한다.

베르티용의 '인체측정법'

케틀레와 롬브로소 이론을 바탕으로 베르티용은 자신의 '인체측정법'을 만들어야겠다고 생각하고, 한 인간에 대해 11개의 측정 항목을 정했다. 두부(頭部)의 길이와 가로폭, 오른쪽 귀, 앞팔, 중지와 약지, 좌측 대퇴의 길이와 가로폭, 동체의 두께와 길이 등이었다. 두부의 길이를 대·중·소로 3분류하고, 이것을 다시 가로폭의 수치에 따라 대·중·소로 나눴다.

모든 항목에 대해 겹쳐 합치면 11항목에서 두 사람의 인간이 완전히 일치할 확률은 400만분의 1이라고 역설했다. 수사관은 용의자에게 전과(前科)가 있으면 이 분류 체계를 이용함으로써 신원 확인과 전과를 상세히 밝힐 수 있다는 것이다.

당초 그의 방법은 파리의 경찰에서 무시당했다. 프랑스에서는 죄를 범한 자가 다시 죄를 범하는 누범자에게는 매우 무거운 형이 언도된다. 따라서 누범자가 가명(假名)을 사용하는 것은 예사였다. 베르티용식 방법이 자신의 생각과는 달리 수용되지 않자 실망과 분노를 참아가며 그 후에도 범죄 기록을 정리하는 사무를 계속하는 중에 우연히 행운이 찾아들었다.

베르티용이 다섯 명의 같은 이름의 범죄자 기록을 정리하고 있을 때 가끔 용의자의 신원을 탐색하다 지친 수사관이 문득 베르티용을 떠올리게 되었다. 즉시 그 용의자를 베르티용의 작업실로 데리고 갔다. 참으로 우연하게도 그 용의자가 밝히는 이름이 지금 정리 중인 다섯 명과 같은 이름이었다. 그러니 가명임이 틀림없다고 직감했다.

베르티용은 즉시 그 인물의 인체 계측을 하기 시작했다. 두부의 길이, 가로폭, 손가락 두 개의 길이, 이것만으로 자신이 작성한 인체 측정 파일과 대조했다. 그리고 과거에 절도범 체포 경력을 가진 별명의 인물 파일을 발견했다. 첨부되어 있는 얼굴 사진 왼쪽에 있는 반점까지 일치했다.

용의자는 순순히 자백하고 본명을 밝혔다. 그리고 거듭 베르티용의 인체 계측에 감동했다고 털어놓았다.

이 단 한 번의 성공으로 베르티용의 방법은 이용 횟수가 늘어나기 시작했고, 베르티용식 인체측정법이 영국, 미국을 포함한 세계 여러 나라의 범죄 수사를 석권하는 계기가 되었다. 베르티용은 이제 절정기를 맞이하려 하고 있었다. 이렇게 되어 베르티용은 드레퓌스 사건의 필적 감정인의 한 사람으로 지명되었다.

베르티용에 대한 의혹

쓰레기통 속에서 발견된 '명세서'의 필적 감정을 육군정보부로부터 의뢰받은 전문가 네 명의 감정 결과는 각인각색이었다. 그중의 한 사람, 은행 수표에 사용된 위필(僞筆)의 감정 능력을 인정받아 이 감정에 참여하게 된 프랑스은행의 고베르는 이도 저도 아닌 모호한 의견이었다. 또 한 사람의 전문가도 고베르와 거의 마찬가지로 드레퓌스의 필적 같기도 하고 아닌 것 같기도 하다는 의견이었다. 세 사람째의 전문가인 페르티에는 드레퓌스의 필적은 아니라고, 드레퓌스의 무죄를 강력하게 주장했다. 나머지 한 사람, 즉 권위자로 감정에 참여한 베르티용은 드레퓌스의 필적이라고 단정하는 감정 결과를 제출했다. 베르티용의 감정 결과는 만인이 바라던 바였으며, 특히 반유대주의자들의 환호를 받았다.

우리가 일상생활에서 쓰고 있는 글자는 초등학교 때부터

오랫동안 몸에 익힌 일종의 서벽(書癖)을 가지고 있다. 한글이나 한자나 알파벳까지도 모두 마찬가지로서 어린이는 자체(字體)를 익힐 때 교본이 된 글자의 영향을 받는 경우가 많다고 한다. 따라서 아이들의 필적은 모두 비슷하다는 것이다. 그러나 성장함에 따라 점차 육체적으로나 정신적으로도 발달해 그 사람 나름의 필벽(筆癖)이 생기게 되며, 이를 필적(筆跡)의 개성이라 한다. 작은 글자, 모난 글자, 둥그런 글자 등은 그 전형이라 할 수 있다.

필적 감정 분야에서는 개인에게 고정된 필적이 여러 번 반복 사용될 때 필적에는 항상성(恒常性)이 보인다고 표현하고, 많은 사람의 필적과 매우 다른 필적일 때 필적에는 그 사람에게만 있는 희소성을 가지고 있다고 표현한다. 필적 감정이란, 필자가 불명한 필적과 필자가 분명한 필적을, 각각 필적 개성의 특징을 바탕으로 비교 대조함으로써 진정한 필자를 밝혀내는 것이다.

일상생활에서 많이 경험하듯이 절친한 친구나 직장 동료의 글자라면 그것이 누구의 필적인지 바로 판단할 수 있다. 오랫동안 그 사람의 필적이 눈에 익었기 때문이다. 이와 같은 경우 글자의 외견상 필체만으로 판단이 가능하다.

그러나 필적의 감정에 이르게 되면 그리 간단하지 않다. 글자의 간격과 배열, 획선(畫線)의 교차 상태, 구두점의 사용법 등 일반적인 형상 외에도 획선의 각도, 경사, 운필과 점의 사용법 등 세부적인 특징을 세세하게 조사해야 한다. 그 감정 결과는 대부분의 경우 감정인의 경험을 바탕으로 한 주관적인 견해에 의존한다. 그러나 놀랍게도 베르티용은 케틀레의 '개연성 이론'을 드레퓌스의 필적 감정에 이용한 것이다.

'명세서'는 복사 용지나 항공 서한에 사용되는 엷은 반투명의 어니온스킨(onionskin)지(紙)에 쓰인 것이었다. 베르티용은 자신의 감정 결과를 다음과 같이 설명했다. 쓰인 글자는 필적을 숨기기 위해 누군가의 문자를 트레이스(trace, 轉寫)한 것이라고. 예를 들면, 몇 개 문자와 철자법이 여러 번 똑같이 반복되고 있다. 실제 필적일 것 같으면 비슷하기는 하지만 똑같을 수는 없다. 그 판단의 한 가지 근거로 intérêt(이익)이라는 단어의 반복 사용을 들고, 그것은 "드레퓌스의 형 마티외(Mathieu)의 필적을 덧쓴 탓이다"라고 대담하게 결론을 내렸다.

'명세서'의 전체를 통해 사서(辭書)의 편집에서 볼 수 있는 규칙적인 배자(配字)와 일정한 간격은 육군 장교들에게 숙달된 글씨체로서, 특히 드레퓌스의 필적에 비슷하다고 부언했다.

그리고 그 유사성에 대해 다음과 같은 이론적 설명을 부가했다. 명세서에 사용되고 있는 26개의 머리글자 중 4개의 머리글자가 일치하고 있다. 머리글자 1개가 일치할 확률(개연성)을 베르티용은 아무런 근거도 제시하지 않은 채 제멋대로 0.2라고 사전에 추정했다. 계산 결과는 <표 2.1>에 제시한 바와 같이 4개의 머리글자 일치도를 곱해 625분의 1이라고 했다. 이 의미는, 625명 중의 624명은 명세서의 필자가 아니고

〈표 2.1〉 베르티용의 개연성 계산

머리글자	추정 사전 확률
1	0.2
2	0.2
3	0.2
4	0.2
승적값	0.0016 $\left(\dfrac{16}{10,000}\right)$ $\left(\dfrac{1}{625}\right)$

〈표 2.2〉 목격 증언과 범인이 진범일 확률성

목격 증언	추정 사전 확률
노란색의 자동차	0.1
입수염의 남자	0.25
조랑말 꼬리 같은 머리의 여자	0.1
금발의 여자	0.3
턱수염의 흑인	0.1
백인과 흑인의 커플	0.001
승적값	75×10^{-9} $\left(\dfrac{1}{13,000,000}\right)$

나머지 한 사람, 즉 드레퓌스가 필적의 장본인인 것으로 해석할 수 있다는 것이다. 이와 같은 승적법(乘積法)은 범인을 압축하는 데 많이 사용되는 수단이기는 하지만 물론 사전 확률을 얼마로 정하느냐에 따라 많은 문제를 내포하고 있다. 다음의 실례는 그것을 명확히 제시하고 있다.

<표 2.2>는 어떤 범죄 피의자가 진범일 확률을 목격 증언을 바탕으로 추정하는 경과를 보여 주고 있다. 이것은 미국 캘리포니아 주에서 실제로 발생한 강도사건이다. 입수염과 턱수염을 기른 흑인 남성과 금발을 조랑말 꼬리 같은 모습으로 묶은 백인 여성 커플이 노란색의 승용차를 타고 범행을 했다는 복수의 범행 목격 증언을 확보했다. 대학의 수학 전공 연구자가 감정을 담당했다. 결과는 표와 같이 피의자로 되어 있는 커플이 범인일 확률은 1,300만 명의 커플을 뽑았다고 할지라도 이 피의자 커플만이 범인이고 다른 커플은 6개 항목과 일치하지 않아 무죄라는 것을 의미한다.

재판 심리에 배석한 배심원은 계산이 의미하는 바를 거의 이해하지 못했고, 특히 승적법에서 각 항목의 독립성에 대해 전혀 아는 것이 없었으나 유죄로 평결했다. 숫자의 마력 때문이었을까.

최종 심리는 캘리포니아 주 최고재판소로 보내졌다. 역시 최고재판에서는 수학적 처리의 과오를 날카롭게 지적했다. 입수염과 턱수염이 서로 독립된 사상(事象)이라고는 생각되지 않으며, 양쪽을 기르고 있는 사람은 더욱 많다. 따라서 곱한다는 것은 합당하지 않다. 각 항목에 붙여진 사전 추정한 수치의 근거도 희박하다. 그것은 경험적인 것이겠지만 확실한 관측 데이터와 실험 데이터에 의해 보완되지 않으면 안 된다. 최고재판소는 주(州) 재판소의 판결은 오심(miscarriage)이라고 판결했다.

베르티용의 감정 결과도 바로 같은 과오를 범했었다. 여기서 확인하지 않으면 안 되는 것은, 승적법 자체에는 아무런 잘못도 없다는 사실이다. 베르티용의 큰 잘못은 사전의 조사, 관찰 등을 거치지 않고 자기 멋대로 머리글자가 일치할 확률을 0.2로 정한 점이다. 그는 일치하는 것은 10명 중 2명뿐이고 나머지 8명은 명세서와 같은 필적을 갖지 않는다고 했다. 또 케틀레의 승적법을 응용한 '개연성 이론'을 잘못 사용한 것이다. 참고로, 범인을 가려내는 데 승적법을 사용하는 전형적인 예를 <표 2.3>에 보기로 들었다.

〈표 2.3〉 혈흔검사에 의한 범인 색출

검사 항목	결과	추정 사전 확률 (집단에서의 출현 빈도)
혈액형	A형	0.3733
DNA형 (MCT 118형)	28−29형	0.0093
DNA형 (TH 01형)	7−7형	0.0714
승적값		0.000248 $\left(\dfrac{248}{1,000,000}\right)$ $\left(\dfrac{1}{4,032}\right)$

범죄 현장의 혈흔의 형(型)과 피의자의 혈흔이 검사에 채용된 항목 범위 내에서 일치하고, 그 결과에 근거해서 피의자가 진범일 확률성을 추정했다. ABO식 혈액형과 두 종류의

DNA형을 검사했다고 하고, 이것들을 승적하면 4,032명에 1명 꼴이 되었다. 이 경우 추정의 사전 확률은 실제로 조사한 집단의 사람들로부터 얻은 검사 결과에 바탕한 추정값(집단에서의 출현 빈도)이다. 물론 집단의 지역차와 검사한 사람 수에 따라 그 빈도는 조금씩 변동하겠지만 일반적으로 그다지 큰 것은 아니다. 요컨대 정확한 수치(數值)는 얻기가 어렵고, 오늘 태어나는 사람이 있는가 하면 오늘 사망하는 사람도 있어 출현율은 미묘하게 변동한다.

수치는 검사한 범위 안에서만 추정할 수 있는 귀납적인 것이지만 통계적 추론상 이 수치를 승적법에 사용해도 아무런 지장은 없다. 가장 최종적인 추론도 귀납적인 것임에는 변함이 없다. DNA형 검사를 했으므로 피의자가 절대로 범인임에 틀림이 없다고 특정(positive identification)할 수는 없다. 한없이 높은 정확도(精確度)로 추정을 하고 있는 것이다.

에밀 졸라의 "나는 탄핵한다!"

1894년 12월 22일, 드레퓌스에 관한 군법회의는 저명한 베르티용의 감정 결과를 근거로 종신 유형(流刑)의 판결을 선고했다.

교장 본누폰 장군의 마음에 들지 않았음에도 불구하고 육군대학을 9등이라는 석차로 졸업하고 참모본부의 실습 견습

생으로 추천받은 드레퓌스는 출세의 문 앞에 서 있었다. 부유한 다이아몬드 상인의 딸 루시 아다마르와 결혼해 이미 두 자녀까지 있었다. 하지만 돌연 남아메리카 프랑스령 기아나 (Guiana)의 난바다에 있는 악마섬으로 종신 유형이 선고된 것이다.

드레퓌스는 필사적으로 죄를 부정했고, 형인 마티외도 앞장서서 진범을 찾기 위해 온갖 노력을 아끼지 않았다. 한편, 일부 과격한 국수주의자들과 반유대 세력의 소리에 동조한 저널리즘은 한 덩어리가 되어 이 판결을 지지했다.

드레퓌스가 악마섬에서 견디기 힘든 고난의 세월을 보내고 있을 때 사태는 눈이 팽팽 돌 정도로 변하고 있었다. 드레퓌스의 가족과 지인들은 무죄를 확신하고 재심에 기대를 걸면서 격렬하게 여론에 호소하기 시작했다. 마티외와 친한 반유대주의에 관한 책을 쓴 젊은 시인 라자르도 그중의 한 사람이었다. 하지만 반유대주의 편에 선 일부 저널리즘은 이들을 강력 비방했다. 그러나 그것은 오히려 세인(世人)의 이목을 집중시키는 결과로 이어졌다.

육군성 내부에서도 베르티용의 감정에 일말의 의문을 느끼고 유죄에 불안을 느끼는 사람이 있었다.

이 무렵, 육군 참모본부에서는 정보부장이 중풍에 걸렸기 때문에 육군대학 출신의 조르주 피카르(Georges Picquart) 중령이 방첩대장으로 부임했다. 앙리 소령은 피카르 밑에 있었다.

의심을 품고 있던 신임 피카르 중령은 은밀히 사건의 내탐

을 진행했다. 명세서의 필적이 드레퓌스의 형 마티외의 필적
을 모방했다니, 도대체 왜 형의 필적을 이 사건에 연관시키려
는가, 드레퓌스가 쓴 것이 틀림없다는 선입관에 사로잡혀서인
가, 형제의 필적은 비슷할 것이라는 근거 없는 추측에서 비롯
된 것인가.

피카르 중령은 드레퓌스에 관계되는 서류를 다시 검토하
기 시작했다. 질투심에다 의구심까지 많은 앙리 소령은 이전
의 서류를 제출하라는 명령을 받자 찢어져 휴지처럼 된 서류
모두를 피카르에게 제출했다. 그중에 당시 파리 주재 독일 대사
관의 무관인 막스 폰 슈바르츠코펜(Max von Schwartzkoppen)
이 정보부에 근무하는 페르디난드 에스테라지(Ferdinand Walsin
Esterhazy) 소령에게 보낸, 소인(消印)이 없는 전보가 포함되
어 있었다.

피카르 중령은 묘한 기분이 들어 에스테라지 소령을 조사
했다. 에스테라지의 육군성 취직 원서의 서명이 나왔다. 이것
은 언뜻 보아도 바로 명세서의 필적과 일치하는 것이 아닌가.
피카르는 아연했다. 빚에 쫓겨 수상쩍은 생활을 할 뿐만 아니
라 노름꾼이라는, 옛 헝가리 귀족 출신의 에스테라지가 진범
일지도 모른다고 생각했다.

피카르는 이 사실을 참모본부 총장에게 보고했으나 사건
을 다시 들춰내지 말고 잊어버리라는 충고까지 받았다. 그러
나 피카르는 좌절하지 않고 전문가에게 에스테라지의 필적 감
정을 의뢰한 결과 틀림없이 명세서의 필적과 같다는 답을 받

았다. 여기서 명세서를 작성한 사람은 드레퓌스가 아니라 바로 에스테라지 소령이라는 사실이 백일하에 드러났다.

스파이 활동은 에스테라지 개인에 의한 소행인가, 아니면 배후에 숨은 누군가가 프랑스 육군 안의 높은 지위에 있는 유대인 드레퓌스를 내쫓기 위한 음모였는가. 곧바로 군법회의가 소집되었다. 그러나 에스테라지는 무죄였다. 피카르 중령의 보고와 증거는 완전 배척된 것이다. 육군 내부의 스캔들이 확대될지도 모른다는 우려에서였는지 이 군법회의의 바로 후에 피카르는 전임되었다. 좌천이었다. 피카르는 조직 내의 인간이 조직 안에서 진실을 추구한다는 것이 얼마나 공허한 일인지 뼈저리게 실감했다.

이 결과는 드레퓌스 재심의 여론을 더욱 증폭시켜 큰 정치 문제로 발전했다. 드레퓌스와 출신지가 같은 당시의 상원 부의장 오거스트 슈러 케스트네르(Auguste Scheurer-Kestner, 1833~1899)는 드레퓌스의 무죄를 확신하고, 내각을 붕괴시킨 정치가로 유명한 조르주 클레망소(Georges Clemeneau, 1841~1929)에게 군법회의의 부당성을 호소했다. 많은 지식인, 문학가, 예술인 등도 이에 호응한 보람으로 세상 여론은 드레퓌스 재심을 향해 크게 호전되었다. 3,000명에 이르는 드레퓌스 재심 청원서도 제출되었다. 그중에는 당대의 내로라하는 저명한 작가들도 포함되어 있었다. 서명자 중의 한 사람인 에밀 졸라(Émile Zola, 1840~1920)는 1898년 1월 클레망소가 창간한 신문 ≪오로르(*L'Aurore*: 여명)≫지의 제1면에 "나는 탄핵

한다!(J'Accuse!)"라는 제목으로 대통령에게 보내는 공개장을 게재했다. 군법회의는 피고 드레퓌스의 권리를 현저하게 침해했고, 육군성의 명령으로 에스테라지를 무죄 방면한 것은 큰 잘못이라고 강력하게 호소했다.

당연히 국수주의자(nationalist)와 반유대주의자들의 격렬한 반격도 뒤따랐다. 정부는 이에 굴복해 졸라를 명예훼손죄로 기소했으며, 그에게 1년의 금고형이 선고되었다. 이것이 계기가 되어 졸라는 영국으로 망명하지 않을 수 없었다.

이러는 사이에 예상외로 사태는 급변했다. 사안의 중대성에 심리적 압박을 견디지 못해서였는지 세탁부에게서 '명세서'를 전달받은 앙리 육군 대령(그 사이 소령에서 대령으로 진급했다)이 1898년 8월 말, 자신이 한 짓이라고 고백한 뒤 자살했다. 또 드레퓌스가 쓴 것처럼 보이도록 위조문서를 작성했다는 사실도 고백했다. 이 소식을 들은 에스테라지는 크게 낭패했다. 이제는 모든 것이 끝났다고 체념했는지 벨기에로, 런던으로 숨어 다니는 매일이 계속되었다. 드레퓌스의 재심의 날은 점차 다가오고 있었다.

악마섬에서 소환된 드레퓌스는 브르타뉴(Bretagne)반도의 르 망(Le Mans)에서 그리 멀지 않은 렌(Rennes)에서 열린 군법회의에 다시 출두하게 되었다. 어찌된 셈인지 이번에도 역시 완전 무죄로는 결정되지 않았다. 그러나 주위의 상황으로 미뤄 정상을 참작한 것인지 10년의 구금형이 선고되었다. 대통령 에밀 루베(Émile Loubet, 1838~1929)는 즉시 특사(特赦)

를 내려 사태의 진정화를 꾀했다.

열대지역에서 고난을 겪으며 무척이나 쇠약해진 몸이기는 했지만 드레퓌스는 그러한 사태 발전을 받아들이는 모습을 전혀 보이지 않고 계속 감연히 맞섰다. 당시 과학수사의 거인으로 군림하던 베르티용의 감정 결과가 그토록 강력한 증거로 작용한 사실에 드레퓌스는 무척이나 놀라기도 했다.

누명을 벗은 드레퓌스

1903년 드레퓌스는 자신에게 유리한 상황을 맞이했다. 그러나 다시 군법회의에 제출할지라도 결과는 같을지 모른다고 우려했다. 많은 사람의 힘을 빌려 렌의 판결은 프랑스의 항소심으로 보내지게 되었다. 여기서는 정당한 심리를 할 것이라고 드레퓌스는 큰 기대를 걸었다.

과연 항소심의 심리는 현명하게 진행되었다. 렌의 판결 재심을 접수한 다음 해인 1904년 판결을 좌우하고 있는 베르티용의 감정 결과를 재검토하라는 결정이 내려졌다. 프랑스 학술 분야의 최고봉인 과학아카데미에 재감정을 의뢰한다는 결정이 뒤따랐다.

과학아카데미의 감정인 중 한 사람은 수학자·천문학자·물리학자로 세계적으로 이름이 알려진 쥘 앙리 푸앵카레(Jules Henri Poincaré, 1854~1912)였다. 베르티용의 감정 수법을 본 푸앵카레는 베르티용은 케틀레의 '개연성 이론'을 잘못 응용하고 있으며, 따라서 감정은 잘못된 것이라고 단언했다. 이것은 과학아카데미 모든 학자의 총의였다. 그리하여 1906년 드디어 드레퓌스는 완전 무죄가 되어 복권되었다.

베르티용의 명성은 크게 실추되었다. 그러나 베르티용은 전혀 기가 꺾이지 않고 자신의 권위를 지키려고 그 후에도 의기양양했다. 하지만 베르티용의 명성을 더욱 추락시키는 사태가 바싹바싹 다가오고 있었다. 이에 관해서는 제3장에서 다루기로 하겠다.

오늘날의 과학수사에서는 과학적 증거를 통해 범죄 사실의 진실을 합리적으로 밝혀내야 하는 것은 새삼 설명할 필요조차 없다. 증거가 사실의 진실을 밝혀내는 합리성이라든가 과학성은, 그 증거물의 감정에 필요한 지식·기술·경험을 갖춘 전문가에 의해서만 획득할 수 있는 것이지, 단순한 명성이나 권위만으로는 도달할 수 없는 영역이다. 드레퓌스 사건이 무고죄의 전형으로 세상에 알려진 것은 베르티용이 주제넘게 전문도 아닌 필적 감정에 손을 뻗친 권위자라는 세속적인 관습에 크게 기인한 탓이었다.

제3장

범죄 수사에서 지문의 활용

베르티용의 두 번째 좌절

병적일 만큼 자존심이 강하고 안이한 타협을 배척했던 알퐁스 베르티용(Alphonse Bertillion, 1853~1914)은 알프레드 드레퓌스(Alfred Dreyfus, 1859~1935) 사건 이후 몸 둘 바가 없어 괴로워하고 있었다(제2장 참고).

프랑스 경찰청 감정국장이란 요직에 있으면서 유럽 여러 나라에까지 과학수사의 거인으로 알려졌던 베르티용은 국가 반역죄의 피의자로 몰린 드레퓌스 대위 사건의 증거물 감정인으로 참여해 그가 종신형을 선고받게 했으나 후에 그 증거물을 날조한 장본인이 자신의 날조를 자백하고 자살까지 함으로써 그의 권위는 땅에 떨어졌다.

자신의 권위를 더욱 돋보이게 하려는 욕심에서였는지 사실은 전문 분야도 아닌 필적 감정에까지 뛰어들어 천박한 지식과 경박한 경험을 드러내며, 이제 이 방면의 권위자로서의 지위가 바람에 날리는 풀잎 신세처럼 되었기 때문이다.

예나 지금이나 세상 사람들은 권위자의 의견을 존중하는 경향이 있다. 그러나 그것이 범죄의 증거물을 과학적으로 규명하는 범죄 수사에서는 경우에 따라 억울하게 원죄(冤罪)로 몰아버리는 요인으로 작용할 수도 있다.

베르티용은 원래 범죄 수사의 세계에 몸을 담고 있는 사람이라면 누구나 아는 '베르티용식 인체측정법'을 고안해 낸 인물이다. 그의 방법은 범죄자의 개인 식별을 위해 전 세계에서 널리 활용되었다. 이와 같은 세계적 권위자를 또다시 심각한 상황으로 몰아넣은 사건이 있었으니, 그게 바로 '모나리자 실종사건'이었다.

베르티용은 지문법(指紋法)의 발명자로 잘못 알려져 왔다. 그는 실제로는 범죄 수사에 지문을 이용하는 것을 반대한 사람이었다. 그 이유는 매우 단순했다. 지문을 받아들인다면 자신의 인체측정법이 밀려나게 될지도 모른다는 우려에서였다. 그의 완고한 권위주의와 자존심이 그렇게 시킨 것이다.

그러나 연구자로서의 성향이 강한 그는 범죄 수사라는, 법을 집행하는 행정가보다는 실험 연구에 몰두하는 것을 선호했다. 범죄 수사에서 지문이 기여한 여러 사례를 빈번하게 듣고 보자, 그도 마지못해 지문법을 자기의 인체측정법에 부분적으로 적용하기로 결심했다. 그리하여 얼굴 사진과 지문을 조합한 일반적으로는 '베르티용식 인체측정법(bertillonnage)'으로

[그림 3.1] 얼굴 사진과 지문을 조합한 베르티용식 인체측정법

알려진 개인식별표([그림 3.1])를 만들었다. 아마도 이것이 베르티용이 범죄 수사에 지문을 활용한 사람으로 후세에 알려진 이유의 하나일지도 모른다.

드레퓌스 사건의 잘못된 감정(鑑定)으로 위신이 크게 손상된 베르티용은 약간 낙심은 했지만 결코 자신의 인체측정법을 폐기하지는 않았다. 이러한 상황에서 그의 소심한 기분을 더욱 막다른 골목으로 몰고가 쓰디쓴 패배감을 안겨준 사건이 발생했으니 그게 바로 모나리자 그림 실종사건이었다.

1911년 8월 21일, 레오나르도 다 빈치(Leonardo da Vinci, 1452~1518))의 명화 「모나리자」가 루브르(Louvre)박물관에서 홀연히 사라졌다. 그날은 휴관하는 월요일이었다. 휴관일이기 때문에 이 명화는 유리 케이스에 잘 수납된 채 보관되어 있었다. 사건의 신고를 받은 경찰청 수사관은 치밀한 현장 수사를 시작했다. 곧 유리 케이스만이 직원들 전용 계단에서 발견되었다. 그림만 가지고 달아난 것이다. 세계적으로 이름이 알려진 루브르박물관의 명화이기는 하지만 단 한 점의 그림 때문에 촘촘하게 수사망이 펼쳐졌다.

수사관들은 범인을 좇기 위해 목격자 증언과 증거물 수집에 혈안이 되었다. 그중의 한 수사관이 창에서 비스듬히 비치

[그림 3.2] 레오나르도 다 빈치의 「모나리자」

는 태양광선에 반응하는 듯, 유리 케이스 일부에 타원형의 작은 반점 모양이 보이는 것을 감지(感知)했다. 틀림없는 지문이었다. 프랑스에서는 한동안 베르티용이 지문 도입을 반대했기 때문에 다른 나라에 비해서 수사관들의 지문 지식이 낮은 수준이었다. 그러나 지문이 범인을 찾는 데 참고가 된다는 정도의 지식은 가지고 있었다.

앞에서도 기술한 바와 같이, 베르티용은 행정가가 아닌 연구자였다. 물체의 표면(擔體)에 손끝이 닿으면 손끝(指頭)의 융선(隆線)을 따라 묻어 나오는 액체(피부의 분비물)가 담체로 옮겨져 융선이 달리는 방향과 일치된 융선 모양, 즉 지문이 찍힌다는 것 정도는 알고 있었다. 이 피부 분비물은 융선의 높이 표면에 간격을 두고 늘어서 있는 작은 구멍(땀구멍).

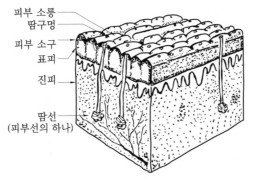

표피의 가장 바깥쪽에 있는 피부 표면에는 피부 소구(小溝)라고 하는 도랑이 많이 존재한다. 도랑과 도랑 사이는 선(線) 모양으로 융기가 솟아 있어 이를 피부 소릉(小稜)이라 한다. 이것이 지문의 융선이다. 피부 소릉 표면에 땀구멍이 늘어서 있다.

[그림 3.3] 피부의 모식도

에서 배출되는 땀이 대부분이고, 피부 내부의 피부선(皮膚腺)에서 만들어지는 지방분도 섞여 있다. 이 피부 분비물을 정확하게 검출하면 지문이 뚜렷하게 드러난다([그림 3.3]).

베르티용이 자신의 인체측정법으로 범죄 수사를 리드하기 시작한 때보다 몇 해 전인 1877년에 프랑스의 의사 오베르가 땀 속의 염소(鹽素)를 질산은과 반응시켜 지문을 흰 융선으로 확실하게 볼 수 있게 하는 방법을 고안했었다. 또 1885년에는 독일의 수의사 에벨도 요오드 가스를 지방분에 부착시켜 갈색의 지문으로 검출하는 방법을 고안했었다. 이 방법들은 오늘날에도 활용되고 있다.

베르티용은 당시 원시적인 방법이라고 생각하면서도 창 너머에서 비춰 들어오는 태양광과 마찬가지로, 전등 빛을 45도 정도 경사진 각도에 설치해 담체를 비췄다(사광조명). 빛은 융선의 높이로 많이 반응해 사람의 눈에 띄게 하는 효과가 있었다.

그러나 사광조명법(斜光照明法)은 어디에 지문이 붙어 있는가를 알려 주기는 하지만 융선의 미세한 주행(走行) 형태까지는 잘 알려 주지 않는다. 베르티용은 질산은법과 요오드 법 모두 많이 들어 알고는 있었지만 직접 사용해 보는 것은 처음이었다. 그러나 그는 결단을 내려 사용해 보았다. 다행스럽게도 질산은법으로 지문이 확실하게 드러났다. 유리 케이스에 남겨진 범인의 지문이 검출된 것이다.

그러나 지문을 얻었다고 해서 범인을 알 수 있게 된 것은 아니었다. 과거에 범죄 전과가 있고, 당시 막 개발이 진행되고 있던 범죄력이 있는 인물의 지문을 보관하는 곳에 가져가 보아야만 범인을 가려낼 수 있기 때문이다.

수사관은 베르티옹을 크게 신뢰했으며, 그에게 기대를 걸었다. 베르티옹은 자신의 인체측정법에 지문을 추가하기는 했지만 유감스럽게도 그것은 이미 다른 나라에서는 채택하기 시작한 지문분류법은 아니었다. 하지만 드레퓌스 사건에서 받은 오명(汚名)을 털어내는 것이 무엇보다 선결 문제였으므로 아직 분류되지 않은 한 사람 한 사람의 방대한 지문 카드를 몇 사람의 조수를 동원해 주의 깊게 조사하기 시작했다.

밤낮없이 작업했음에도 불구하고 유리 케이스의 지문과 같은 지문은 찾아내지 못했다. 초초감과 피로감만 날로 더할 뿐이었다. "이럴 바에야 베르티옹식에 헨리(Edward R. Henry)의 지문분류법을 부가해 둘 걸" 하고 약간의 후회도 했다.

이로부터 2년 후에야 이태리 피렌체에서 범인이 체포되었다. 피렌체에 소재하는 화상(畵商)에게 「모나리자」를 팔고 싶다는 서신을 보낸 인물이었다. 훔친 물건의 처리 방법치고는 참으로 어리석은 짓이었다. 물건이 물건인 만큼 그 화상은 곧바로 경찰에 통보했고, 레오나르도란 이름으로 서신을 보낸 그 인물은 곧바로 경찰에 연행되었다.

레오나르도, 본명이 페루자라고 하는 이 페인트공은 루브르박물관이 휴관하는 날 페인트공 동료들이 미술관에서 일한다는 것을 알고 있었다. 동료를 만나러 간다는 핑계로 경비원의 눈을 속이고 미술관 안으로 침입했다. 그리고 아무도 없는 것을 확인하고는 감쪽같이 모나리자를 훔쳐 줄행랑을 쳤다.

베르티용을 깊은 패배감으로 몰아넣은 것은 유리 케이스에 남겨놓은 지문이 그가 조수를 동원해 며칠이나 불철주야 조사한 지문 카드 중에 들어 있어서 더욱 참담했다. 페루자는 이미 여러 차례에 걸친 절도 체포 이력을 가지고 있었다.

베르티용의 권위주의와 다른 사람이 개발한 지문분류법을 배척하려고 했던 자존심은 드레퓌스 사건과 이 모나리자 실종 사건을 계기로 여지없이 무너져 내렸다. 그는 이후 병상(病床) 생활을 이어오다가 악성 빈혈과 가벼운 우울증에 걸려 1914년 2월 13일에 숨을 거뒀다.

프랑스에서는 베르티용이 죽은 후 바로 지문법을 공식으로 도입했지만 그래도 영국의 스코틀랜드보다 13년이나 뒤진 편이었다. 프랑스 정부는 지문법의 공식적인 도입과 동시에 베르티용식 인체측정 개인감식법이 세계의 과학수사에 크게 공헌한 업적을 찬양하는 데에도 소홀하지 않았다. 레종 도뇌르(Légion d'Honneur) 훈장을 추서해 국가적 영웅으로 장송(葬送)한 것으로 전해지고 있다.

인도 주재 세수관 허셸

베르티용은 지문분류법의 출현으로 맛본 견디기 힘든 굴

욕감을 감내하면서 끝내는 학자로서의 권위까지 버리지 않을 수 없었다. 하지만 이 지문법이 채용되는 배경에도 베르티용에게서 볼 수 있듯이 교만이라 할 만큼의 자존심 충돌이 있었다.

천왕성의 발견으로, 세계적으로 이름이 알려진 프레드릭 윌리엄 허셸(Frederick William Herchel, 1738~1888)의 손자인 윌리엄 허셸(1833~1917)은 영국 정부의 세수관(税收官)으로 1853년부터 1878년까지 25년 동안 인도에 주재했다. 당시 힌두교도 중에는 피압박 민족의 저항심에서였는지, 아니면 종교적 신조에서였는지는 모르지만, 영국 사람에게 반항하는 사람이 많았다. 그래서인지 영국 사람들은 현지인들의 어떠한 서약이나 약속도 별로 신용하지 않았다. 그러니 서로가 불신하는 사회였다. 예컨대 연금 수급자가 허위 신청서를 제출해 이중으로 연금을 타 가는 사례는 일상 다반사였다.

이것을 찾아내기 위해 허셸은 수급자는 빠짐없이 지문을 등록하게 했다. 연금을 받아 갈 때 영수증에 지문을 찍게 해서 등록된 카드의 지문과 대조한 후에 돈을 지불하도록 했다. 이 방법은 큰 성공을 거둬 힌두교도들도 허셸의 방침에 따를 수밖에 없었다. 이것은 지문을 개인 식별에 사용한, 지문법의 역사에 남는 쾌거였다.

이에 용기를 얻은 허셸은 경찰 당국이 범죄자를 체포했을 때 즉시 신원을 알아낼 수 있는 감식 시스템을 만들려고 행정가다운 발상을 실현에 옮기고자 마음을 불태웠다. 연금 수급자의 지문 등록에서는 인지(人指), 중지(中指)의 지문만을 등록하게 했었다.

본국으로 귀환하기 직전인 1877년에 그는 지문 제도를 벵골(Bengal)지방 전역에 적용시키려고 지금은 '후글리 레터(Hooghly Letter)'로 알려진 한 통의 편지를 벵골교도소장에게 발송했다(후글리란 벵골 서부를 흐르는 강의 이름). 그 편지에서 허셀은 자신의 생각을 의기양양하게 적었다. 대역으로 복역하는 사람이 많이 있어서였는지, 입소한 죄수와 판결이 내려진 인물이 동일 인물인지 여부를 단 두 손가락의 지문을 등록시켜 놓은 것만으로 쉽게 확인할 수 있다는 것을 설명하고, 유명한 사기사건을 예로 들며 자설(自說)임을 강조했다. 사기꾼 오튼이 디크본 경의 행방불명을 호기로 재산을 노려 상속자인 양 행세한 사건도 지문을 이용해 당장 해결되었다고 언급했다.

그러나 허셀의 요청은 받아들여지지 않았다. 이유는 잘 알 수 없지만 다분히 무례한 내용의 답신이 허셀에게 배달되었다. 두 손가락의 지문만으로 모든 사람을 식별할 수 있다는 것을 소장(所長)의 머리가 믿으려 하지 않았는지, 아니면 소장의 업무 수행에 공연히 참견하지 말라는 뜻에서였는지, 아무튼 달갑지 않다는 말투였다.

허셀이 이와 같은 냉담한 반응에도 불구하고 장문(掌紋)과 족문(足紋)에까지 손을 뻗쳐 범죄 수사에 활용하려 했던 것은 칭찬을 받을 만한 일이었다. 그러나 그의 노력에 찬물을 끼얹는 것과 같은 일이 발생하게 되었다.

의료 선교사 폴즈

허셸이 인도에서 모국으로 돌아가려고 하는 그때보다 4년 전인 1874년 5월 5일, 스코틀랜드 출신의 외과 의사 헨리 폴즈(Henry Faulds, 1843~1930)는 일본 요코하마(橫濱)에 도착했다. 그는 1871년에 글래스고의 앤더슨(Anderson) 의과대학을 졸업한 후 스코틀랜드 장로교회에서 파견한 의료 선교사로 온 것이다.

대학을 졸업한 후에 첫 파견지로 인도에 갔으나 선임 선교사와의 갈등으로 1년 만에 귀국했다. 기록에 의하면 원인은 성격이 맞지 않아서였다. 폴즈는 성격이 거칠어 공격적인 면이 있다는 것이다. 그런 그는 일본에 파견되기 직전 이사벨라 윌슨(Isabella Wilson) 양과 결혼했다. 그러니 어찌 보면 일본에 온 것은 신혼여행을 겸한 것이나 다름없었다.

그러나 폴즈가 도쿄(東京)에서 활동한 업적은 대단했다. 그는 선교에 힘쓰는 한편 쓰쿠지병원(築地病院)을 열어 진료에도 정성을 다했다. 지금의 도쿄 소재 성로가(聖路加)국제병원은 바로 이 쓰쿠지병원에서 비롯된 병원이다. 폴즈는 일본의 맹인교육에도 큰 관심을 보였다. 도쿄훈맹원(東京訓盲院) 설립에도 적극적으로 참여했다. 훈맹원은 지금의 쓰쿠바(筑波)대학 부속 맹학교의 전신(前身)이다.

폴즈는 어느 날, 도쿄만 연안을 산책하다가 오모리(大森)

해안의 패총(貝塚)에서 옛날 승문토기(繩文土器)의 파편을 발견했다. 그 파편에는 지문과 같은 문양(紋樣)이 새겨져 있었다. 그는 일본에 부임한 이래 일본 사람들이 영수증이나 문서에 지장을 찍는 것을 보고 매우 흥미를 느껴, 지문 연구도 게을리하지 않았다.

폴즈는 지문 연구에 관한 성과를 정리해 세계적으로 이름이 알려진 과학지 『네이처(Nature)』의 1880년 10월 28일 호에 발표했다. 그 내용은 차치하고, 지문학 영역에서는 기념비적인 논문이므로 여기서 제목을 소개하면 Faulds, Henry. 1880 "On the Skin Furrows of the Hand." *Nature*, 22: 605. 번역하면 「손의 피부 조구(條溝)에 대하여」이다. 이 논문에서 그는 지문이 범인 색출과 확인에 도움이 된다는 것을 강조했다.

내용을 요약하면, 원숭이의 지문 연구에서 시작해, 사람의 지문을 활 모양 지문(弓狀紋), 말굽 모양 지문(蹄狀紋), 소용돌이 모양 지문(渦狀紋)으로 나누고([그림 3.4]), 그 출현 상황, 지문 채취 방법, 부모 자식 관계, 미이라의 지문, 지문에

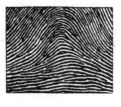 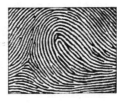 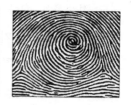

활 모양 지문　　　　말굽 모양 지문　　　　소용돌이 모양 지문

[그림 3.4] 지문의 주요 분류

의한 범죄 수사 등을 언급하고 있다. 또 지문은 혹시 일부 벗겨지거나 뭉그러지더라도 이전과 똑같은 지문이 생겨난다는 것을 증명하는 실천적 결과도 적었다.

어느 날 폴즈의 자택 부근 민가에 도적이 담을 넘어 침입한 일이 있었다. 수사를 맡은 경찰관은 담장 한 곳에서 지문으로 추정되는 흔적을 발견했다. 폴즈가 지문 연구자인 것을 안 경찰은 바로 그에게 감정을 의뢰했다. 그리고 곧 한 남자가 용의자로 잡혔다. 폴즈는 담장의 지문은 잡힌 용의자의 것이 아니라고 단언했다. 그리고 얼마 후에 담장의 지문과 같은 지문의 남자가 체포되었다. 물론 진범이었다. 이 사건은 우연히도 지문이 범죄 수사에 크게 기여한다는 것을 소개하는 계기가 되었다.

지문 연구의 우선권 다툼

인도에서 모국으로 돌아온 허셸은 이제 모든 업무에서 떠나 은퇴생활을 즐기고 있었다. 그런 차에 돌연 『네이처』에 실린 폴즈의 논문을 보고는 무어라 형용할 수 없는 적개심 같은 것이 불타올랐다. 그날 밤은 한잠도 자지 못하고 오로지 반격할 궁리만 했다. 그리고는 곧 실행에 나섰다. 폴즈의 논문이 게재된 28일 후의 『네이처』 1880년 11월 25일 호에 이번에는 허셸의 논문이 게재되었다. 인도에서의 연금 수급자 지문 등록을 실례로 들어, 인물을 가려내는 데 지문을 첫 번째로 응용한 사람은 자신이라고, 연구의 우선권(priority)을 강력하게 주장했다. 자기보다 10세나 연하(年下)이고 그것도 일본에서 선교사로 봉직하고 있는 폴즈가 지문에 관해 얼마만큼 조예가 있는지, 본국에 있는 허셸은 알지 못했다.

허셸의 논문은 도쿄에 있는 폴즈도 곧 읽어 보게 되었다. 그는 속이 뒤집힐 정도로 분노했다. 거친 성격과 공격적인 기질이 그대로 분출되었다. 지문 연구에 대한 자신의 우선권을 지금 허셸이 빼앗으려 하고 있다. 그것도 세계적으로 유명한 과학지 『네이처』를 발판으로…….

폴즈는 어떻게 대처해야 할지 생각을 거듭했다. 도쿄에서 이대로 팔짱을 끼고 있어서는 해결될 일이 아니라고 생각했다. 영국으로 돌아간다 해도 먼저 반론(反論)을 표명해 둘 필요가 있었다. 언뜻 머리에 떠오른 것은 자신이 1880년 4월 7일에 진화론으로 저명한 찰스 다윈(Charles Robert Darwin, 1809~1882)에게 원숭이의 지문 수집에 대해 지원을 요청한 편지였다.

즉시 범죄 수사에서 지문을 최초로 이용한 사람은 자신이라는 것을 동의해 주기 바란다는 서신을 다윈에게 발송했다. 다짐을 위해서라도 또 다른 몇 사람의 과학자와 파리 경찰청장에게도 편지를 보냈다. 우선권 다툼을 유리하게 이끌기 위해, 이길 것이라 확신한 소신에 따른 도전이었다.

그러나 세상사(世上事)는 언제나 자신의 뜻대로만 진행되어 주는 것은 아니다. 이와 같은 경우 확연한 정당성이 상대에게 이해되지 않는 한 달콤한 꿀물 쪽으로 달려가고 싶어 한다. 허셸은 여러 측면에서 공명(功名)을 떨친 행정관이었다. 더욱이 세계적으로 저명한 천문학자의 손자이지만 폴즈는 도쿄에 나가 있는 무명의 한 의사에 불과했다. 그러니 허셸을 배척하고 폴즈 쪽에 서려는 사람은 없을 것 같았다.

예상했던 대로, 다윈은 병약해서 거동까지 불편하다는 구실로 폴즈의 편지를 사촌 아우인 프랜시스 골턴(Francis Galton, 1822~1911)에게 건네주었을 뿐 아무런 지시도 하지 않았다. 다른 사람들도 어떻게 반응했는지 미뤄 알 만하다. 승패는 결정적이었다. 그럼에도 불구하고 영국으로 돌아온 폴즈는 마지못해 경찰의 외과 의사로 근무하기 시작했다.

여기서 다음 사실만은 밝혀 둘 필요가 있다. 행정관 허셸이나 의사 폴즈 모두 지문에 의한 인물 특정과 불변성(不變性)을 설명할 뿐 과학수사에서 가장 중요한, 범죄 현장에 남겨진 지문(잔류 지문)을 어떻게 검출하는가에 대해서는 전혀 거론하지 않은 점이다. 대부분의 잔류 지문은 사람의 눈으로 선뜻 판별하기 어렵다. 어디에 찍혀 있는지 알 수 없는 잠재 지문이다. 범죄 수사 분야에서는 그와 같은 잔류 지문에서 특정한 인물을 가려내는 기술, 전문 용어로는 콜드 서치(cold search)라고 하는 기술을 구사하는 것이 최대 과제이다.

폴즈는 분명히 지문으로 범인을 가려내는 것을 주제로 삼고는 있지만, 그 대상은 혈액에 접촉한 손가락으로 찍힌 혈액 지문이다. 범인이 범죄 현장에 남겨 놓은 것은 손가락 표면에 스며 있는 땀과 지방분(脂肪分) 등이 물체 표면에 접촉했을 때 찍혀지는 체액 지문이다. 사람에 따라 지문이 각각 다른 모양을 나타내는 것은, 지문의 구조와 분류를 테마로 하여 17세기부터 19세기 초반에 걸쳐 배출한 그레이(Henry Gray, 1827~1861), 비들(George Wells Beadle, 1903~1989), 말피기(Marcello Malpighi, 1628~1694), 푸르키네(Johannes Evangelista von Purkyne, 1787~1869) 등의 저명한 해부학자들에 의해 이미 상세하게 해설되었다. 더욱이 잠재 지문을 확실하게 검출하는 질산은법이 이미 두 사람이 『네이처』 지상에서 논쟁을 시작하기 3년 전인 1877년에 발표한 바 있었고, 요오드법도 1885년에 세상에 소개되었다. 허셸이 지문을 인간 식별에 이용한 점과 폴즈가 범죄 수사에 응용한 것은 분명 의의(意義)가 깊은 것이 사실이지만 그렇다고 해서 우선권을 다툴 정도의 위업(偉業)이라고는 생각되지 않는다.

경찰 외과 의사가 되고 나서도 폴즈는 초조감과 굴욕감을 털어내지 못했다. 연구자 특유의 집착에서인지 폴즈는 런던 경찰청에 지문 채택을 강력하게 호소하기 시작했다. 실제로 1886년에서 1888까지 3년 동안 런던 경찰청 범죄수사부(스코틀랜드 야드)에 초청되어 지문국 창설에 힘을 보탰다. 사재(私財)를 들여서라도 실현시키려는 열의가 받아들여진 것이다.

그러나 상황은 그의 염원을 걷어차는 방향으로 진행되었다. 지문과 관련해 허셸, 골턴, 그리고 후술하는 에드워드 헨

리 세 사람에게 나이트(작위)의 칭호가 수여되는 사태가 벌어
짐으로써 연구자로서 폴즈의 자존심은 만신창이가 되었다.

폴즈의 외길 인생

골턴의 처사는 폴즈의 마음에 큰 상처를 남겼다. 『네이처』
의 편집자로부터 지문의 선각자를 알려 달라는 부탁을 받은
골턴은 그 자리에서 주저없이 허셸을 지명했다. 1891년에 골
턴은 역시 『네이처』지에 「지문분류법」이란 논문을 발표했다.
골턴은 그 논문에서 폴즈는 전혀 거론하지 않고 오직 한 사
람, 허셸에 대해서만 찬사를 아끼지 않았다.

골턴은 다윈의 사촌 아우이며, 저명한 케틀레(Lambert
Adolphe Jacques Quételet, 1796~1874)*의 제자이기도 하다.
어쨌든 골턴의 논문을 읽은 폴즈는 지문에 관해서는 자신이
선구자란 사실을 못 박아 두기 위해 골턴에게 편지를 보냈다.
그러나 골턴은 귀도 기울이지 않고 묵살했다. 누가 먼저인가
는 그다지 중요한 문제가 아니라는 정론(正論)을 공론화(公論
化)함으로써 골턴은 자신의 지위를 확고하게 굳혔다.

---

* 케틀레는 벨기에 출신의 천문학자·기상학자·수학자, 특히 통계학
  자로서 오늘날에도 그 이름을 남기고 있다. 케틀레의 업적은 1835
  년에 간행된 그의 논문 「사회물리학(Physique Sociale)」에 집약되어
  있다. 1819년 브뤼셀대학에서 수학 교수로, 1828년에는 왕립천문대
  의 대장을 역임하기도 했다.

설상가상으로 1901년 폴즈는 생애 최대의 위기를 맞았다. 스코틀랜드 야드에 헨리식 지문분류법이 채택되는 동시에 폴즈에게는 아무런 연락도 없이 지문국이 창설되었다. 폴즈는 이제 완전히 무시되었다. 그토록이나 헌신적인 노력을 했음에도 불구하고…….

폴즈는 주저하지 않고 반격에 나섰다. 1905년 런던 템스(Thames) 강 남안(南岸)의 뎃퍼드(Deptford)에서 발생한 이중 살인사건의 범인 스트래튼 형제(Alfred & Albert Stratton) 재판에서 굳이 변호인 측 감정 증인석에 앉았다. 지문 전문가 그룹에서 밀려난 한을 씻어 내려는 의도 같기도 했다.

이 살인사건은 3월 27일 아침에 일어났다. 도료(塗料)와 기름을 판매하는 파로(Thomas Farrow)라는 사람의 점포에 숨어들어온 누군가가 둔기 같은 것으로 주인을 구타해서 살해한 것이다. 파로의 아내(Ann Farrow)는 침대 위에 피투성이가 된 채 쓰러져 있었고, 죽은 사람이나 다름없는 빈사 상태의 중상을 입고 있었다.

런던 경찰청에 의한 면밀한 현장 조사가 시작되었다. 곧 침입자가 복면으로 사용한 것으로 믿어지는 검은 스타킹이 발견되고, 이어서 침대 밑에 아무렇게나 밀어 넣은 소형 금고도 발견되었다. 금고에는 범인이 남긴 것으로 추정되는 분명한 혈액 지문이 보였다. 범인을 찾아낼 수 있는 유력한 증거였다.

지문은 바로 지문국(指紋局)으로 보내졌다. 만약을 위해 파로와 아내의 피해자 지문도 채취해 대조했으나 일치하지 않았다. 그리고 지문국에 정리·보관된 8만여 건의 전과자 지문과 대조했으나 일치하는 지문은 찾아낼 수 없었다. 전과가 없는 자의 범죄인지도 모른다. 금고의 지문이 엄지의 것임은 알 수 있었지만, 이와 같은 경우 열쇠 역할을 하는 것은 비단 물적 증거뿐만은 아니다. 온갖 목격 증언과 노련한 수사 기술을 바탕으로 한 탐문 정보 수집도 물적 증거만큼 용의자에게 다가갈 수 있는 기회를 제공해 준다. 현지 경찰과 긴밀하게 연대해서 일한 것이 주효했다. 우유를 배달하는 사람으로부터 귀중한 목격 증언을 입수했다. 아침 7시 15분경, 주위를 어슬렁거리듯이 두 남자가 점포에서 나오는 것을 보았다고 했다.

탐문 수사는 집요하게 계속되었다. 수사 당국은 현지 경찰이 평소부터 맡고 있던 두 인물을 좇았다. 앨버트와 알프레드 형제로, 범죄 냄새를 물씬 풍기는 꼬리표가 붙은 형제였다. 그러나 이 형제를 그것만으로 범인으로 단정해 잡아들이는 것은 위험한 직관적 판단이므로 확실한 증거를 확보해야만 했다.

동생인 알프레드의 정부(情婦)가 범행 당일 아침 함께 있었다고 증언하라는 협박을 받았다고 증언했다. 또 형인 앨버트가 사는 아파트의 집주인은 앨버트의 침대 매트 밑에 검은 스타킹이 감춰 둔 듯이 쑤셔박혀져 있는 것을 본 적이 있다고 증언했다. 다른 상황 증거까지 포함해 형제를 유력한 용의자로 체포했다. 그러나 형제의 범행을 입증하는 확증적 증거로는 부족했다. 상황 증거만으로 체포한 것이다. 영국은 특히 상황 증거만으로 체포하는 것을 배척하는 나라로 유명하다.

수사 당국은 증거 수집을 계속했다. 구치소에서의 조사에서는 형제가 이구동성으로 결백을 강력하게 주장했다. 조사에 임한 수사관 역시 그들이 범인이 아닐지도 모른다는 생각이 뇌리를 스쳤다고 했다.

여하튼 지문 대조의 결과를 확증적 증거로 쓸 수밖에 없었다. 금고의 지문은 혈액 지문이므로 그다지 선명하지 못해 신중하게 검사해야만 했다. 며칠이 지나 겨우 결과가 나왔다. 용의자 알프레드에게서 채취한 대조 지문과 일치했다.

사건 발생일로부터 40일이 지난 5월 5일, 형제는 중앙형사재판소의 피고인석에 앉았다. 형사사건으로 유명한 무어 검사는 변호인 쪽 증인석의 폴즈를 보고는 일순 놀라는 표정이었다. 수사를 담당한 경찰 당국도 물론 놀랐다.

폴즈는 변호인으로서 지문 감식 결과를 집요하게 따지고 들었다. 금고의 지문은 혈액 지문이고, 불선명 지문(smudge finger print)이다. 본래 그러한 지문은 대조 지문으로는 적합하지 않다. 게다가 불일치점도 보이므로 알프레드의 오른손 엄지의 지문과 금고의 지문은 일치된다고 볼 수 없다고 주장했다.

수사관 측 지문 전문관은 변호인 측 반대 심문에 위축되지 않고, 지문의 일치성에 대해 냉정하면서도 이론적으로 설명했다. 혈액 지문은 누르는 힘에 따라 원래의 지문이 다소 변형하는 것이 자연스러우며, 그렇다고 해서 원래의 형상(形狀)을 손상시키지는 않는다. 이 사실을 배심원의 지문을 이용해 실증까지 했다. 누르는 힘을 강하게, 혹은 가볍게 여러 가지로 바꿔도 본래의 형(形)과 극히 약간 차이가 있을 뿐, 문리(紋理)에 변함은 없었다.

재판 심리 현장에서 증거 감정의 유효성을 다투는 이 실증적 시도를 목격한 배심원은 모두 다 만족한 표정을 지으며, 폴즈의 주장에는 등을 돌렸다. 형제에게는 사형이 선고되고, 이튿날 신문은 "혈액 지문이 유력한 증거"라는 표제(表題)로 이 사건의 결심(決審)을 보도했다.

1905년 3월 23일, 이들 형제는 워즈워스(Wadsworth) 감옥에서 교수형에 처해졌다.

드디어 인정받은 폴즈

폴즈의 기력도 이제는 쇠진해서 되찾기 어려운 지경에 이르렀다. 그래도 좌절을 모르는 폴즈는 1920년대 초반에 『댁틸로그래피(Dactylography)』라는 지문학 연구 잡지(정기 간행물)를 7호까지 발행했다. 새로운 연구 지침, 기술 등의 기사(記事)와 함께 허셜, 골턴, 헨리 3인의 작위(爵位) 그룹을 트집 잡는 기사도 빠뜨리지 않았다.

이러한 과정도 겪어가며, 폴즈의 응어리진 감정은 풀리지 않은 채 세월은 흘렀다. 1955년 스코틀랜드 야드의 지문국장인 체릴은 후안무치하게도 『야드의 체릴』이라는 책을 저술하고, 그 책에서 지문의 발달과 역사를 언급했지만, 폴즈에 관해서는 단 한마디도 언급하지 않았다. 또 1977년의 어떤 기사에서 체릴은 '폴즈는 아는 체하는 왕 허풍선이'라고, 인격의 모자람을 뜻하는 듯한 글을 쓰기도 했다. 이 지경에까지 이른다면 아무래도 무책임한 발언이라 하지 않을 수 없을 것 같다.

폴즈는 한평생 연구자의 외길을 걸어왔고, 결코 행정관에게 협력을 아끼지 않았지만 안이한 타협도 계속 배척했다. 그는 1930년 3월 19일, 스태퍼드셔(Staffordshire)의 지방도시 월스탠턴(Wolstanton)에서 86세로 서거했다.

일본에서는 지문법 시행 50주년을 기념해 1961년 10월 28일 지금의 도쿄 쓰쿠지 성로가국제병원의 성로가 가든 한쪽에 "1874년부터 1888년에 걸쳐 여기에 체재했노라"라고 쓴 '지문연구 발상지(發祥地)'라는 기념비가 세워졌다.

일본에서의 업적을 배려해서인지 한참 늦기는 했지만 1962년에 두 딸을 통해 폴즈에게도 작위가 수여되었다. 그의 브론즈 흉상은 헨리 폴즈 경(Sir Henry Faulds)이라는 이름을 기록해, 에드워드 헨리 경(Sir Edward Henry)의 상(像)과 나란히 스코틀랜드 야드 6층 낭하에 안치되어 있다.

지나친 연구 탤런트 골턴

다윈으로부터 폴즈의 편지를 넘겨받은 프랜시스 골턴

(Francis Galton, 1822~1911)은 다윈과 우리나라의 촌수로 치면 4촌지간으로, 한 할아버지의 손자이다. 더 설명한다면 다윈의 아버지와 골턴의 아버지는 친형제간이다. 다재다능했으며 스포츠도 즐기고, 다윈을 닮아서인지 탐험에 관심이 많을 뿐만 아니라 기상학, 지리학에도 연구의 손길을 뻗치고 있었다. 연구 분야는 더욱 광범위해서, 인간의 재능을 과학적으로 연구해 우생학(優生學)을 제창하기도 하고, 실험심리학에까지 손을 뻗쳤다. 더욱 놀라운 것은 피부에 대한 해부학적 연구도 하여 개인 식별 분야에서 가장 공적(功績)이 있는 인물로 소개되기도 했고, 1884년에는 런던에 인류학연구소를 설립했다. 이와 같이 재주가 너무 다양하다 보니 그의 등 뒤에서 "지나친 연구 탤런트(a man of considerable talent)"라는 야유를 하기도 했다. 실제로, 영국의 지문 전문가 사이에서 골턴의 이름을 입에 담는 사람은 한 사람도 없었다는 설(說)도 있다.

골턴은 다윈으로부터 넘겨받은 편지를 펴 보지도 않고 1894년까지 15년 동안 자신의 인류학연구소 탁자 서랍에 내버려 두었다. 20세나 연하(年下)인 제놈이 무엇을 안다고 하는 심사로 무시했을 것임이 틀림없다. 폴즈의 비극은 골턴의 이 고집스러운 처사에서 비롯되지는 않았을까? 골턴은 1892년에 출판한 『지문(Finger Prints)』이라는 책에서 "만약 지문이 개인 식별에 중요하다고 한다면 허셸은 지문법의 실용화를 성취한 최초의 인물"이라고 치켜세웠다.

골턴은 행정에도 파고드는 재주와 지혜가 능한 사람이었

다. 1893년 10월 어느 날, 영국의 내무장관 허버트 애스퀴스 (Herbert Henry Asquith, 1852~1928)는 골턴의 저서를 읽고, 베르티용식 인체측정법 활용에 의문을 갖기 시작했다. 본래 애스퀴스의 관심은 당시 런던인류학회 부회장이었던 가슨이 추천하는 베르티용식 인체측정법(bertillonnage)에 기울어져 있었다. 하지만 다른 나라에서 지문법을 쓰기 시작하자 이번 에는 지문법에 열의를 쏟는 변덕스러움으로 세간에 평판이 좋지 않은 사람이었다.

애스퀴스는 즉시 내무부 관료인 트루프, 교도소장 그리피스, 경찰총감 맥너튼을 불러 애스퀴스위원회를 결성하고, 베르티용법을 택할 것인가, 지문법을 채택할 것인가를 신중하게 심의하게 했다. 당연히 골턴은 이 위원회에 들어오게 되었고, 그 해 12월 내무부 심의에서 지문법의 기본적 구상과 지문 등록에 대해 자신만만하게 설명했다. 위원회는 그 내용에 큰 흥미를 가졌지만 더 자세히 들어보니 골턴이 아직 지문의 등록법과 분류법을 완성시키지 못한 것을 알고 모두들 낙담했다.

위원회는 베르티용법을 채택하는 쪽으로 기울어져 있었지만 내심 불안하기도 했으므로 베르티용을 직접 만나서 자세한 설명을 듣기 위해 파리를 향해 떠났다. 만나서 실제로 설명을 들어보니 베르티용법의 복잡함은 상상 이상이었다.

결국 1894년 2월, 애스퀴스위원회에서는 베르티용법과 지문법을 채택한다고 하는, 이도 저도 아닌 모호한 결론을 내렸다. 이 결정은 골턴을 약간 의기소침하게 했으나 지문 분류와 보관 기술이 아직 완성되지 않은 상황에서는 어쩔 수 없어 체념할 수밖에 없었다.

헨리의 수상한 에피소드

에드워드 헨리(Edward Henry, 1850~1931)는 지문학 세계에 홀연히 나타난 것이 아니었다. 26세에 인도에서 판사보가 되었고, 그 후에 벵골 주 경찰장관에 오른 헨리는 휴가로 일시 영국으로 돌아오게 되었다. 그해는 마침 골턴이 『지문』을 간행한 1892년이었다.

귀국하자, 서둘러 골턴을 찾아가 지문 공부를 하고 싶다고 간청했다. 행정관으로서는 유례(類例)를 찾아보기 힘든 연구 열의(熱意)였다. 폴즈를 대했을 때와는 180도 달리, 골턴은 헨리를 반갑게 맞아 지문학을 상세하게 전수했다. 헨리가 인도로 귀임할 때는 여러 가지 지문 자료를 챙겨 선물로 주기까지 했다.

어떤 이유에서인지 헨리는 베르티용법을 무척 싫어했다. 11개 항목에 이르는 인체 계측은 번거롭고 성가실 뿐만 아니라 그다지 정확하게 개인을 식별할 수 있는 것도 아니라는, 편견에 가까운 기피감을 가지고 있었다. 골턴으로부터 지문학을 배운 그는 바로 범죄인의 지문을 등록하는 시스템을 고안하기 시작했다.

헨리에게는 다음과 같은 에피소드도 있다.

1896년 12월, 인도를 여행하던 중, 열차 안에서 돌연 한 가지 아이디어가 전광석화(電光石火)처럼 떠올랐다. 손가락 끝을 달리는 지문과 그 중심에서 왼쪽과 오른쪽에 위치하는 3각형의 교차 부분을 주목했다. 그것은 바로 골턴이 설명한 '델타(삼각주)'였다. 그래, 그것을 이용해 분류하자. 델타가 하나 있으면 말굽 모양 지문(蹄狀紋), 2개가 있으면 소용돌이 모양 지문(渦狀紋), 1개만 있으면 활 모양 지문(弓狀紋)으로 하자([그림 3.5]). 혹시나 잊을지도 몰라 풀을 먹여 빳빳해진 와이셔츠의 소맷자락에 메모를 했다고 한다. 어딘지 헨리를 지문 개발의 선구자로 믿는 사람들에 의해 꾸며진 에피소드 같기도 하다.

어찌 됐든, 그 아이디어로부터 현재의 헨리 시스템이 만들어진 것이라고 생각해도 좋다. 허셸과 폴즈도, 그리고 골턴까지도 생각하지 못했던 지문분류법이다. 헨리식 분류법의 새로운 점은, 소용돌이 모양 지문이 어느 손가락에서 보이는가를 기준으로 하여, 사람을 1,024종류로 분류한 점이다. ABO식 혈액형이 사람을 A · B · AB · O의 네 가지 형으로밖에 분류되지 못하는 것을 생각하면 획기적인 분류법이었음에는 틀림이 없다.

분류 방법을 간단하게 설명하면, 다음과 같다. 사람의 손가락을 1에서 10까지의 숫자로 표현하고, 오른손 엄지손가락에서 새끼손가락 순으로 1에서 5, 왼손 엄지손가락에서 새끼

손가락 순으로 6에서 10까지의 번호를 매긴다. 다음은 소용돌이 모양 지문이 보이는 손가락마다 정해진 점수를 매긴다. 활 모양 지문과 말굽 모양 지문일 때는 손가락마다 모두 0점을 매긴다. 가령 모든 손가락이 활 모양 지문이거나 말굽 모양 지문일 때는 0/0이 되어, 분류하는 데 어울리지 않으므로 분자와 분모에 1을 더해 1/1로 하도록 짜여져 있다.

실제로 자신의 지문을 헨리식에 따라 분류해 보자. 가령 오른손 엄지(홀수 손가락), 오른손 약지(짝수 손가락), 왼손 엄지(짝수 손가락), 왼손 약지(홀수 손가락)이 소용돌이 모양 지문이고, 다른 손가락은 활 모양 지문이거나 말굽 모양 지문이라고 하자. 소용돌이 모양 지문을 소용돌이를 뜻하는 whorl의 머리글자 W를 따서 표시하면 <표 3.1>과 같이 된다.

〈표 3.1〉 헨리식 지문의 대분류

	엄지	인지	중지	약지	소지
오른손 번호 점수(스코어)	1 W	2	3	4 W	5
	16	16	8	8	4
왼손 번호 점수(스코어)	6 W	7	8	9 W	10
	4	2	2	1	1

헨리식 분류법에 의한 계산 예

$$\frac{\text{짝수 손가락} + 1}{\text{홀수 손가락} + 1} = \frac{(0+8+4+0+1)+1}{(16+0+0+0+1)+1} = \frac{14}{18}$$

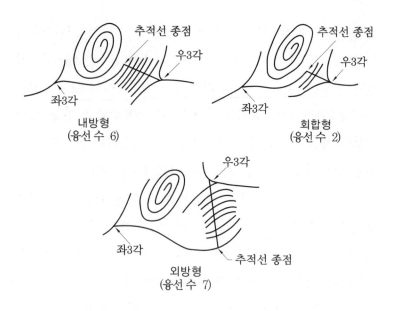

[그림 3.5] 헨리식에 의한 소용돌이 모양 지문의 분류

헨리식에서는 이 수치를 사람을 식별하기 위해 우선 최초로 대분류해 사용하는데, 당연히 사람에 따라서는 같은 수치가 되는 사람도 생긴다. 그래서 소용돌이 모양 지문을 세 종류로 나누는 소분류법을 대분류법에 더해 한 사람 한 사람을 다시 세분(細分)할 수 있도록 했다. 당시로서는 분명 정확하고 합리적인 방법이었다.

[그림 3.5]는 헨리식 소용돌이 모양 지문을 다시 3분류한 것이다. 왼쪽 3각형을 이루는 융선을 따라 오른쪽 3각형을 2등분하는 직선의 교차점을 추적선 종점이라 하고, 추적선 종점이 오른쪽 3각형의 안쪽에 있는 것을 내방형(內方形), 바깥

쪽에 있는 것을 외방형(外方形)으로 분류하고 있다. 종점이 내방 또는 외방에 위치하는 경우, 오른쪽 3각의 2등분 각선과 종점을 있는 직선을 가로지르는 융선 수가 3선 이하이면 회합형(會合形)과 하나로 묶어 분류한다. 대분류에 이 소용돌이 모양 지문의 분류를 더해 주면 사람을 10만 분류로까지 나눌 수 있다고 한다. 행정관인 헨리로서는 참으로 경탄할 만한 아이디어였다.

이렇게, 과학수사 분야에서는 위대한 인물로 평가받지만 바람직스럽지 못한 에피소드도 있다.

그의 곁에는 언제나 두 사람의 우수한 인도인 지문 전문관이 붙어 있었다. 아지줄 헤이크와 찬드라 보스라는 사람이었다. 헨리식 분류법은 사실 이 두 사람에 의해서 만들어졌다는 설도 있다. 헤이크와 보스가 후에 속내를 털어놓을 수 있는 절친한 친구에게 말한 바에 의하면, 그들이 헨리에게 지문분류법을 아무리 상세하게 설명해도 도통 이해하지 못했다고 한다. 지문의 분류는 범죄 수사라는, 법을 집행하는 행정과 직결되는 것이기 때문에 행정관의 이름이 특히 필요해서였는지 헨리 자신의 명예욕 때문이었는지는 알 수 없으나 여하튼 헨리가 자신의 이름을 붙여서 발표한 것은 사실인 것 같다. 이는 오늘날에 이르러서도 헨리의 수상한 행동으로 전해지고 있는 에피소드이다.

아르헨티나의 수재 부체티크와 로하스 사건

헨리의 지문분류법이 발표되기 수년 전, 아르헨티나의 후안 부체티크(Juan Vucetich, 1858~1925)라고 하는, 헨리보다 8세 정도 연하의 경찰관이 빈번하게 골턴과 접촉하고 있었다. 원래 발칸반도 북서부의 달마티아(Dalmatia: 현재의 크로아티아) 태생의 인물인데 아르헨티나로 이민 와서 몇 해 만에 두각을 나타낸 수재였다.

베르티용식이 채택된 1891년, 부체티크는 수도 부에노스아이레스에서 50킬로미터 정도 떨어진 라플라타 경찰청의 통계부장에 취임하는 영예를 얻었다. 그는 자료를 정리하다가 우연히 과학잡지 『리뷰 사이언티픽(Review Scientific)』에서 영국의 '지문 개척자 프랜시스 골턴'이라는 제목의 기사를 보았다. 그 당시까지는 열렬한 베르티용법의 선봉자였던 그가 지문법 일변도의 경찰 관료로 전향한 것은 오로지 이 기사가 계기가 되었다.

골턴은 아직 완전한 분류법을 엮어낸 것은 아니었다. 부체티크의 총명함은 이를 재빠르게 간파해 1년도 지나지 않아 부체티크식 분류법을 만들어 책으로 출판했다. 지문 분류를 뜻하는 『댁틸로스코피(Dactyloscopy)』는 부체티크가 만든 용어이지만, 전 세계에 통용하게 되었다. 부체티크는 이 저서를 골턴에게는 물론 범죄 수사학의 아버지로 불리는 독일의 한스 그

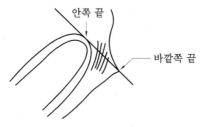

안쪽 끝

바깥쪽 끝

융선 수(안쪽 끝과 바깥쪽 끝을 가로지르는 융선 수)에 따른 분류법.
a형 : 융선 수 1~9선, b형 : 10~13선, c형 : 14~16선, d형 : 17선 이상

[그림 3.6] 부체티크의 발굽 모양 지문

로스(Hans Gross, 1847~1915)에게도 증정했다. 책을 받은 두
사람은 최대의 찬사로 저서에 화답했다고 한다.

헨리와 부체티크의 분류법은 서로 표절한 것이 아닌가 하
는 의심을 받을 정도로 비슷하지만 실상은 우연이었다고 하니
믿을 수밖에 없다. 굳이 다른 점을 든다면, 헨리는 소용돌이
모양 지문을 세분류(細分類)했으나 부체티크는 말굽 모양 지
문을 세분류한 것이 다른 점이었다.

부체티크의 분류법도 대분류에 소분류를 더하는 방법이다.
말굽 모양 지문을 안쪽 끝(말굽 모양의 중심)에서 바깥쪽 끝
(삼각주의 거의 중심에 그은 직선)을 가로지르는 융선의 수
([그림 3.6])의 차이로 분류한다. 이 수가 1~9, 10~13,
14~16, 17선 이상을 각각 a, b, c, d형이라고 부호를 붙인다.
같은 말굽 모양 지문이지만 a형과 b형으로 나뉘는 것이다. 대
분류는 활 모양 지문, 말굽 모양 지문, 소용돌이 모양 지문이
나타나는 방법을 손가락별로 정리하고, 또 소분류로 발굽 모

양 지문의 문리 수(紋理數) 차이에 따라 분류한다. 이 분류에 서는 베르티용식을 사용하지 않고 지문만으로 모든 범인을 식 별할 수 있다고 부체티크는 확신했다.

베르티용식 지문법 사용이 전성기를 누리고 있던 당시의 아르헨티나에서 새로운 지문법이 범인 색출에 바로 성과를 거 두게 될 것이라고 믿는 상관(上官)은 아무도 없었다. 범죄 수 사 사회에서는, 새로운 방법이 실제로 도움이 되는 것인지 아 닌지가 확증되지 않는 한 이제까지의 방식을 버리고 새로운 방식을 채택하기란 쉬운 일이 아니다. 그러나 부체티크에게 획기적인 사건이 일어났다.

1892년 7월, 수도 부에노스아이레스서 남쪽으로 450킬로 미터 지점에 있는 네코체아(Necochea)라는 작은 도시에서 프 란시스카 로하스(Francisca Rojas)라는 26세의 미혼모가 자신 의 여섯 살 난 사내아이(Ponciano Caraballo)와 네 살 난 여 자아이(Felisa Caraballo)의 무참한 사체를 발견했다. 두 아이 모두 침대 위에서 두골(頭骨)이 파열되어 피투성이가 된 상태 로 죽어 있었다. 근무를 마치고 집으로 돌아와 현장을 목격한 아이들의 어머니 로하스는 몸부림치며 울부짖었다.

수사관의 현장 검증은 신속했다. 몸부림도 다소 진정되었 는지 아이들의 어머니는 묘하게도 냉정한 자세로 수사관에게 자신의 속내를 털어놓았다. 결혼할 생각이 없다고 했는데도 계속 강압적으로 결혼을 요구하는 인근 목장의 농부 라몬 벨 라스케스(Ramón Velàzques)가 범인일지도 모른다고 했다.

개인의 이름까지 분명하게 지적하는 점에 수사관은 다소 의아하게 생각했으나, 어머니가 귀가했을 때 마침 빠른 걸음으로 스쳐 지나가는 벨라스케스를 보았다는 증언을 일단 믿고 그를 용의자로 체포했다.

온갖 수단을 동원해 벨라스케스를 조사했다. 지금으로부터 백여 년 전의 일이었으므로 고문에 가까운 조사도 있었을지 모른다. 어떻든 반사반생(半死半生) 상태가 되어도 여전히 이를 악물고 자신은 무고하다고 버티는 벨라스케스의 항거에 지친 수사관은 문득 이 사람은 범인이 아닐지도 모른다는 생각이 들었다. 어머니의 증언이 너무나 단정적이었던 것같이, 너무 성급하게 체포했다는 일말의 불안도 느꼈다. 다른 누가, 범인일 가능성은 없는가. 가능성의 추구, 이것이야말로 범죄 수사의 상도(常道)이다.

로하스의 신변을 은밀하게 조사했더니 두 살 연하의 애인이 있는 것이 밝혀졌다. 어딜 보나 벨라스케스보다 조건이 좋은 이 젊은 애인에게 로하스는 푹 빠져 있었다. 애인 역시 아이들만 없다면 결혼해도 좋다고 암시한 듯했다. 그래서 수사진은 로하스의 행동을 세밀히 지켜보기로 했다. 로하스는 더이상 비통해 보이는 모습 없이 오히려 밝은 표정이었다. 그러나 이것만으로는 용의자로 볼 수 없었다. 어쩔 수 없이 강행 작전으로 나갔다.

로하스가 밭에서 일하는 사이, 가택을 수색했다. 물론 오늘날에 와서는 아무리 수사관이라 한들 적법한 절차 없이 임의로 가택 수사를 할 수 없다. 구석구석 빠짐없이 찾아보았으나 아무런 증거도 발견하지 못했다. 철수하려고 막 문고리를 잡는 순간 문짝 위에 약간 거무스레한 얼룩 같은 것이 보였다. 돋보기로 자세하게 살펴보니 아무래도 지문 같았다. 창에서 비쳐 들어오는 빛은 사광조명(斜光照明)의 효과가 있다. 그 사광조명에 반응하듯이 지문이 드러났다. 그것도 혈액에 젖은 손으로 찍힌 혈액 지문이었다.

당시로서는 범죄 현장에서 바로 문짝의 판(板)에서 지문을 옮겨 뜨는 기술이 없었으므로 지문이 붙어 있는 판 부분을 톱으로 잘라냈다. 그것을 로하스의 지문과 대조하자 오른손 엄지의 지문과 일치했다. 로하스는 이전의 증언에서 사체에는 손을 댄 적이 없었다고 증언한 바 있었다. 그렇다면 어찌하여 엄지의 혈액 지문이 문짝에 붙어 있었단 말인가.

부체티크는 평소 수사관들에게 범인 색출에 지문이 매우 도움이 된다는 것을 상세하게 설명했었다. 그러나 이 사건이 부체티크에게 바로 행운을 가져다 주지는 않았다. 말굽 모양 지문을 세밀하게 분류하는 지문분류법의 공(功)도 아니었다. 범죄 현장의 지문과 피의자의 지문을 직접 1 대 1로 대조함으로써 진범을 밝혀낸 것이다.

그 당시는 아직 부체티크의 분류법이 눈에 보이지 않는 범인을 찾아내는 데 효과가 있다는 것을 아르헨티나 경찰의 상사들 중 누구 한 사람도 믿으려 하는 사람이 없었다. 부체티크도 이미 경찰 기구에서 상당한 상급 관료였지만 그래도 아직 명령에 따라야 할 상사가 많았다. 더욱이 베르티용식 지문법을 절대적으로 신봉하고 있던 아르헨티나 경찰이었으므로 부체티크의 지문법을 받아들일 진취적인 상사는 한 사람도 없었다.

어느 날, 돌연 부체티크에게 날벼락이나 다름없는 명령이 떨어졌다. 지문법을 더 이상 운운하지 말고 폐기하라는 것이었다. 그러나 부체티크는 완강히 항거했다. 지문법에 관한 책을 2권이나 간행하고 자비(自費)를 들여 지문법 연구를 이어갔다. 참다 못한 상사는 음험한 방법을 써서 부체티크를 그 일에서 손을 떼게 했다.

그러나 세계의 정세는 점점 지문법으로 전환되고 있었다. 그렇게 되자 아르헨티나 경찰도 태도를 바꿔 세계의 법집행 행정에 보조(步調)를 맞추려는 듯 1896년에 베르티용식을 폐기하고 부체티크식 지문법을 채택했다. 그리하여 중남미는 물론 온 세계에 부체티크의 이름이 널리 알려지게 되었다.

로셔식 분류법

헨리보다 두 살 연하인 독일 함부르크의 경찰총감 테오도르 로셔(Theodore Roscher, 1852~1915)는 헨리식과 부체티크식 둘을 뒤섞은 로셔식 지문분류법('함부르크식 지문분류법'이라고도 한다)을 1903년에 공개했다. 독창성을 자랑으로 하

<표 3.2> 로셔식 지문 분류 방법과 실례

문양	활 모양 지문	갑종 말굽 모양 지문	을종 말굽 모양 지문				소용돌이 모양 지문			무
약호	A	R	U				W			0
융선의 상황			융선의 수				추적선의 위치			
			1~9	10~13	14~16	17~	안쪽	회합	바깥쪽	
분류번호	1	2	3	4	5	6	7	8	9	0

<표 3.3> 로셔식 지분 분류의 실례

		인지	중지	약지	소지	엄지
왼손	문양	소용돌이 모양 지문	을종 말굽 모양 지문	을종 말굽 모양 지문	소용돌이 모양 지문	을종 말굽 모양 지문
	융선의 상황	안쪽	12선	10선	바깥쪽	5선
	분류번호	7	4	4	9	3
오른손	문양	을종 말굽 모양 지문	을종 말굽 모양 지문	회합	무	갑종 말굽 모양 지문
	융선의 상황	15선	5선	소용돌이 모양 지문	기형	엄지 방향으로 열림
	분류번호	5	3	8	0	2

등록 방법	지문등록번호 (파일 기호)	왼손 7 4 4 9 3
		오른손 5 3 8 0 2
	세분류 기호(오른쪽 중지, 왼쪽 약지, 오른쪽 약지의 융선 수) = (5, 10, 0)	

는 독일 사람의 작품 치고는 너무나 엉성한 대물(代物)이지만 소용돌이 지문과 말굽 모양 지문의 두 분류법을 합체함으로써 그런대로 합리적인 세분류 방식(細分類方式)이 만들어졌다고는 할 수 있다.

로셔식은 간단하게 설명하면, 먼저 지문을 활 모양 지문(A), 갑종 말굽 모양 지문(R), 을종 말굽 모양 지문(U), 소용돌이 모양 지문(W)으로 분류한다. 그 다음의 세분류는 표에 보인 바와 같으며, 문양은 1~9와 0(문양이 없는 것)의 10종류의 분류번호가 붙여진다(<표 3.2>와 <표 3.3>). 로셔는 이 분류법을 1905년에 저술한 『지문학교본』으로 간행하기까지 했다.

헨리는 화가 머리끝까지 치솟았다. 이럴 수는 없다. 그가 소용돌이 모양 지문을 중심으로 하여 만들어 낸 분류법을 약간 손질한 것이 아닌가. 그것을 마치 자기가 독창적으로 고안한 양 저서로까지 발표하다니. 돼먹지 못한 놈 같으니라고…….

그러나 사실 따지고 보면 헨리도 그렇게 화내고 큰소리 칠 처지는 아니었다. 1823년에 체코의 생리학자인 푸르키네의 해부학적 연구로 지문은 이미 9개 형으로까지 분류되어 있었다. 그것을 사람을 특정짓기 위해 아주 약간 수정을 가했을 뿐, 학문상 큰 발견이라고는 보기 어렵다. 다만 로셔가 그의 방식을 발표했을 때 헨리와 부체티크의 업적을 중요한 지침으로 했다는 말을 한 마디도 언급하지 않은 것은 잘못인 것으로 생각된다.

이때, 당시 범죄 수사의 권위자로 명성을 떨치던 독일의 로베르트 하인들(Robert Heindle)이 중재자로 나섰다. 로셔식은 열 손가락을 분수식(分數式)으로 나타내므로 매우 이해하기 쉬운 것으로 알려져 있었다. 분명, 로셔식에 의하면 많은 사람을 한 사람씩 세분할 수 있다. 일본은 지금도 이 로셔식을 모방한 방법(분류의 기준이 되는 융선 수를 계산하는 데 차이는 있지만)으로 열 손가락 지문 분류를 하고 있다.

일본에서의 지문 감식 사례

1926년 10월 4일, 27세의 쓰마키 마쓰요시(妻木松吉)라는 사내는 심야에 익숙한 솜씨로 유리를 자르고, 안으로 손을 밀어넣어 자물쇠를 열고 집 안으로 침입했다. 방 안으로 들어가서는 용의주도하게 먼저 전등부터 끄고 전화선을 절단했다. 소지한 손전등의 불을 밝혀 방 안을 샅샅이 뒤졌다.

조심은 했지만 어쩌다가 발길에 작은 통이 걸렸다. 잠들어 있었으나 덜그덩하는 소리에 눈을 뜬 집주인은 겁에 질려 어찌할 바를 몰랐다. "조용히 입 다물고만 계시오. 그리고 가진 돈 모두 내어놓으시오!" 그러면서 두어 뼘 정도 되는 긴 칼을 가슴에 겨눴다. 동작이 흉악한데 비해서는 묘하게 예의 바른 말씨였다. 일반적으로 절도범들은 집주인에게 발견되면 강도범으로 변해 상해를 입히거나 살인, 강간 등의 흉악범으로 변하는 것이 비일비재하다. 이 쓰마키라는 범인도 예외 없이, 살인까지는 범하지 않았지만 부녀자 폭행은 빠뜨리지 않았다.

목적을 달성한 범인은 참으로 이해할 수 없는 이상한 모습을 보였다.

"위험하니 이제부터라도 개를 기르세요. 그리고 문단속은 좀 더 신경을 써 엄중하게 방비하는 것이 안전할 겁니다."

누가 할 소린지 모를 이런 당부까지 하면서 새벽녘에야 유유히 현장을 빠져나가는 대담함을 보였다. 세계 대공황이 바싹바싹 죄어오는 1926년, 일본 사회에서 말하는 이른바 도쿄에서 발생한 '설교 강도사건'의 발단은 이러했다.

이 사건만이 아니었다. 동일한 수법으로 보이는 강도 사건이 이전에도 반발했었다. 범인은 좀처럼 꼬리가 잡히지 않았다. 어떤 인물인지 짐작도 가지 않았다. 언제 내 집에도 닥칠지 주민들은 전전긍긍했다. 경찰 역시 초조하기는 마찬가지였다.

무능한 경찰을 탓하는 주민들의 원성이 높아지고 마침내는 의회까지 개입해 도쿄의 치안 상태를 재검토하자는 결의안이 제기될 정도였다. 당연히, 경찰 총수의 진퇴 문제까지 거론되었으므로 소관 경찰서에 설치된 수사본부의 수사 활동에는 연 1만 명에 이르는 수사관이 투입되었다.

사건 발생에서 2년 반이나 지난 1929년 2월 22일에야 겨우 한 가닥 빛이 보이기 시작했다. 사건 이후부터 줄곧 범죄 현장의 유리창에서 채취한 오른손 중지와 약지의 지문 소유자를 찾는 데 모든 노력을 기울여 왔다. 또 1927년에 동일한 수법으로 믿어지는 의사 댁과 관료 댁의 침입 사건 때 유리창에서 채취한 지문에 대해서도 마찬가지로 대조 수사를 쉬지 않고 계속해 왔다. 공교롭게도 의사 댁의 지문은 오른손 엄지의 것이고, 관료 댁에서 채취한 지문은 오른손 약지여서 지문의 종류가 모두 달랐다. 그러니 동일 범인에 의한 것이라고 단정하기조차 어려웠다.

과학수사라는 것은 이론(理論)이 말해 주듯, 합리적으로 사물의 추이(推移)를 풀어내기 위해 범죄 현장에서 수집되는 증거물이 항상 적정한 것이어야 할 것을 요구한다. 지문이 아무리 한 사람 한 사람을 식별한다 할지라도 그냥 쉽게 가려낼 수 없기 때문에 땀과 피를 짜내는 노력이 계속되었다. 경시청에는 1911년부터 관내에서 발생한 사건의 피고인 지문을 보관하는 제도가 실시되고 있었다. 1929년에는 50만 명분의 지문을 보관하는 단계에까지 이르렀다. 고도의 과학기술을 응용한 오늘날의 컴퓨터 검색 시스템 같은 것은 생각지도 못했다. 따라서 검색에 많은 시간이 걸렸다. 대조가 모두 끝났다 해도 범인 지문과 일치하는 것을 발견하지 못했을 때는 피로와 가누기 어려운 초초감만이 남았다.

포기해서는 안 된다며, 주민을 위협하는 범인을 기어이 찾겠다고 대조에 매달렸던 한 경찰관은 스스로 투쟁심을 독려했다. 계급이 혼재하는 경찰 조직 안에서 일개 순사(巡査)에 불과하다는 계급 따위는 전혀 의식하지 않고 오직 범죄 수사관으로서의 사명감에 불타 있었다. 어딘가에 지문이 또 보관되어 있는 곳은 없을까? 일본 사법성(司法省)은 1908년에 전국 감옥의 수형자(受刑者)로부터 지문을 채취하기로 결정한 바 있다. 그래, 그것을 조사해 보자. 그리하여 드디어 찾게 되었다. 쓰마키는 이미 고후(甲府)형무소에 지문이 채취되어 있었다.

이 순사의 이름은 혼다 고사부로(本田小三郎)였다. 혼다는 사법성에 보관된 지문에서 범죄 현장의 지문과 동일한 지문을 발견한 것이다. 다음 날, 즉 1929년 2월 23일 오후 3시 피의자의 자택에 수사관이 급파되었고, 천신만고 끝에 드디어 범인을 체포할 수 있었다.

범죄 수사에 지문이 도움이 되기 위한 조건

범죄 현장에는 범인의 지문 이외에도 피해자와 그 가족들, 그리고 과거에 그 현장에 출입한 사람들의 지문도 남아 있다. 이러한 관계자들의 지문을 수사 대상에서 제외하는 것이 과학수사의 첫걸음이다. 그러나 범죄에 따라서는 가족 안의 범죄, 복수의 사람이 관련되는 범죄 등, 범죄의 내용이 다양하다. 지문에 의한 과학수사가 아무리 확신할 수 있는 범죄의 입증 수단이라 할지라도 수사관이 범죄 현장을 면밀하게 관찰, 음미해 범인이 누구인가, 몇 사람인가, 자살인가 타살인가, 위장인가 등, 가능한 한 합리적 추리력에 의해 범죄 해결에 도움이 되는 가설을 정립해야만 한다. 그것은 셜록 홈스(Sherlock

문양	활 모양 지문	갑종 말굽 모양 지문	을종 말굽 모양 지문				소용돌이 모양 지문			변체 지문	손상 지문	무
융선의 상황	3각주가 없는	엄지쪽으로 열린	1~7	8~11	12~14	15~	안쪽	회합	바깥쪽	어떤 분류에도 맞지 않는 지문	흠이 있어 분류 불가능	지문이 보이지 않음
분류 번호	1	2	3	4	5	6	7	8	9	9	•	0

지문 원지 등록번호 (파일 기호)

$$\frac{왼손}{오른손} = \frac{인지}{인지} = \frac{중지\ 약지\ 소지\ 엄지}{중지\ 약지\ 소지\ 엄지}$$

$\dfrac{00000}{00000} \sim \dfrac{99999}{99999}$ 수의 대소에 따라 배열해 분류한다.

Holmes, 1854~1957)의 과학적·윤리적 수사를 능가할 정도의 것이 아니어서는 안 된다. 그러한 수사에서야 비로소 관계자 지문을 수사 대상에서 가려낼 수 있다.

지문을 범죄 수사에 활용하는 방식에는 압날(押捺) 지문 대조와 유류(遺留) 지문 대조의 두 가지가 있다. 압날 지문 대조는 체포된 피의자의 열 손가락을 지면에 눌러찍어 지문 분류법(<표 3.4>)에 따라 작성한 10지 지문표(이것을 지문 원지(指紋原紙)라고 한다)와 이미 등록, 보관되어 있는 범죄 경력자의 10지 지문과 대조해 체포한 피의자의 신원과 이전의 범죄 경력을 알아내게 된다. 또 신원이 불명한 사체의 신원을 밝혀줄 수 있는 것도 이 지문 대조에 의해 가능하다.

물론 아직까지 해결되지 못한 범죄 사건과 관련이 있는지 여부도 조사하게 된다. 이 경우에는 미해결 범죄의 현장에서 수집한 현장 유류 지문을 모은 유류 지문 파일과 대조하게 되며, 만약 일치한다면 미해결 사건의 범인이기도 하다는 여죄 증명이 되는 것이다.

그러나 무엇보다도, 지문이 범죄 수사에서 확연한 활약상을 보여 주는 경우는 아무도 알지 못하는 범인을 신속하게 가려내어 주는 장면일 것이다. 지문은 이 장면에서 중심적 역할을 한다. 범죄 현장에 출동한 수사관은 빈틈없이, 바닥을 핥듯이 증거물을 찾는다. 무엇보다도 지문의 발견이 우선이다. 오로지 알루미늄 분말을 약간 뿌린 소프트한 원형의 동물 털 브러시로 모든 벽면과 세간살이를 문지르다시피 해야 한다. 유리창, 문의 손잡이, 식기, 식칼, 모두가 검출 대상이다.

지문이 검출되면 우선 그 상황을 사진 촬영한 후에 젤라틴지를 그 검출된 지문 위에 가볍게 눌러 옮겨 뜬다. 이 조작을 리프팅(lifting)이라고 하며, 유류 지문을 범죄 해결의 증거물로 효과적으로 이용하기 위한 중요한 조작이다.

물론 잉크나 먹물을 손가락에 묻혀 지면에 찍어내는 10지 지문법에 비하면 선명하지 못하거나 일부 찍히지 않은 부분 지문일 수도 있다. 그뿐만 아니라 범죄 현장에서는 어느 손가락의 지문인지를 즉석에서 판단하기 어려운 경우도 있다. 그러나 거듭된 교육과 훈련을 쌓은 지문 전문가의 손에 넘겨진다면 지문의 크기, 형상으로 대개의 경우 리프팅된 지문이 어

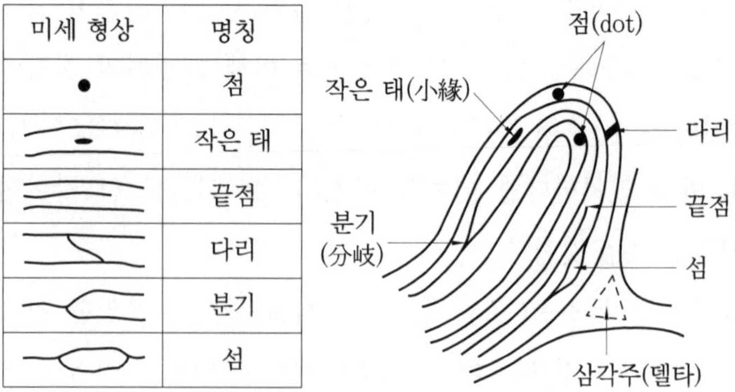

미세 형상	명칭
●	점
	작은 태
	끝점
	다리
	분기
	섬

점(dot)
작은 태(小緣)
다리
끝점
분기(分岐)
섬
삼각주(델타)

[그림 3.7] 지문의 개인적 특징점

느 손가락의 것인가를 쉽게 알아낸다.

유류 지문은 먼저 10지 지문 파일과 대조되지만 부분 지문일 수도 있으므로 이 대조로 피의자를 가려내는 사례는 많지 않다. 지문 대조로 피의자를 가려내는 데 유효한 것은 오직 1지 지문 파일에 의해서이다. 1지 지문 파일에는 활 모양의 궁상(弓狀) 지문, 말굽 모양의 제상(蹄狀) 지문, 소용돌이 모양의 와상(渦狀) 지문별로 분류된 외에도 지문이 갖는 개인별 특징이 상세하게 기록되어 있기 때문이다. [그림 3.7]은 개인적 특징의 실례이다.

각각의 형상을 개인적 특징점으로 삼아, 어떠한 형상이 정해진 기준점(예를 들면 삼각주)에서 얼마만큼 떨어진 위치에 있는가, 어느 방위(삼각주를 원점으로 한 XY축 도상에서의 각도)에 있는가, 또 각 특징점 간의 거리 등이 상세하게 기록되어 있다. 이것이 손가락 종별마다 파일로 되어 있으므로 어느 손가락인지 밝혀진 유류 지문과 대조하면 그 자리에서 합치되는 지문을 선별할 수 있다. 유류 지문의 상태가 좋고 나쁨에 따라 특정한 한 사람을 가려낼 때도 있지만 몇 사람일 수도 있다. 특히 부분 지문일 경우는 특징점의 수도 자연히 적기 때문에 이와 같은 사례가 많다.

이렇게 해서 선별된 지문을 피의자의 것으로 단정하는 것은 어디까지나 인력(人力, man power)에 의한 특징점의 상세한 검증에 의존할 수밖에 없다. 선별하는 작업은 현재 정보통신 처리 기술을 도입한 컴퓨터 시스템으로 실시되지만, 이 작업으로는 유류 지문에 적중할 가능성이 있는 후보 지문을 제공할 뿐이다. 인간 능력에는 아직 이르지 못한다는 뜻이기도 하다.

인력에 의한 지문의 대조야말로 지문 감정의 본질이며, 그 감정 결과는 피의자를 특정하는 수사 과정에서는 물론, 피의자가 진범인가를 심리하는 재판정에서도 중요한 합리적 증거로 이용된다. 현재 유류 지문과 파일에서 선별된 지문이 동일한 사람의 것인지를 결론내리는 데는 나라에 따라 다소 차이는 있지만 대개는 12점의 특징점이 일치하는 것을 전제로 하는 것으로 알려지고 있다. [그림 3.8]은 그 실제 예이다. 그림의 경우 1에서 12까지의 특징점 형상, 위치, 방위 등이 완전 일치하고 유류 지문은 선별된 피의자 지문과 동일하므로 피의자로 확정할 수 있다.

하지만 범죄 현장에서 수집되는 유류 지문은 숙명적으로 12점 모두의 특징점이 반드시 잔존하는 것이 아니라 7점밖에

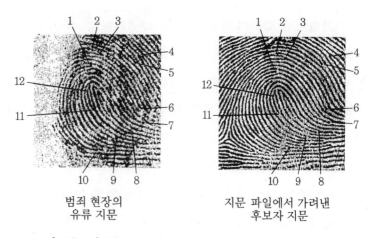

범죄 현장의
유류 지문

지문 파일에서 가려낸
후보자 지문

[그림 3.8] 유류 지문과 파일 지문, 1~12점의 특징점 형상,
위치, 방위가 일치한다.

되지 못하거나 10점밖에 되지 않는 경우도 많다. 그러한 때는
달리 상치하는 특징점이 하나도 없고, 또 다른 증거물과의 관
련성도 참작해서 수사 과정의 정보로 충분히 이용할 수 있다.

최근 어느 나라에서 국제적 테러사건의 중요 용의자가 은
밀히 본국에 입국해 무심코 휴지통에 버린 물품에 남은 잠재
지문으로 인물이 특정되어 체포되었는데, 이는 유류 지문 업
무의 활약의 일단을 보여 주는 좋은 사례라 할 수 있겠다.

지문의 자동 식별 시스템

현재, 어느 나라를 막론하고 수사 당국의 지문센터에는 방
대한 수의 범죄 경력자의 지문과 유류 지문이 보관되어 있다.

그 엄청난 양의 지문 파일과 효율적으로 대조하기 위해서는 조회(照會)의 자동화가 필수적이다. 특히 범죄가 빈발하는 미국에서는 그 요구가 강했다.

1963년, 미국의 연방수사국(FBI) 감식국장(鑑識局長)인 볼커는 무척이나 고심했다. 날마다 1만 건에 이르는 지문 대조 작업을 1천 500만 명에 이르는 범죄자 지문을 앞에 놓고 맞춰 보아야 했기 때문이다. 그뿐만 아니라 매년 10만 명에 이르는 새로운 범죄자 지문을 분류해서 지문 파일에 추가하는 작업도 쉬운 일은 아니었다. 지문을 담당하는 사람이 1,300명이나 되었지만 그래도 일손은 턱없이 모자랐다.

1960년대는 미국의 아폴로계획으로 세상 사람들의 관심이 달에 쏠렸다. 선명한 월면상(月面像)에 감탄한 볼커는 무어와 벡스타이를 만나기 위해 미국 규격표준국(NBS)을 방문했다. 이 두 사람은 당시 디지털 컴퓨터를 개발한 명인으로 이름이 알려져 있었다. 볼커의 청을 기꺼이 받아들인 두 사람은 지문 자동인식 시스템(Automated Fingerprint Identification System: AFIS) 개발을 위해 기술적 검토를 시작했다.

먼저 볼커로부터 지문에 관한 여러 가지 사항을 청문하는 것에서부터 시작했다. 지문의 분류법, 분기점과 다리 같은 개인적 특징점, 대조하는 경우의 방법 등등, AFIS의 완성 가능성을 찾는 나날이 계속되었다.

가능성은 점차 실현을 향해 착착 진행되었다. 작은 태(小緣)와 분기점의 형상을 정확하게 기술해서 디지털 데이터로 보관하는 일, 이러한 개인적 특징을 나타내는 미세 형상의 위치와 방향, 서로의 미세 형상 간의 거리를 측정하는 것 등, 두 지문을 대조하는 데 필요한 중요한 문제들은 해결되었다. 한 지문에 나타나는 미세 형상이 어떠한 것인가, 그 위치적 관계가 거리로 표시된다. 이렇게 하여 AFIS의 원형이 만들어졌다.

그러나 다음과 같은 중심적 문제는 해결되지 않아 계속되는 연구를 기다릴 수밖에 없었다. 증거가 되는 지문의 개인적 특징과 파일의 개인적 특징을 어떻게 하면 자동적으로 대조할 수 있겠는가. 모든 지문이 같은 부위, 같은 방향에서 채취되는 것은 아니다. 화면에서 대조하는 두 지문을 같은 위치나 방향에 놓을 필요가 있다. 그렇게 하지 않으면 만약 미세 형상의 형(形)과 위치가 일치했다손 치더라도 대조하고 있는 장소가 다르고, 어쩌다 일치한데 불과했다는 의혹을 받을 가능성도 생긴다.

하지만 얼마 지나지 않아 문제는 해결되었다. 지문을 X축과 Y축의 두 좌표축 평면에 중심점을 이루는 지문 형상(지문의 중심점과 삼각주)을 정하고, 거기를 기준점으로 삼아 미세 형상의 위치와 방위를 대조하면 된다. 이에 관한 자세한 점은 지적 소유권 문제로 소상하게 밝혀지지 않고 있다.

영국과 프랑스도 미국의 동향에 팔짱을 끼고 바라보고만 있지 않았다. 이들 나라는 본래부터 지문학 발전에 기여해 왔다. 당초 이 두 나라는 연구의 불필요한 중복을 피하기 위해 공동으로 정보를 수집했다. 그리고 AFIS에 대한 접근은 유류 지문을 대상으로 했다. 중요한 것은, 범죄 현장의 지문으로부터 신속하게 범인을 색출하는 AFIS의 완성이라는 강한 신념이다. 약간 지나친 표현일지는 모르지만 미국과 같은 범죄 대국에서는 10지 지문 분류가 중요하겠지만 영국과 프랑스는 미국과는 상황이 조금 달랐다.

미국의 개발 팀은 영국과 프랑스의 진전 상황을 계속 주시했다. 특히 유류 지문과 같은, 선명하지 않은 것이 많은 '잠재 지문'을 어떻게 하면 자동적으로 기록할 수 있을 것인가에 대해 고민하고 있던 미국 팀은 파리 경찰의 지문 전문관인 티보를 찾아갔다. 티보는 컴퓨터를 이용해서 잠재 지문을 기록하는 방법을 자세하게 설명했다. 잠재 지문 같은 분명하지 않은 지문일지라도 비디콘(vidicon: 광전도 효과를 이용하는 촬상관[撮像管])을 사용해서 미세 형상을 1평방인치(2.54평방센티미터)당 400화소(畵素, pixel) 정도의 해상력(解像力)으로 읽을 수 있다고 했다.

본래 영국과 프랑스 두 나라는 연구 내용의 중복을 피하기 위해 공동 연구를 시작했었다. 인접국이라는 지리적 이점도 있어 기술과 정보 교환은 일단 원활하게 진행되었다. 이 공동 연구와 개발의 중심은 대조의 작업 순서였지만 범죄 수사에서 가장 중요한 잠재 지문을 확실한 것으로 부각시키려는 영상 선명화 기술에도 많은 힘을 기울였다. 잠재 지문이 확실하게 밝혀지지 않으면 아무리 정교한 대조 시스템을 가동할지라도 결코 범인이 누구인지 가려내기 어렵기 때문이다.

공동 연구이기는 했지만 영국은 약간 독자적인 측면도 없지 않았다. AFIS 개발의 주관 부서인 영국 내무부 과학자문국의 담당관은 프랑스와는 달리 정보 교환에 별로 뜻이 없었다. 자신들의 지난 실패 사례는 공개했지만 현재 진행 중인 연구 상황과 성공 사례에 대해서는 함구로 일관했다. 그래도 지문 개발 국가란 자존심에서였는지 1974년에 내무부의 과학수사 연구개발 그룹의 제안에 따라 세계지문회의를 개최하고, 그 자리에서 처음으로 내무부의 AFIS를 세계 전문가들에게 공개했다. 그러나 역시 잠재 지문의 대조 작업 수순에 대해서는 상세하게 설명하지 않았다. 영국 내무부와 미국 FBI가 서로 정보 교환을 시작한 것은 그로부터 10년이 지난 1984년부터였다. 이 시기에 이르자 세계의 AFIS는 거의 완성 단계에 이르렀다.

잠재 지문이 선명하지 못한 것은 어쩔 수 없는 일이다. 경험이 풍부한 지문 전문가라면 그 지문이 어느 손가락의 것인가를 별 어려움 없이 판단할 수 있고, 검출한 지문 융선의 특징을 파악해 형상을 확실하게 판별할 수 있다. 예컨대 일본은 이 잠재 지문을 투명지에 전사(轉寫)하는 데 응용했다. 민간 NEC 그룹이 중심이 되어 만든 일본의 시스템이 다른 나라의 시스템과 다른 점은, 이 잠재 지문을 애당초 5배 크기로 확대해 투명지에 전사한 것을 영상 입력하는 데 있다. 조회 작업에서는 이것을 지문 대조 처리 장치에서 본래 크기의 문리(紋理)로 하여 출력한다([그림 3.9]). 오늘날에 이르러서는 각 나

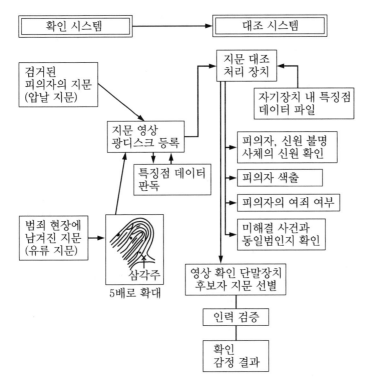

확인 시스템 → 대조 시스템

지문 대조 처리 장치

검거된 피의자의 지문 (압날 지문)

자기장치 내 특징점 데이터 파일

지문 영상 광디스크 등록

피의자, 신원 불명 사체의 신원 확인

특징점 데이터 판독

피의자 색출

피의자의 여죄 여부

범죄 현장에 남겨진 지문 (유류 지문)

미해결 사건과 동일범인지 확인

삼각주
5배로 확대

영상 확인 단말장치 후보자 지문 선별

인력 검증

확인 감정 결과

[그림 3.9] 지문 자동식별 시스템(AFIS)의 기능

라의 다양한 개발 과정에서 탄생한 각종 시스템이 범죄 수사를 위해 활용되고 있다.

잠재 지문 검출법

아무리 고도(高度)한 AFIS일지라도 범죄 현장에 남겨진 눈에 보이지 않는 잠재 지문을 확실하고 선명한 유류 지문으로

<표 3.5> 주요 잠재 지문 검출법

검출법		검출 방식	적합한 담체	
분말법	알루미늄 분말 흑색 분말 형광 분말	지문 융선상의 땀과 지방분에 부착한다.	유리, 도자기, 가구류, 담체의 색깔에 따라 선택. 형광 분말은 다색성 담체에 적합	회백색 흑색 자외선(형광)
닌히드린		땀 속의 아미노산과 화학반응	일반적 담체와 종이, 천류(布類)에도	적, 복숭아 색, 적색 짙은 착색에는 부적합
닌히드린과 염화아연의 병용		닌히드린과 같다.	세월이 경과한 여러 색깔의 지류(紙類)	레이저광 (황녹색 발광)
플루오레 스카민		닌히드린과 같지만 감도가 더 높다.	다색의 종이, 위조문서, 지폐	자외선 (형광 발광)
화학물질분무법	요오드 가스	유분(油分)에 흡착	다른 방법을 방해하지 않으므로 지문 부착 장소를 사전 검사하는 데 적합	갈색
	시아노 아크릴레 이트(수퍼 글루)	지문의 수분에 의한 글루(glue) 의 중합 반응	플라스틱, 비닐, 목재, 고무, 셀로판	백색
	시아노 아크릴 레이트와 로다민 6G의 병용	시아노아크릴 레이트와 같다.	사체 피부의 지문	레이저광 (오렌지색)
크리스탈 바이올렛 (염기성 색소)		단백질의 염색 반응	접착 테이프, 포장용 가스 테이프, 천, 골판 지, 혈액 지문에도	청자색

112

손에 넣지 못한다면 피의자 색출에 어떠한 도움도 주지 못하는 쓸모없는 것이 될 수밖에 없다. 그러므로 AFIS의 고도화도 물론 중요하지만, 그보다 더 중요한 것은 잠재 지문을 가능한 한 선명하게 검출하는 기술의 개발이다.

앞에서 설명한 바와 같이, 지금으로부터 130년 정도 전에 질산은법과 요오드가스 분무법이 개발되었다. 특히 요오드가스법은 지금도 사용되고 있다. 지문 검출이 잘 되고 못 되고 는 지문이 찍힌 소재(담체)의 성상(性狀)에 크게 좌우된다. 표면이 평탄한 유리나 도자기, 물이 잘 스며나가는 눈이 성근 종이 조각이나 천 조각(다공성 담체)과, 반대로 표면을 코팅한 종이, 지폐(비다공성 담체) 등은 범죄 수사에서 많이 조우하는 소재이다(<표 3.5 참조>).

손가락 끝에는 피부에서 스며나오는 액체가 피부 분비물로 부착되어 있다. 그 성분의 대부분(99퍼센트)은 수분이고, 나머지 1퍼센트는 염화나트륨, 칼륨, 칼슘 등의 무기 성분, 아미노산, 젖산(乳酸), 요소(尿素), 요산(尿酸) 등의 유기 성분, 피부의 피지선(皮脂腺)에서 나오는 지방분, 그리고 비타민 등이다. 지문은 수분을 위주로 하는 이들 성분이 지두(指頭)가 담체에 접촉했을 때 그 표면에 옮겨져 형성된다. 분말법은 지문 융선을 따라 분말을 기계적으로 부착할 뿐이지만 다른 방법은 사용하는 시약과 지문에 포함되는 성분과의 화학반응에 의하고 있다. 담체의 다공성(多孔性)과 착색 상태에 따라 여러 가지 방법이 선택 사용된다.

살인범이 흉기로 사용한 도검이나 식칼, 소지했던 총기를 강이나 바다 속에 던져버리는 경우도 있다. 그러한 물에 젖은 증거물은 지문의 지방분만이 오래 남아 있는 경향이 있으므로 요오드 가스법 같은 지방분과의 반응을 이용하는 검출법이 적합하다.

오랜 숙제였던 지문 검출 기술법의 하나인 점착성 담체로부터의 검출도 해결되었다. 사람에게 재갈을 물리거나 사체를 싸고 묶을 때 사용한 포장용 테이프 점착면의 지문 검출은 합당한 방법이 좀처럼 발견되지 않았지만 그것도 간단한 방법으로 해결할 수 있었다. 생물 세포를 물들이는 염기성 색소, 크리스털바이올렛의 수용액에 점착 테이프를 담가 지문을 성공적으로 검출한 것이다. 세포 염색액을 사용한다는 발상은 매우 단순한 것이었지만 어느 누구도 생각하지 못했었다. 몇 해 전 원자력발전소의 사고로 그 이름이 널리 알려진 일본 후쿠시마(福島) 현의 경찰본부 과학수사연구소의 아리마 다카시(有馬孝)라는 한 연구관에 의해서였다.

지문검출법 세계에서 아직도 남아 있는 과제는 사체의 피부에서 지문을 검출하려는 시도이다. 이제까지는 아크릴레이트와 형광 색소를 병용하는 방법이 유효한 것으로 소개되어 왔으나 아직도 그 선명도에 문제가 있다. 이 검출법의 완성은 앞으로도 숙제로 이어질 전망이다.

누가 히믈러에게 엽서를 썼는가

1978년 10월, FBI에 설치된 '레이저광 이용연구실'에서는 몇 사람의 지문 전문관이 불안과 기대 속에 검사대에 놓인 엽서 한 장에 신경을 곤두세우고 있었다. 캄캄한 실내에 청록색의 한 줄기 아르곤 이온레이저광이 쏘아졌다. 가늘게 조여진 레이저광은 엽서 전면(全面)을 커버하기 위해 분산 렌즈로 8센티미터 4방 정도의 크기로 확대되어 엽서 위를 주사(走査)하기 시작했다. 그러자 바로 엽서 표면에 황록색의 형광이 레이저광 차단용 고글을 통해서였지만 그들 망막에 확연하게 인식되었다. 이것은 바로 엽서에 찍힌 지문에서 나오는 것이었다.

그 엽서는 과거 나치의 고위 관리였던 하인리히 히믈러(Heinrich L. Himmler, 1900~1945)에게 보낸 것이었다. 발송일은 1942년 6월 14일, 그러나 보낸 사람이 누구인지는 세계대전 후에도 알 수 없었다. 엽서에 적힌 내용은 당시 루마니아에 거주하는 수천 명의 유대인을 학살로 내모는 밀고였다.

히믈러는 평범한 소시민 출신으로 제1차 세계대전에는 지원병으로 참가했고, 전쟁이 끝난 뒤에는 뮌헨대학에 입학해 농예화학을 수학한 평범한 청년시대를 보냈다. 그러나 이 평범한 인간은 히틀러에게 심취해 어느 사이 나치 친위대, 게슈타포, 나중에는 일반 경찰의 모든 권한까지 손아귀에 거머쥐고 반대 세력을 완전 봉살(封殺)하는 최고사령관이 되어 유대인 학살의 최고 책임자로 군림했다.

전쟁이 종결되고 다소 시일이 지난 1958년 10월, 국가사회주의 폭력범죄규명 중앙국, 즉 '나치범죄 추적센터'가 슈투트가르트(Stuttgart) 시 교외에 설치되었다. 이 기구는 나치 전쟁범죄의 피해자와 범죄 목격자의 증언, 범죄 사실 입증에 필요한 증거물 등을 수집해서 나치전범을 수색하고 신병을 구속해 재판에 넘겨 유죄로 이끄는 역할을 하고 있었다. 센터의 설명에 의하면 "용의자가 살아 있는 한 언제까지나, 어디까지나 찾아내어 책임의 소재를 밝히는 데 있다"고 했다. 이 센터에는 이스라엘에서 제공된 약 60만 점의 마이크로필름을 포함해서 총 120만 점에 이르는 자료가 수집, 보관되어 있다.

히믈러의 자살에서 33년이나 지난 1978년, 이 센터의 히믈러에 관련된 자료를 정리 중이던 담당자가 우연히 한 장의 엽서에 눈길을 멈췄다. 엽서의 내용은, 발송인 인근에 거주하는 유대인의 동정을 밀고하는 듯한 것으로 보였다. 분명히 히믈러에게 보낸 정보였다. 발송국은 루마니아, 발송인의 이름은 암호를 사용했는지 알 수 없었다. 히믈러는 이미 오래전에 사망했다. 그러나 끝까지 찾아내려는 결의로 이 엽서의 철저한 분석에 매달렸다.

누가 이 엽서를 히믈러에게 보냈는가. 뉴욕의 치과 의사 크레머(Charles Kremmer) 등 나치 헌터의 치밀하고 끈질긴 추적 결과 루마니아인 사교(司敎)인 트리파(Valerian Trifa)의 이름이 떠올랐다. 그의 인근에 살던 많은 유대인 가족 수천 명이 수용소로 강제 이송되어 모두 학살당했다. 당시를 아는 사람들의 증언에 따르면 트리파는 유대인 동정을 탐지하는 듯한 수상한 행동을 보였다고 한다. 성직자라는 직분에 몸을 숨겨 은밀하게 행동하는 것이 어렵지 않았을 것이다. 그 증거도 많았다. 그러나 무엇보다 확증적 증거가 필요했다.

트리파는 당시 미국에서 동방정교회의 대주교라는 고위직에 있었다. 그러나 미국 역시 나치 전쟁 범죄를 영구히 찾아내려는 열의는 독일에 못지않았다. 엽서의 발송일은 1942년 6월 14일, 36년이나 이전의 것이었지만 혹시나 하여 트리파의 현재 필적을 채취해서 엽서의 필적과 동일성 여부를 조사하기로 했다. 그 결과 서로 유사한 점도 보였지만 동일인의 필적이라고까지는 단정할 수 없었다.

결국 트리파가 쓴 엽서란 것을 증명할 객관적 증거가 필요했다. 만약 엽서에서 트리파의 지문이 발견된다면 그것은 객관적 증거로 적격이다. 그러나 30년이나 지난 자료이다. 그동안 몇 가지 방법으로 검출을 시도해 보았지만 모두 허사였다.

우연한 행운이었는지, 1977년에 이제 막 개발된 지문검출법이 눈앞에 있었다. 그러니 여기서 이야기는 다시 앞에서 언급한 FBI 레이저광 이용연구실로 돌아가야겠다.

범죄 현장에 남겨진 혈흔과 정액 반응 등의 희미한 얼룩, 눈에 보이지 않는 지문, 기타 다양한 작은 물건을 레이저광의 힘을 빌려 신속, 정확하게 발견해 채취하는, 범죄 현장 수사의 새로운 기술이 이미 개발되어 있었다. 특히 잠재 지문 검출에

레이저광을 활용하는 방법이 세계에 발표된 바로 직후였다. 세월이 지나 피부 분비물이 증발해 희박하게 된 지문도 확실하게 검출할 수 있는 장점이 있다. 문제가 된 엽서의 지문을 검출하기 위해서는 안성맞춤의 방법이라 생각되었다.

여기서 레이저광에 대해 간단하게 소개하고 설명을 이어가도록 하자. 태양광선을 프리즘에 통해 관찰하면 일곱 색깔의 다른 색으로 분해(분광)되어 보인다. 이것은 태양광선에 일곱 종류의 파장 빛이 섞여 있기 때문이다. 한편, 레이저광은 단 한 종류의 파장으로 이뤄진 빛(單色性)이므로 개개 파동의 산과 골의 위치가 일치(同位相)해서 그 산과 산이 더해져(증폭) 강력한(고에너지) 빛이 된다. 태양광은 1평방 센티미터당 0.1와트이지만 레이저광은 무려 그 10조 배인 1테라와트(terawatt)로, 비교할 수 없는 강력한 에너지를 가질 수 있다.

레이저광의 또 하나의 특이한 성질은, 물체에 닿으면 그 표면에서 레이저광과는 다른 색깔의 빛(형광)을 발생시키는 것을 들 수 있다. 레이저광의 이와 같은 성질, 특히 높은 에너지와 형광작용은 미량이거나 또는 시간이 경과한 오래된 증거물 검사에 매우 적합한 특성이다. 캐나다 토론토법과학연구소의 다린풀은 레이저광 응용의 선구자이고, 그에 부응해 FBI는 레이저광 이용연구실을 신설했다. 그리고 다린풀 자신도 이 엽서의 레이저광 검사에 동석했다.

드디어 결과가 나왔다. 명백하게 지문으로 판단되는 형광상이 엽서 표면에서 두 개, 빈틈없이 정보가 기록된 이면에서 세 개, 그리고 분명하지 않은 형광상이 곳곳에 흩어져 있는 것이 관찰되었다. 즉시 지문으로 판별될 수 있는 형광상(螢光像)을 사진으로 촬영했다. 이것은 지문의 형상을 상세하게 조사하기 위해서와 범죄 사실을 심리하는 재판의 증거물로 사용하기 위해서이다.

촬영에는 특별한 기술이 필요한 것은 아니지만, 다만 카메라와 피사체 사이에 선택여과기(barrier filter)를 설치해서 레이저광을 차단하고, 지문에서 나오는 형광만을 필름면에 효율

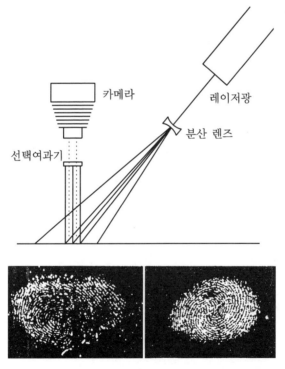

[그림 3.10] 레이저광에 의한 지문 검출과 검출된 지문

적으로 도달시키는 조치가 필요하다([그림 3.10]). 포지티브 사진(陽畫)을 만들어 독일 '나치범죄 추적센터'에서 입수한 히틀러의 지문과 비교 대조한 결과 엽서 표면의 지문 1개와 이면의 지문 1개가 트리파의 지문과 일치했다. 표면의 것은 오른손 인지의 것이고, 이면의 것은 오른손 엄지의 지문이란 것도 밝혀졌다. 나머지 지문은 히틀러의 것이었다.

필적 감정에서는, 아마도 트리파의 것일지도 모른다는, 추측에 불과한 개연적 판단밖에 하지 못했지만 지문 분석의 결과로 비로소 엽서는 트리파에 의해 작성된 것이라는 사실을 확증하는 증거를 얻게 되었다. 트리파는 유죄가 선고되었지만 사형에는 이르지 않고 포르투갈로 유형(流刑)을 보냈다.

제4장

사체의 신원 확인과 복원

럭스턴 살인사건

이 사건은 1935년 9월 29일 오후, 스코틀랜드의 중남부, 클라이드(Clyde) 강 인근에 있는 글래스고(Glasgow)의 남동쪽 100킬로미터 쯤에 위치하는 모파트(Moffat) 시에서 사체가 발견되어 수사가 시작되었다([그림 4.1]).

오후의 산책을 즐기던 한 주부가 우연히 시내를 흐르는 린(Leen) 강에 놓인 다리 위에서 얕은 여울의 바닥돌에 걸려 있는 보퉁이를 발견했다. 예사롭지 않은 보퉁이라고 직감한 그 주부는 바로 경찰에 알렸다.

통보를 받고 달려온 경찰이 보퉁이를 강가로 끌어올려 조사했다. 사람의 것임이 틀림없는 두부(頭部)가 2개, 부드러운 조직에서 도려낸 착의(입었던 옷)의 파편이 달라붙은 뼈, 신문지에 쌓인 자질구레한 살 조각, 거기다 분명히 여자용의 블라우스로 보이는 옷가지 등이 나타났다.

　이어서 현장 부근에 대한 면밀한 수사가 진행되었다. 1개월 정도 지난 10월 28일 모파트 시에서 남쪽으로 15킬로미터 떨어진 도로변의 풀숲에서 왼쪽 다리가, 그리고 11월 4일에는 린 강을 남쪽으로 800미터 정도 내려간 장소에서 손목이 붙어 있는 팔의 앞부분 하나가 발견되었다. 이것은 아슬아슬하게도 린 강에서 솔웨이(Solway) 만으로 흘러 들어가기 직전에 발견되었다. 전형적인 토막 살인의 사체 유기였다. 사건의 피해자는 누구인가? 본격적인 수사가 시작되었다.

[그림 4.1] 럭스턴사건의 관련 지도

　발견된 토막 사체는 모아져 글래스고대학의 존 글라이스터(John Glaister Jr.) 교수에게 보내 검사(檢死) 해부를 받았다.

우선 먼저, 회수된 각 부분의 해부학적 부위와 개수를 밝혀냈다. 또 도려낸 크고 작은 살덩어리를 직소 퍼즐(jigsaw puzzle)의 단편과 단편을 맞추듯이 가능한 원래의 모습으로 복원했다. 얼마 지나지 않아 글라이스터 교수는 수사관에게 검사(檢死) 결과를 다음과 같이 보고했다.

두부(頭部) 2개, 동체 1개(흉곽과 골반의 일부), 4개의 상완골(上腕骨), 4개의 전완골, 4개의 대퇴골, 4개의 하퇴골(1개는 발목이 없었다), 3개의 유방, 1개의 자궁, 부위가 분명하지 않은 작은 살조각(肉片)을 포함해 모두 70개 정도였다.

거의 모든 부위에는 구더기가 많이 자라고 있어 매우 심한 악취가 났다. 2개의 두부는 모두 귀, 눈, 코, 입이 도려내어져 있었고, 이빨도 뽑혀 있었다. 또 안면의 피부가 벗겨져 있었고, 손가락에 따라서는 지문이 뭉개져 있었다. 사체의 신원을 확인하지 못하도록 하려는 범인의 의도가 사체 처리에서 명확하게 드러났다.

사체는 예리한 수술용 메스(scalpel) 같은 것으로 교묘하게 관절 부위에서 잘라낸 것이 분명했다. 관절부에는 눈에 보일 만한 상처가 없었다. 사후에 치아를 발치하는 행위는 일반인으로서는 거의 불가능한 일이다. 따라서 범인은 상당한 의학적 지식은 물론, 특히 해부학 지식에도 능한 것으로 쉽게 추측되었다.

사체의 복원

발견된 뼈의 개수로 미뤄 보아, 이 사건은 두 사람분 사체의 일부인 것이 확실했다. 그래서 뼈의 크기에 따라 둘로 나눠 원래의 신체를 복원하듯이 배열했다([그림 4.2]). 양쪽의 몸길이 차이는 약 15센티미터 정도로 추정되었다. 글라이스터

사체 1 메리 로저슨   사체 2 이사벨 럭스턴 부인

[그림 4.2] 린 강에서 발견된 사체의 복원

교수는 작은 쪽을 사체 1, 큰 쪽을 사체 2로 번호를 붙였다. 검시작업은 계속되었다. 그리고 다음과 같이 보고했다.

성별은 사체 1과 사체 2 모두 여성이고 나이는 1이 18~25세, 2는 35~40세, 신장은 1이 145~150센티미터, 2가 159~162센티미터, 두발의 색깔은 1이 밝은 갈색, 2는 어두운 갈색, 지문은 1에서만 볼 수 있었고, 2는 모두 뭉개져 있었다. 유방은 한 개가 미산부(未産婦)의 것이고, 2개는 경산부(經産婦)의 것, 1개는 복원이 불가능했다. 또 자궁은 장기(臟器) 중에서 사후 변화에 가장 강하게 저항하며, 비교적 장기간 자기용해와 부패에 견뎌 사체에 잔존한다고 부기되었다.

글라이스터 교수는 사체의 손상 상황도 설명했다. 사체 2에는 동체(胴體)가 있고, 예리한 칼에 찔린 것 같은 부위가 네다섯 군데 엿보였다. 그곳의 늑골(肋骨)은 부러져 있었고, 목 부분에 있는 갑상연골의 대각(大角)과 소각(小角) 등의 튀어나온 부분도 부러져 있었다. 이는 목에 강한 힘이 가해진 것을 의미하며, 액살(扼殺)된 것으로 추정되었다. 그 증거로, 얼굴 부위가 크게 부어 있어 강한 응혈 상태였다. 목에 힘이 가해지면 두부에서 심장으로 혈액이 흐르지 못하게 된다. 하지만 심장에서 두부로 혈액을 나르는 혈관의 하나(추골동맥)는 뼈에 둘러싸여 있기 때문에 찌부러지지 않고 계속 혈액을 두부로 나른다. 따라서 목을 조였을 때 혈액이 심장으로 돌아가지 못하고 머리와 얼굴 부분에 충혈되어 새빨갛게 된다.

글라이스터 교수는 사체 2의 안면을 주시하면서 아마도

목을 졸라 죽이고 나서 숨을 끊기 위해 가슴 부위를 찔렀을 것이라고 추정했다. 그 이유는, 아직 혈액이 순환하고 있는 살아 있는 상태이므로 안면부에 응혈이 생긴 것이라고 설명했다.

사체 1에는 흉부가 없었다. 그러나 두부에는 무엇인가 둔기로 크게 얻어맞은 듯, 함몰 골절의 자국이 있었다. 뇌는 넓게 좌멸(挫滅)되어, 단 일격으로 살해된 것으로 추정되었다. 그리고 사체 1과 사체 2를 살해한 방법이 크게 다른 점으로 미뤄 보아 아마도 사체 1은 사체 2가 살해되는 현장을 목격했을 것임에 분명하고, 따라서 범행이 알려지는 것을 막기 위해 사체 1은 둔기로 일격에 살해되었을 것이라고 설명했다.

사체의 살조각들을 싼 신문지는 1935년 9월 15일자 ≪선데이 그래픽(Sunday Graphic)≫이었다. 신문의 판기호(版記號)를 검색한 결과 랭커스터(Lancaster)와 그 인근의 모어컴(Morecambe) 지구에 배달된 것으로 판명되었다. 그리하여 수사망은 이 지역으로 좁혀졌다.

얼마 지나지 않아 랭커스터 경찰이 유력한 정보를 얻었다. 페르시아계 의사인 버크 럭스턴(Buck Ruxton, 1899~1936)은 린 강에서 사체가 발견되기 닷새 전, 자기 아내가 행방불명이 되었으니 조사해 달라는 수색원(搜索願)을 제출한 바 있었다. 발견된 사체는 두 명이었으므로 경찰은 처음에 이 정보를 별로 중요하게 생각하지 않았으나 글라이스터가 감정한 나이와 비슷하고, 게다가 수색원을 낸 사람이 의사이기도 하여 럭스턴에 관한 탐문 수사를 시작했다.

그는 행방불명된 아내 이사벨(Isabella Kerr Ruxton)과는 불화가 잦았고, 때로는 구타한 적도 있었다는 것이 밝혀졌다. 그러나 그것만으로 그를 용의자로 경찰에 연행할 수는 없었다. 반면 수사는 갑자기 활기를 띠기 시작했다.

같은 도시에 거주하는 로저슨 부부가 자기 딸이 행방불명이 되었으므로 조사해 달라는 수색원이 제출되어 있었다. 그 카드를 살펴보니 나이가 사체 1과 비슷했다. 더욱이 럭스턴 의사와 같은 읍내에 거주하고 있으므로 수사관은 이 부부 댁을 방문했다. 딸의 이름은 메리 로저슨(Mary Jane Rogerson), 나이는 20세로 럭스턴 의사 댁의 가정부로 일하고 있었다. 부모에게 옷 조각과 블라우스를 보이자 딸의 것이 틀림없다고 단언했다.

그러나 이것들은 모두 정황(情況) 증거에 불과했다. 비슷한 옷가지는 달리 있을 수도 있다. 사체 1에서는 지문도 채취되었지만 별로 선명하지 않았고, 본인이 등록한 것도 없었다. 수사관은 글라이스터 교수와 상의했다.

글라이스터 교수는 신원 불명의 두개골과 그에 해당하는 인물의 포트레이트(portrait: 초상, 인물사진)를 대조하는 수퍼임포즈(superimpose)법이 신원 확인에 이용된다는 정보를 연구 잡지를 통해 얻은 바 있었다.

그래서 바로 럭스턴 부인과 가정부의 포트레이트가 반입되어 수퍼임포즈법이 시작되었다.

얼굴의 윤곽, 눈, 코, 입, 치아 등으로 구성된 두개골과 포

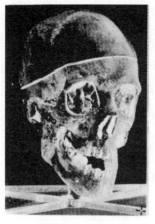

사체 2의 두개골   럭스턴 부인의 포트레이트

[그림 4.3] 두개골과 포트레이트(양쪽 모두 긴 얼굴형)

트레이트 간의 일치성 정도를, 양쪽을 따로따로 현상한 두 장의 투명한 필름을 겹쳐서(수퍼임포즈해서) 조사하는 것이 수퍼임포즈법이다. 이 방법에서는 만약 두개골 형체에 두드러진 특징이 발견된다면 그 특징이 일치 판정에 일조할 수도 있다.

　우선 사체 2의 두개골([그림 4.3]의 왼쪽)을 럭스턴 부인과 가정부의 포트레이트 사이에서 비교했다. 이 두개골은 정상부에서 아래 턱 끝자락까지의 거리가 유독 크므로 긴 얼굴형으로 분류되는 특징을 가지고 있었다. 그래서 사체 2의 두개골과 럭스턴 부인의 포트레이트([그림 4.3]의 오른쪽)를 현상한 두 장의 투명 필름을 두개골의 눈 위치에 포트레이트의 눈을 맞춰 겹쳐 보았다. 이때 얼굴의 윤곽, 코와 입의 위치, 치아 배열의 위치 등이 눈과 마찬가지로 겹쳐진 2장의 투명

필름을 통해 정확히 일치했다. 그러나 가정부와의 비교에서는 모든 부분이 크게 엇갈렸다.

다음은 사체 1의 두개골을 럭스턴 부인과 가정부의 포트레이트로 비교하자 명확하게 가정부의 포트레이트와 일치하는 것이 판명되었다. 글라이스터 교수는 수사관에게 사체 1은 가정부인 메리, 사체 2는 럭스턴 부인으로 단정한다고 보고했다.

즉시 럭스턴 의사 댁에 대한 가택 수색이 시작되었다. 욕실에 사람의 혈흔, 계단과 손잡이, 카펫, 그의 옷에서도 같은 혈흔이 발견되었다. 인체 조직의 일부가 배수구에서 발견되어 모든 것이 증거물로 감정에 회부되었다.

럭스턴은 범행 사실을 거듭 부인했지만 이 신원 확인의 결과를 인지한 배심원단은 전원 일치로 유죄를 판결해 럭스턴은 1936년 5월 12일, 맨체스터 스트레인지웨이스(Strangeways) 감옥에서 교수형에 처해졌다.

바흐의 복안(復顔)과 수퍼임포즈법

라이프치히의 성요하네스교회에 잠들어 있는 바로크 음악 최후의 거장인 요한 세바스티안 바흐(Johann Sebastian Bach, 1685~1750)의 유체(遺體)가 바흐 본인과는 다를지도 모른다는 의혹이 널리 퍼지자 종교 관계자는 1895년에 진상 규명을 시작했다. 조사를 담당한 사람은 해부학자로서 세계적으로 이름이 알려진 라이프치히대학교의 빌헬름 히스(Wilhelm His, 1831~1904) 교수였다.

히스는 그 무렵 대학에 보존되어 있던 25구의 남성 사체에 대해, 그들의 머리얼굴(頭顔) 부위의 연부조직(피부와 근육)의 두께를 측정하는 작업을 계속하는 중이었다. 작은 고무조각(片)을 끼운 바늘을 뼈에 닿을 때까지 찔러 넣어, 고무의 이동 거리를 연부조직의 두께로 삼았다. 전액부(前額部), 볼, 코, 입 등 여러 부위에 대해 측정했다. 이러한 연부조직의 두께를 바탕으로 유체의 두개골을 바탕으로 생전의 얼굴 모습을 복원하기 위해서였다.

교회의 유해를 대학연구실로 옮긴 그는 두개골 표면의 건

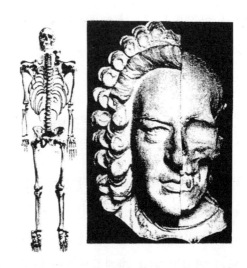

[그림 4.4] 1895년에 라이프치히의 성요하네스교회에서
발굴된 바흐의 골격과 그의 복안상(復顔像)

조한 연골조직을 정성스레 벗겨낸 다음 이제까지 체득한 연부조직의 두께 평균값에 따라 머리와 얼굴 각 부분에 점토를 발랐다. 눈, 입, 코의 형체를 그 부분의 뼈의 형상 특징을 반영하도록 점토로 작성했다. 그리하여 곧 점토를 이용한 복안상(復顏像)이 완성되었다([그림 4.4]).

바흐의 포트레이트를 얻어 이 복안상과의 비교가 실시되었다. 당시 수퍼임포즈 기술은 아직 세상에 나와 있지 않았다. 비교는 실물 크기가 되도록 확대한 포트레이트와 복안상 양쪽에 대해 이마, 볼, 아래턱 부분 등의 너비, 눈, 코, 입 등의 크기를 잰 측정값에 의해 실시되었다. 또 수십 명의 사람을 선정해 양쪽의 유사성을 심사하게 하는 주관적 판단도 참고했다. 그 결과 측정값으로나 시각(視覺)에 의한 주관적 판단으로나 복원상이 바흐의 포트레이트와 매우 비슷한 것으로 인지되었다.

복안상에 의한 바흐의 신원 확인 사례가 1918년 미국의 형질인류학(形質人類學)의 선구자인 와일더 교수에 의해 세계에 소개된 것이 계기가 되어, 좀 더 확실한 두개골과 포트레이트와의 비교 방법이 검토되기 시작했다. 그 선례가 된 것은 앞에서 소개한 럭스턴 사건에서 글라이스터 교수의 사진 기법을 응용한 수퍼임포즈법이었다.

그러나 수퍼임포즈법에서 합치되었다고 해서 두개골과 포트레이트가 반드시 동일인이라고 단정할 수는 없지 않느냐 하는 의문이, 특히 신원 확인을 필요로 하는 재판 심리에서 강하게 제기되었다. 양쪽이 공인하는 합리적 근거를 필요로 했다.

이 문제를 해결하기 위해 많은 연구가 진행되었다. 그 연구의 주안점은 1895년에 히스 교수가 시도한 누비바늘을 사용한 연부조직의 두께 측정과, 그 후에 등장한 X선 사진법에 의해 눈, 코, 입 등의 안면 부위와 그 부위 뼈와의 위치적 관계를 밝히는 것이었다. 이 연구는 성별, 나이, 민족 등을 고려하지 않으면 안 될 여러 문제를 안고 있었다.

1960년 무렵에 이르러 유럽과 미국 등지에서 이들 문제를 해결하기 위한 연구가 시작되었다. 범죄가 점차 국제화되어가는 환경에서, 이 방면의 연구활동은 국제 간의 긴밀한 협조를 통해 진행되었다.

수퍼임포즈법에 의한 두개골과 포트레이트와의 일치도를 판정하려면 해부학적 일치 관계에만 의존할 수는 없다. 만약 두개골에 특별한 특징이라도 있다면 그것은 일치의 유효한 판정 재료로 사용한다.

모차르트의 두개골 특징

천재 음악가 볼프강 아마데우스 모차르트(Wolfgang Amadeus Mozart, 1756~1791)는 사망한 1791년에 빈(Wien)의 성마르크스 묘지(Sankt Marxer Friedhof) 4번 블록에 매장되었다. 그 당시에는 해부학자에 의한 두부(頭部)의 도굴이 유행했었다.

모차르트의 머리도 그 수난을 당했으나 다행스럽게도 묘지 책임자가 용하게 그 소재를 찾아내어 다시 매장했다. 그러나 그 때, 다른 유골들과 뒤섞였기 때문에 후에 이르러 그것이 진짜 모차르트인지 여부를 의심하게 되었다. 아마도 조사할 목적에 서였는지 그로부터 10년 후인 1801년 묘지에서 또다시 발굴되어 잘츠부르크(Salzburg)의 모차르테움(Moxarteum: 음악학원)에 보존되었다.

그로부터 다시 200년 가까이 지난 1989년, 이 두개골이 모차르트의 것이 맞는지 확인하려는 신원 확인 감정이 실시되었다.

우선 두개골의 형상이 상세하게 검사되었다. 그 결과 앞뒤가 현저하게 짧은 이른바 과단두형(過短頭型) 머리인 것으로 판명되었다([그림 4.5]). 거기에다 앞머리 부분이 좁고 뒤쪽이 넓어, 전문용어로는 3각 두개(三角頭蓋)라는 특징을 나타냈다. 머리의 뼈와 뼈를 잇는 관상봉합(冠狀縫合)은 좌우로 크게 벌어져 3각 두개를 형성하는 원인으로 되어 있었다.

이 기이한 머리 형상은 어떻게 형성된 것일까. 세밀하게 조사한 결과, 앞 머리 봉합이 조기에 유합(癒合)되어 뼈가 이상하게 뒤틀려졌기 때문인 것으로 밝혀졌다. 말하자면 일종의 기형(奇形)이었다. 전두 봉합(前頭縫合)은 탄생 후 2년 정도 지났을 무렵에 유합해 하나의 전두골로 되는 것이 일반적이지만 모차르트의 두개골은 태어나기 전에 유합된 것이다.

또 얼굴 너비의 가늠이 되는 볼뼈와 볼뼈를 연결하는 너비가 이상하게 넓고, 위턱의 치아가 앞쪽으로 튀어나온 기형에

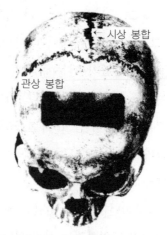

시상 봉합

관상 봉합

관상 봉합이 머리 꼭대기에서 전방으로
돌출(⊐). 앞머리는 V자형을 보여 준다.

[그림 4.5] 모차르트의 두개골 상면

가까운 특징이 있었다.

이와 같은 두개골의 특징적 형상을 고려하면서 수퍼임포
즈법이 실시되었다. 모차르트의 포트레이트로는 1778년과
1788년에 작성된 밀랍상(蜜蠟像)을 촬영한 것이 사용되었다.
양쪽 모두 매우 정교하게 작성된 것이었다. 특히 앞머리 부분
의 형상, 코와 눈 부분이 앞쪽으로 나오고, 전액부(前額部)에
서 중안부(中顔部)에 걸쳐 직선을 이루며, 위턱이 앞쪽으로
돌출하는 상태 등, 거의 모든 특징에서 매우 비슷했다. 따라서
그 두개골은 모차르트의 것이 틀림없는 것으로 확인되었다.

모차르트는 35세의 젊은 나이에 사망했으나 죽기 2년 정
도 전부터 종종 혼수 상태를 경험했다. 이번에 두개골을 조사

한 결과 왼쪽 측두골(側頭骨)과 두정골(頭頂骨) 사이에 이전에 골절되었던 흔적이 있었고, 그 부위는 아마도 뼈와 뇌 사이의 경막(硬膜)에서 출혈한, 즉 경막상 출혈로 인한 핏덩어리가 있었던 것을 나타내듯 붉게 변해 있었다.

이것은 모차르트의 생전의 병리 상태를 잘 반영하는 것으로서, 아마도 경막상 혈종(血腫)의 압박으로 뇌에 변조(變調)를 야기하거나 그 부위에 세균이 감염해 수막염(髓膜炎)이 발생하거나 하여 혼수 상태가 일어났던 것으로 설명되었다. 경막상 혈종은 모차르트가 아직 10대인 때 넘어진 것이 원인으로, 머리에 출혈이 있었지만 그것을 깨닫지 못한 그는 넘어진 사실을 잊은 채 성인이 되었다. 이 경막상 혈종을 방치한 것이 그의 죽음을 재촉한 것이라 부가되었다.

이처럼 생전의 병리 상황도 두개골의 손상 상황으로 읽어낼 수 있으므로, 이 두개골은 모차르트 당사자의 것임이 더욱 확실하게 밝혀졌다.

영상 통신기술의 발달로 1980년 무렵부터 사진 기술을 응용하는 수퍼임포즈법은 비디오 영상 기술을 응용하는 비디오 수퍼임포즈법에 자리를 내주었다.

아우슈비츠의 내과 의사 멩겔레

비디오 수퍼임포즈법에서는 해당자의 포트레이트와 두개

골을 사진 촬영하지 않고 2대의 비디오 카메라를 가동해 TV 모니터에서 수퍼임포즈한다. 그러나 초기 장치에서는 포트레이트와 두개골의 방위(方位) 및 크기를 어떻게 하면 정확하게 맞추느냐가 큰 문제였다.

1985년 6월, 독일의 킬(Kiel)대학 교수인 헬머(R. P. Helmer)는 그 저주스러운 사건 범인의 신원 확인 감정을 시작하려 하고 있었다.

제2차 세계대전 중 나치의 범죄행위는 의학 분야에까지 미쳤다. 의학의 탈을 쓴 계획 살인, 즉 히틀러의 'T4 작전'에 따라 수행된 잔악행위가 대표적인 예라 하겠다.

베를린의 브란덴부르크 문에서 가까운 티어가르텐 거리 4번지(Tiergartenstraße 4)에 지령실이 소재했던 관계로 T4 작전으로 불렸다. 작전계획의 기본은 전쟁 수행상 필요한 국가의 이익을 의학의 입장에서 확립하는 것이었다.

구체적으로는 국가와 국민생활의 안전을 저해하는 사형(死刑)에 상당하는 범죄자의 말살과 나치스가 주장하는 생산성이 없는 병약자를 안락사시키는 것을 목적으로 했다. 그 목적 수행의 대부분은 의학실험이란 이름 아래 강제수용소에서 온갖 유형의 인체실험이 자행되었다. 그것은 인간 생명의 존엄을 모독하는 비과학적 행위였다.

인체실험 중 차마 눈 뜨고 볼 수 없을 만큼 참담한 행위는 슈트라스부르크(Strasburg) 해부연구소와 협력해서 자행된 두개골 측정이었다. 슈트라부르크는 당시 독일령이었다.

1943년 6월, 아우슈비츠 강제수용소에서 유대인, 폴란드인 등 115명이 이송되었다. 그들은 남김없이 살해되어 두개골 측정에 제공되었다. 순수한 아리아인(Aryan)을 세계 최고의 민족으로 치켜세우기 위한 타민족의 두개골 연구였다. 참고로, 아리아는 범어(梵語)의 Ārya(고귀한)에 유래했다. 원래 백색(白色) 인종을 의미하는 코카시안(Caucasian)은 자연인류학의 비조(鼻祖)로 불리며, 두개골의 민족적 차이에 주목한 독일의 해부학자 요한 프리드리히 블루멘바흐(Johann Friedrich Blumenbach, 1752~1840)가 인구어(印歐語) 발생지인 코카서스(카프카스)에서 취한 것이었다. 히틀러는 무슨 이유에서인지 아리아 민족을 정의할 때는 백색 인종에서 유대인을 제외했고, 독일인이야말로 아리아 민족을 대표하는 최고의 인종이라 주장했다. 그는 블루멘바흐연구소의 연구 결과를 악마적으로 이용한 것이다.

요지프 멩겔레(Josef Karl Mengele, 1911~1979)는 아우슈비츠 강제수용소의 내과 의사였다. 그는 각 지구(地區)에서 보내온 유대인을 가스실로 보내어 노역용(勞役用), 인체실험용 등으로 임의로 선별했다. '순수 아리아인을 만든다'는 구실로 특히 쌍둥이 연구에 몰두하면서 뻔질나게 쌍둥이의 생체 해부를 자행했다.

전후, 피해자들의 탄핵으로 인한 재판이 두려워 1949년에 아르헨티나로 도주했다. 그 당시 서독 정부는 그 사실을 알고 아르헨티나 정부에 신병 인도를 요청하자 그는 교묘하게도 파라과이로 피했다. 1979년, 이번에는 이스라엘 정부가 강경하게 인도를 요구했다. 파라과이 정부는 곤혹스러워하며 국적 취득을 무효화시켰지만 인도는 하지 않았으므로 그 후로는 위명(僞名)을 사용하면서 우루과이, 칠레 등을 전전했다. 나치의 범죄를 어디까지나 언제까지나 좇고 있는 독일, 이스라엘, 미국의 유대인 조직은 합계 250만 달러의 현상금을 걸고 멩겔레를 추적했다.

그리하여 1985년 6월 초, 브라질의 상파울루 근교 엠부(Embu)라는 마을에 소재하는 묘지가 독일의 수사 당국과 미국 FBI 수사관 입회 아래 발굴되었다. 1979년 2월 7일에 브라질에서 사망한 당시 68세의 볼프강 게르하르트(Wolfgang Gerhard)가 수사 정보를 통해 멩겔레로 추정되었기 때문이다.

킬대학으로 옮겨진 발굴 유체는 신체 각 부위를 포함한 전신 골격이었다. 백골이 된 사체의 신원 확인 절차에 따라 일반적 외관 소견과 병리 소견의 기록에서 시작해 성별, 나이, 사후(死後) 경과 연수, 신장, 얼굴형 추정 수준으로 진행되었다. 그리고 최후에 멩겔레의 포트레이트와 두개골의 수퍼임포즈법에 의한 개인 식별이 실시되었다. 일치된다면 발굴한 유체의 신원이 확인되는 셈이다.

전신의 골격이 모두 갖춰져 있었고, 매장된 지 6년 정도밖에 지나지 않았으므로 큰 파손도 보이지 않아 쉽게 성별과 나이 등을 측정할 수 있었다. 두개골과 골반의 형상, 그리고 상완골과 대퇴골의 계측값을 이용하는 판별 함수식 수치로 미뤄

138

발굴된 유체는 틀림없는 남성이었다. 참고로 두개골은 단두형(短頭型)이어서 아리아 민족을 장두형(長頭型)으로 하는 블루멘바흐의 주장을 의심하지 않았던 멩겔레로서는 짓궂은 결과였다. 하긴, 히틀러 자신도 단두형이었다고 한다.

나이는 두개골의 유합 정도, 장골 골수강(長骨·骨髓腔)의 퍼진 상태, 치수강(齒髓腔, pulp chamber)의 X선상(線像)으로 본 협착 정도 등의 소견으로 60~70세로 추정되었다.

이 신원 확인 사례에서 신장 측정은 매우 중요한 의미를 갖고 있었다. 1934년 당시, SS(나치 친위대)에서 실시된 신체검사표에 의하면 멩겔레의 신장은 174센티미터로 기록되어 있었다. 신장은 다리를 구성하는 대퇴골과 경골(종아리뼈)의 최대 길이로 추정했다. 다리의 뼈 길이는 팔뼈보다도 그 사람의 신체와 잘 대응하기 때문이다. 추정 방법은 애초에 많은 뼈를 사용해 작성한 다음의 신장 추정식에 따랐다.

$$\text{추정 신장} = 58.89 + 1.797 \times A + 0.757 \times B(\text{센티미터})$$

A는 대퇴골(측정값은 왼쪽 49.1, 오른쪽 48.0), B는 경골(종아리뼈; 마찬가지로 왼쪽 37.0, 오른쪽 36.6)이다. 이들 수치를 대입한 결과 왼쪽에서는 175.1센티미터, 오른쪽은 172.9센티미터로, 그 평균은 174센티미터가 되었다. SS의 신체검사표에 기록된 174센티미터와 매우 일치되는 결과였다. 헬머 교수 스스로도 이토록 합치되는 예에 조우한 사실에 놀랐다.

대퇴골과 관절부 푹 팬 곳의 골절부

[그림 4.6] 1985년 상파울루 묘지에서 발굴된 멩겔레로 추정되는 인물의 오른쪽 관골. 생전 그의 오른쪽 다리 보행 실조와 잘 일치했다.

오른쪽 골반의 대퇴골 골두(骨頭)와 관절부와의 우묵함, 관골구(髖骨臼)가 골절되어 있었다([그림 4.6]). 이전에 골절되었던 듯하며, 골절부는 외골종(外骨腫)이 되어 부풀어 올라 있었다. 이와 같은 병리 소견으로 유체의 인물에는 외견상 눈에 띄는 오른쪽 다리의 보행 실조(失調)가 있었던 것이 틀림없는 것으로 추정되었다. 멩겔레가 강제수용소에 근무했을 때 자동차 사고로 골반과 대퇴부에 큰 손상을 입었던 기록도 발견되었다. 무엇보다도 브라질에서 멩겔레와 사귀었던 몇 사람의 인물이 그는 분명히 오른발을 끌듯이 걸어 다녔다고 증언했다.

모든 데이터가 이처럼 부합되면 누구나 발굴된 유체(遺體)

가 멩겔레임이 틀림없다고 단정해도 되겠지만 최종 수퍼임포
즈법에 의한 검사에서는 그와 같은 예단을 모두 배제해야 한
다. 비교 포트레이트로서, 멩겔레가 27세 때의 것 1장과 60세
를 지난 것 3장 등, 합계 4장이 수집되었다.

두개골 표면에, 각부의 연부(軟部)조직의 두께 데이터에
따라 앞쪽 끝에 흰색의 작은 볼이 붙은 대침(待針)으로 두부
와 안부의 윤곽선을 만들었다. 포트레이트를 TV 화면으로 옮
긴 다음, 이 두개골을 포트레이트의 촬영 방향에 맞추면서 양
쪽을 겹쳐 맞춰 보았다. 결과는 사용한 포트레이트는 모두가
놀랄 만큼 발굴한 유체와 일치했다. 이 비디오 수퍼임포즈법
의 결과로 유체는 틀림없는 멩겔레의 것으로 단정되었다.

그러나 이 수퍼임포즈법에 의한 검사가 쉽게 진행된 것은
아니었다. 포트레이트의 촬영 방향에 두개골의 방향을 정확하
게 맞추는, 즉 오리엔테이션 결정에 어려움이 많았다. 이 방법
에서는 멀리 떨어진 위치에 있는 두개골을 포트레이트 방향으
로 맞추도록 손으로 조정하는 방법이 적용되었다.

1985년에 완성된 사진·비디오 복합 수퍼임포즈 장치는
오리엔테이션의 용이성과 정확성을 비약적으로 향상시켰다.
TV 화면상에 표시된 포트레이트와 두개(頭蓋)의 겹친 상을
지켜보면서 사람 목의 움직임과 거의 같은 움직임을 할 수 있
는 기구로 두개골의 방향이 정해진다. 이 조작은 외부 패널에
장치된 조작 레버를 작동함으로써 쉽게 할 수 있다. 또 장치
에 내장된 줌 렌즈 이동기구에 의해 포트레이트의 크기에 합

치하도록 연부조직의 두께를 고려해서 두개골을 확대하거나 축소를 자유롭게 할 수 있게 되었다.

DNA형 감정의 등장

루이 16세(Louis XVI, 재위 1774~1792)와 왕비인 마리 앙투아네트(Marie Antoinett, 1755~1793)의 아들인 루이 17세는 1792년 8월 10일의 민중 봉기를 발단으로 왕정(王政)이 전복되어 부모와 함께 파리 시테(Cité) 섬의 서쪽, 센 강의 섬 안에 있는 축축한 콩시에르주리(La Conciergerie) 감옥에 유폐(幽閉)되었다. 그리고 다음 해인 1793년 1월 21일, 먼저 아버지인 루이 16세가 단두대의 제물이 된 후 얼마 지나지 않아 어머니인 마리 앙투아네트까지 처형되었다. 불과 10세인 어린 왕자도 1795년에 사망한 것으로 전해졌다.

그러나 왕자의 경우, 죽은 사람이 대역(大役)이었다는 소문이 흘러나오기 시작했다. 그래서인지 "나야말로 루이 17세"라고 지칭하는 사람이 여러 명 나타났다. 특히 19세기 중반에 루이 17세였다고 주장하며 나선 사나이는 증거가 될 만한 서류까지 소지하고 있었기 때문에 진짜인지도 모른다는 사람도 많았다. 하지만 그 진위가 밝혀지지 않은 채 흐지부지되고 말았다.

1985년 7월, 신원 확인을 결정짓는 개인 식별 기술은 새로운 시대를 맞게 되었다. 영국의 레스터(Leicester)대학 유전학

교수인 알렉 제프리(Alec Jeffreys, 1950~   )가 과학지 ≪네이처(*Nature*)≫에 DNA 지문법을 발표한 것이 계기였다. 그의 방법에 의하면 지문법과 같은 정도로 개인 한 사람, 한 사람을 식별할 수 있다는 것이다. 그 당시 많은 보도로 인해 '유전자 지문'이라는 말이 세상에 널리 알려졌다. 그러나 지문이 나타내는 만인부동(萬人不同), 평생불변(平生不變)과는 동떨어진 것이었다. 신선한 시료를 다루는 경우가 많지 않은 증거물의 분석에서 언제나 정확한 분석 결과를 얻게 되는 것은 아니었다.

1999에는 DNA 지문법이 말끔히 자취를 감추고 DNA형(型) 분석법이 낡고, 희소하고, 다른 것과의 혼합, 부패 등등의 숙명적 운명을 갖는 증거물에 잘 대응할 수 있는 기술로 자리 잡았다.

루이 17세를 둘러싼 진위를 확인하기 위한 조사가, 그의 사후 200년 정도 지나 벨기에의 연구자에 의해 시작되었다. 조사의 중심은 앙투아네트와 루이 17세의 모자 관계(母子關係)를 확실하게 밝히는 일이었다. 먼저, 자칭 루이 17세라고 하는 인물의 유골과 앙투아네트의 유발(遺髮: 죽은 이의 머리카락) DNA형을 분석했다. 그 결과 양쪽 DNA형은 전혀 달랐다. 모자였다는 사실은 털끝만큼도 없었다.

유폐된 루이 17세가 사망했을 때 유체는 해부되고 심장은 의사가 가져갔다. 그 심장은 오랫동안 정중하게 사원에 안치되었다. 이번에는 모후인 앙투아네트의 유발과 이 심장 세포의 DNA형을 조사한 결과 한 치의 어긋남도 없이 양쪽이 일치했다. 틀림없는 모자(母子)였다. 루이 17세는 유폐 후 병들어 10세에 사망했다는 애틋한 역사적 사실을 과학수사의 새로운 기법을 통해 해명한 것이다.

DNA형 감정은 과학수사를 다룬 TV드라마나 범인상(犯人像) 추정에 열중하는 와이드 쇼 프로그램에서도 화제가 되었다. 그러나 과학수사에 사용되는 DNA 감정의 내용에는 쉽게 털어놓을 수 없는 문제가 내포되어 있다. 과거 어떤 프로그램에 등장한 인물들 중에서 살인사건 수사의 지도자로 자부하는 전직 수사관이나 법조인은 어쩔 수 없다 할지라도, 그 분야의 전문가로 자처하는 법의학자마저도 DNA 감정이란 말만 수차 언급할 뿐, 그것이 무엇을 의미하는지는 설명한 적이 없었다. 듣는 사람이 이해하기에는 거리가 먼, 즉 DNA 감정에서 일치되었으므로 동일인이라든가 용의자가 바로 범인이었다고 설명할 뿐이었다.

DNA에 관한 과학적인 상세한 설명은 다른 전문서적에 위임하기로 하고, 여기서는 DNA 감정이 과학수사에 어떠한 역할을 하며, 그 한계는 어디까지인가 하는 점을 잘 이해시킬 필요가 있을 것 같다. 그렇지 않으면 DNA 감정 결과가 오히려 피의자의 범행 사실 입증을 모호하게 하여, 증거 심리에서의 유효성을 훼손시킬 위험성마저 초래할 수 있기 때문이다.

그러면 이제 그 실제 상황을 살펴보기로 하자. 먼저 'DNA 감정'이란 표현은 과학수사에 관한 한 DNA'형' 감정이라고 고처 표현하는 것이 좋을 듯하다.

　DNA는 사전에서 설명하는 바와 같이 유전자의 본체(本體)로서, 그 속에 유전정보가 숨어 있다는 사실은 누구나 알고 있다. 하지만 이 DNA는 유전정보를 가지고 있는 부분인 엑손(exon)과 가지고 있지 않는 부분인 인트론(intron)의 둘로 크게 나뉘며, 가지고 있는 쪽은 유전자 전체의 7~10퍼센트에 불과하다. 사람의 몸은 전부 60조 개 정도의 세포로 구성되어 있지만 실제로는 어느 누구도 하나하나 정확하게 헤아려 본 것이 아니므로 70조 개에 이른다는 주장도 있다.

　그리고 DNA는 이들 세포의 세포핵 염색체(染色體) 속에 화학분자(염기, 당, 인산이 결합한 것)가 나선상으로 얽힌 사다리와 같은 형태로 존재한다. 염기(鹽基)는 A, T, C, G의 네 종류가 있으며, A와 T, C와 G가 짝(pair)을 이루고 있다. 인간의 경우에는 한 세포핵에 23짝(46개)의 염색체가 있고, 23번째의 염색체는 성염색체(性染色體)이다. 또 인간의 몸에는 세포핵 이외의 장소에도 DNA가 있다.

　25억 년 전인 아득한 옛날, 이제까지 산소 없이 생활하던 박테리아 세계에 큰 변화가 생겼다. 탄산가스를 사용해 광합성(光合成)을 하는 남세균(藍細菌, cyanobacteria)이라는 생물이 돌연 지구상에 나타났다. 그리고 이 생물은 광합성에 의해 지구상에 산소를 방출하기 시작하며 지구의 구석구석을 점령했다. 대기 중에 산소가 충만해 지구는 위기에 내몰렸다. 산소는 화학적으로 한 개의 전자(電子)를 버리고 활성 산소분자가 되어 강한 반응성을 획득하므로 생물을 파괴하기 시작했다.

위험에서 자신을 지키기 위해 생물은 싸움을 시작했다. 길고 긴 싸움이었다. 산소에 적합할 수 있는, 얼마 되지 않는 호기성(好氣性) 박테리아는 압도적인 혐기성(嫌氣性: 산소 존재 아래서는 생존할 수 없으므로 '혐기성'이라 한다) 박테리아의 침략을 받아 혐기성 박테리아 속으로 흡수되었다. 물론, 이제 혐기성 박테리아는 산소를 유효하게 처리할 수 있는 생물이 되었다. 15억 년 전에 일어난 생명의 탄생이었던 것이다.

흡수된 호기성 박테리아는 후에 인간 세포의 미토콘드리아(mitochondria)로서 당당하게 생활의 터전을 확보했다. 그 기능은 대부분의 생물에 공통적으로 신체의 온갖 작용에 필요한 에너지를 제공하는 발전소 역할을 해 왔다. 미토콘드리아라는 이 작은 덩어리 속에 세포핵의 DNA와는 전혀 다른 DNA가 존재한다. 그것은 바로 박테리아의 DNA와 빼닮은 화학적 구조이다. 인간의 진화 과정을 추적하는 데 미토콘드리아의 DNA가 많이 조사되는 사유도 역시나라는 생각이 든다.

과학수사에서 DNA'형(型)'의 감정은 세포핵의 DNA와 미토콘드리아의 DNA 양쪽을 대상으로 실시되지만, 둘 중에서 어느 쪽을 대상으로 할 것인가는 증거물의 양과 질에 따라 감정인이 적정하게 선택하게 된다.

세포핵 DNA의 DNA형 감정은 한 인간이 갖는 유전자의 형(型)을 분석하는 것이다. 이 DNA형에는 자기가 누구인가를 증명하는 데 필요한 ID 기록이 새겨져 있다. 앞에서 설명한 바와 같이 유전자는 유전정보(신체를 구성하는 단백질과 여러 가지 효소를 만드는 암호정보)를 가지고 있는 것과 가지고 있지 않은 것으로 나눌 수 있다. 예컨대, 이것들을 역과 역 사이를 연결하는 철도로 비교한다면, 역은 정보를 가지고 있는 유전자, 철도는 정보를 가지고 있지 않은 유전자라 할 수 있다. 세포핵 DNA형 감정은 철도에 해당하는, 즉 정보를 가지고 있지 않은 DNA를 대상으로 하고 있다. 그리고 이 DNA의 역 사이의 길이는 사람에 따라 다르기 때문에 그 길이의 차이로 사람과 사람을 구별한다.

이처럼 철도의 길이, 즉 DNA 염기 배열의 길이 차이는 23짝의 모든 염색체에서 볼 수 있다. 어느 염색체나 모두 2개가 한 짝을 이루고 있다는 것은 앞에서 이미 설명했는데, 그중 하나는 자기 아버지로부터, 다른 하나는 어머니로부터 물려받은(유전된) 것이다. 따라서 DNA형을 감정하면 대개의 경우 (90퍼센트 정도) 한 염색체에 대해 두 종류의 유전인자형(遺傳因子型)이 결정된다. 이것을 헤테로형(hetero type: 상이한 것 2종류)의 유전자형이라고 한다. 만약 아버지와 어머니로부터 간혹 같은 유전인자형을 물려받는다면 한 종류의 같은 형이 되며, 이는 호모형(homo type)이라고 한다. 아무런 역할을 하지 않는 유전자이지만 자신이 누구인가를 사람들에게 알리는 신분 증명으로서의 구실을 하고 있다.

그렇다고 해서, 23짝이나 존재하는 염색체 중 단 한 짝만의 염기 배열을 조사한 것만으로는 완전한 신분 증명이 미흡

하다. 같은 신분증명서를 소지한 사람별로 분류하는 것으로만 끝난다. 카를 란트슈타이너(Karl Landsteiner, 1868~1943)에 의해 발견된 ABO식 혈액형 검사로는 사람을 4분류할 수 있지만 DNA형에서는 한 짝만 갖고도 10분류, 30분류로 사람을 분류할 수 있으므로 개인을 식별하는 능력이 뛰어난 것만은 틀림없다.

복수의 염색체 염기 배열의 길이(DNA 분자의 크기)를 증거물에서 동시에 검사할 수 있다면, 그것은 바로 지문과 마찬가지의 신분증명서가 될 수 있을 것이다. 1985년에 DNA 지문법이 알려지고 나서 십여 년, 그 사이 많은 연구의 결과 1999년에 미국에서 목적에 부합되는 감정법이 완성되었다.

그것은 9종류의 염색체와 남성과 여성의 유전자를 다루는 성염색체 10종류의 염색체를 한꺼번에 종합해서 각각의 유전형을 결정할 수 있는 방법이다. 이들 DNA형은 4염기라는 짧은 염기 배열을 반복 단위로 하여 되풀이 횟수의 차이에 따라 결정되므로 짧은 사슬 DNA형이라고 한다.

이 방법을 실제 증거물에 응용하기 위해 영국 런던 경찰국 (Scotland Yard)과 미국 FBI의 법과학연구소 연구 스태프가 중심이 되어 실험적 검증을 시작했다. 다양한 환경 조건에 노출되는 증거물의 DNA형을 착오 없이 결정할 수 있을 것인가. 증거물이라는 것은 주사기에서 막 채취했을 때와 같은 신선하고 풍부한 시료는 아닐 것이다. 입었던 옷가지나 흉기에 미소하게 부착된 것도 있을 것이고, 수집하기까지 몇 년, 몇 개월

이 경과된 것도 있을 것이다. 이 밖에 부패로 인해 분해된 것 등, 복잡다양한 증거물에 이 방법은 적용하기 어려울 것이다.

새로 개발된 방법의 유효성을 확인하는 평가 연구는 과학 수사가 목적으로 하는, 진범을 가려내고 범인이 아닌 사람을 범인이란 혐의에서 벗어나게 하는 데 큰 역할을 하는 DNA 감정법으로서는 가장 중요한 작업이었다. 그 결과 증거물의 온갖 상황을 극복해 내고 안전하고 확실하게 대응할 수 있다는 것이 확인되었다. 단, 수십 년이란 오랜 세월이 경과한 증거물에 대해서는 DNA형을 결정하기가 어려운 경우가 있었다고 한다. 2000년 무렵부터 많은 나라에서 이 방법의 유효성과 한계를 잘 이해한 연후에 DNA형 감정법으로 실용화되었다.

DNA형 감정의 실제

여기서, 이 DNA형 감정법의 내용에 대해 간단하게 설명 하겠다.

감정의 대상이 되는 아홉 종류의 염색체와 성염색체를 <표 4.1>에 보기로 들었다. 예를 들어 11번째의 염색체를 보자. 4염기(AATG)를 반복 단위로 하는 반복 횟수는 5, 6, 7, 8, 9, 10^{-1}, 10의 일곱 종류가 있다. 각각의 반복 횟수는 유전 인자형이고, 한 사람은 그중의 둘(가령 6−8)을 조합해 유전 자형으로 가지고 있다. 6−6형과 같은 유전자형(호모형)을 포

〈표 4.1〉 9종의 짧은 사슬 DNA형과 성염색체형

염색체 번호	반복 배열을 포함한 영역의 염기 수 범위	유전인자형의 수(n) (형명)	사람의 분류 수 $\dfrac{n(n+1)}{2}$
2	218–242	8 (6–13)	36
3	114–142	8 (12–19)	36
4	219–267	14 (18–26, 2–30)	105
5	135–171	10 (7–16)	55
5	281–317	10 (6–15)	55
7	258–294	10 (6–15)	55
11	169–189	7 ($5–10^{-1}–10$)	28
12	157–197	11 (11–21)	66
13	206–234	8 (12–19)	36
23X	107	X	남, 여
23Y	113	Y (남성)	남

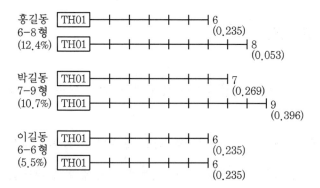

TH01 : 티로신하이드록시라제(아드레날린의 전구물질 도파[dopa]를
만드는 데 필요한 효소)를 만드는 유전정보를 갖는 엑손(exon),

⊢—⊣ : 4염기(AATG)를 반복 단위로 하는 반복 배열의 인트론(intron).
( )는 유전인자형의 빈도, (-%)는 유전자형 빈도

[그림 4.7] 제11염색체장의 반복 배열(TH01형)의 DNA형

150

함해 조합 수는 28로 계산된다. 즉, 이 DNA형을 조사하면 사람을 28가지 형으로 분리할 수 있다. ABO식 혈액형이 사람을 4분류밖에 할 수 없는데 비해 얼마나 우수한가를 알 수 있다.

[그림 4.7]은 반복 길이의 차이를 홍길동, 박길동, 이길동 세 사람에 대해 나타낸 것이다. 실제 검사에서는 증거물에서 화학적으로 추출한 DNA를 한 시험관에 넣고, 동시에 아홉 종류의 염색체와 성염색체에 대응할 수 있는 시약을 주입한다. 이렇게 하면 각 염색체상에 놓여 있는 반복 배열 부분이 각각 잘려 나온다. 이것은 반복 배열 부분을 양쪽 겨드랑이에서 약간 떨어진 곳에서 가위로 오려내는 것과 비슷하다. 가위에 해당하는 것은 프라이머(primer)라는 시약(DNA 염기)이다. 이때 잘려진 부분에는 반복 배열 부분과 그 두 이웃에 있는 아무런 의미도 없는 염기 배열(이것을 인접 부분이라 한다)이 같이 붙어 있다. 이 반복 배열 부분을 포함한, 잘려진 염기 배열 전체를 '반복 배열 영역'이라고 한다. 이 영역의 염기 배열 크기에 반복 배열의 횟수가 반영되어 있다.

그림에서 홍길동 씨는 6−8형이다. 애초에 6형과 8형의 출현 빈도를 조사해 두면 증거물의 DNA형을 얻었을 때 그 형의 출현 빈도가 어느 정도 되는가를 추정할 수 있다.

ABO식 혈액형과 마찬가지로 출현 빈도가 높은 것이 있고 낮은 것도 있다. 이 짧은 사슬 DNA형 전부를 결정하면 높은 사람과 낮은 사람을 평균해서 증거물의 형을 50억분의 1인까지 압축할 수 있을 정도이다. 또 이 방법에 의하면 증거물이 남성의 것인지 여성의 것인지도 동시에 판명되므로 이용 가치가 매우 높다.

하지만 부패가 심한 증거물이나 수십 년, 수백 년의 세월을 거친 자료의 DNA형 결정은 미토콘드리아의 DNA를 대상으로 실시하는 것이 일반적이다. 앞서 언급한 루이 17세와 후술하는 아나스타샤(Anastasia)의 DNA형은 미토콘드리아의 DNA를 대상으로 결정되었다.

전술한 바와 같이 미토콘드리아 DNA는 세포핵(細胞核) 속이 아니라 세포질(細胞質) 속에 있다. 핵의 DNA와는 달리 둥근 고리모양으로 되어 있으므로 고리 모양(環狀) DNA라고 한다. 세포핵의 DNA가 30억 개의 염기로 만들어져 있는 것과 비교하면, 불과 16,569개이다. 그리고 그 대부분은 몸의 에너지를 생산하기 위해 필요한 효소 단백질과 미토콘드리아 자체의 구조를 유지하는 단백질을 만들도록 지령하는 정보를 가지고 있다. 미토콘드리아의 모든 DNA 중에서 7퍼센트 정도의, 하나로 통합되어 고리 모양의 한 곳(D 루프 부분)에 위치를 잡고 있는 DNA는 아무런 직분도 가지고 있지 않은 DNA이다. 이곳의 염기 종류가 사람에 따라 다르기 때문에 한 사람, 한 사람의 개인을 식별하는 데 쓰이고 있다.

그것만으로는 세포핵의 DNA와 아무런 다른 점이 없다. 왜 낡은 증거물을 식별하는 데에는 미토콘드리아 DNA가 사용되는가. 그 큰 이유의 하나는 세포핵 DNA와는 달리 유전자의 카피(copy) 수가 압도적으로 많기 때문이다. 예를 들어, 간장의 세포를 보면, 세포핵은 1개 또는 간혹 2개이지만 미토콘드리아의 수는 1세포당 500개에서 1,000개나 된다. 또 미토콘드리아 중에는 고리 모양 DNA도 몇 개 들어 있다.

세포핵에는 DNA형을 전사(轉寫)한 단 한 장의 카피 용지밖에 없지만 미토콘드리아에서는 수천 장에 이르는 같은 카피가 있을 수 있다. 따라서 낡아서 파괴될 가능성이 있는 것일지라도 상한 곳 없이 잔존하는 것도 많으므로, 오래된 것일지라도 DNA를 조사하게 되는 것이다. 고고학적(考古學的) 자료로서 모발이나 뼈의 DNA형도 사실은 이 미토콘드리아의 DNA를 조사해 결정한 것이 대부분이다. 미토콘드리아 DNA형은 염기 배열의 크기가 아니라 염기 배열 그 자체의 차이에 따라 결정된다는 점에서 세포핵의 짧은 사슬 DNA형과는 매우 다르다.

〈표 4.2〉 미토콘드리아 DNA형에 의한 감정

염기 번호		16129	16223	16278	16293	16311	16391
앤더슨의 표준		G	C	C	A	T	A
범행 현장의 혈흔	(1)				G	C	
	(2)	A				C	G
피의자 착의의 혈흔					G	C	
발견된 흉기의 혈흔					G	C	
피의자의 혈액		A				C	G
피해자의 혈액					G	C	

주: DNA형은 앤더슨의 표준 배열과의 차이로 결정된다. 피해자는 16293G, 16311C형처럼 표기된다. 착의와 흉기의 혈흔은 같다.

증거물에서 D 루프 부분의 DNA를 추출하는 것은 세포핵의 경우와 마찬가지로 프라이머라는 시약을 이용한다.

어떤 사람의 미토콘드리아 DNA형은 정해져 있는 표준의 DNA 염기 배열과의 차이로 결정한다. <표 4.2>는 그 실제 예이다.

표준으로 이용하는 염기 배열은 1981년에 정해진 앤더슨 표준 배열(Anderson standard array)이며, 세계적으로 사용되어 왔다. 미토콘드리아 DNA의 1번에서 16569번 위치까지 모든 염기가 정해져 있다. 표에서는 이해하기 쉽도록 실제 살인 사건 예에 대해 기록했다. 피해자의 DNA는 16293G형, 16311C형, 피의자의 DNA는 16129A형, 16311C형, 16391G형처럼 기록한다. 피의자의 착의에 피해자의 16293G형, 16311C형의 혈흔이 붙어 있는 것을 알 수 있다.

염기 배열의 크기보다는 염기 배열 그 자체의 차이를 개인 식별에 사용하므로 이해하기 쉽고 차이도 분명하므로 이용 가치가 높은 것으로 생각되지만 실제로는 한 사람 안에서 무수하게 존재하는 미토콘드리아의 염기 배열이 똑같은 균질성(homogeneity)을 가질 것인가? 20명을 조사한 집단 조사에서 간혹 같은 배열을 가진 두 사람이 발견된 사례도 있어 미토콘드리아 DNA의 절대적 식별력을 의심하는 소리도 없지 않다.

그러나 미토콘드리아 DNA에는 주목할 만한 특징이 있다. 난자가 정자와 합체(合體)해서 수정(受精)할 때, 정자는 머리 쪽 세포핵만이 난자에 들어가기 때문에 정자의 꼬리 쪽을 둘

154

러싸듯이 늘어서 있는 미토콘드리아는 난자 속으로 들어가지 못해 수정에 관여하지 못한다. 그 때문에 태어나는 아기가 남아이든 여아이든 그 미토콘드리아 DNA는 아버지와는 전혀 관계가 없는, 어머니의 형만을 고스란히 그대로 물려받게 되므로 가족 관계를 확인하는 데 매우 유용하다. 이것을 모계(母系) 유전이라고 하며, 전술한 루이 17세와 이제부터 기술하려는 니콜라이 2세 일가의 DNA형 감정에서 미토콘드리아 DNA의 공(功)이 크게 주효했다.

니콜라이 2세와 그 가족의 DNA형 감정

제정(帝政) 러시아 최후의 황제인 니콜라이 2세(Nikolai Ⅱ, 1868~1918)는 젊은 나이인 26세에 즉위해 독일 중부 헤센(Hessen)대공국 다름슈타트공(Darmstadt公)의 딸 알릭스(Alix)와 결혼했다. 알렉산드라(Alexandra, 1872~1918) 황후가 바로 그녀이다.

원래 성격이 온화하고 선량한 황제는 교양도 매우 깊은 사람이었지만 다른 한편, 의지가 약해 황제로서 적격이 아니었다는 견해도 있다.

오직 하나뿐인 아들 알렉세이는 연소할 뿐만 아니라 혈우병(血友病)을 앓아 의논할 상대가 되지 못했기 때문에 알렉산드라 황후가 정치의 전면에 나서는 경우가 많았다. 괴승(怪僧)

[그림 4.8] 니콜라이 2세

그리고리 라스푸틴(Grigori Efimovich Rasputin, 1872~1916)
은 이러한 상황에 편승해서 황후의 지극한 신뢰를 받기까지에
이르렀다.

특히 제1차 세계대전에 휘말려 들어가게 되자 황제는 황
후와 라스푸틴의 조언에 기대는 경우가 잦았다. 이와 같은 상
황을 다른 황족과 군부, 국회의원들은 몹시 불쾌하게 생각했
다. 거리낌없이 함부로 날뛰는 라스푸틴을 어떻게든 저지하지
않으면 안 되었다. 더구나 황후와 라스푸틴이 애인 관계라는
소문까지 나돌자 로마노프 왕조의 명예를 긍지로 삼는 황족들
은 더는 참지 못하고, 그들의 뜻에 호응하는 우익 정치가의
힘을 빌려 1916년 12월 16일 라스푸틴을 암살하고 시신을 모

이카(Moika) 강에 던져 버렸다. 그러나 이미 황제의 권위는 완전히 실추된 상태였다.

다음 해인 1917년의 2월혁명으로 제정(帝政)은 무너지고 황제는 수도 외곽에 유폐되었다. 서둘러 구성된 임시정부도 노동자, 농민, 병사 등에 의한 사회주의 사회 수립의 에너지를 억제하지 못하고 10월혁명으로 이어져 폭발했다.

니콜라이 2세 일가(一家)는 수도에서 중앙 우랄산맥의 예카테린부르크(Ekaterinburg : 현재의 스베르들로프스크)의 이파티에프 하우스(Ipatiev House)라는 작은 궁전으로 옮겨져 지하실에 갇혔다.

혁명을 성취한 볼셰비키 일파는 비밀리에 니콜라이 일가를 살해하기 위한 특별 처형대를 편성했다. 그 대장인 야코프 유로프스키(Yakov Yurovsky)가 남긴 기록에 의하면, 총살된 사람은 니콜라이 2세와 아내인 알렉산드리아 외에 네 명의 딸 올가(Olga), 타티아나(Tatiana), 마리아(Maria), 아나스타샤(Anastasia), 그리고 아들인 알렉세이(Alexis), 황실 전속의 의사 보트킨(Eugene Botkin)과 요리사 카리토노프(Ivan Kharitonov), 왕비의 시녀와 마부 등이었다. 총알이 비오듯 쏟아졌다. 지면에 부딪쳐 작은 돌멩이와 함께 튀어오르는 총알도 많았다.

숨이 끊어지지 않고 바둥거리는 자에게는 어떤 부위든 가리지 않고 총검으로 마구 찔렀다. 총살 치고는 너무나도 처참한 광경이었다.

사체는 약간 떨어져 있는 광산의 수직갱에 버리기 위해 모두 옷을 벗겨 나체(裸體)로 한 다음 무작위로 손수레에 실었다. 수직갱에 도착하기 전에 손수레가 고장이 난 관계로 어쩔수 없이 길가에 1미터 정도 깊이의 구덩이를 파고, 거기에 묻었다. 어떤 이유에서였는지 대장의 명령으로 두 사람의 사체는 거의 잿가루가 되도록 불태웠다고도 기록되어 있고, 구덩이에 넣은 사체에는 황산을 뿌렸다고도 한다.

처형당한 날로부터 6개월 후, 반(反)볼셰비키파의 니콜라이 소콜로프(Nikolai Sokolov)라는 인물이 사체 매장 장소로 추정되는 곳에서 매장 사실을 입증할 수 있는 증거물을 수습했다고 주장했지만 그곳에서는 사람의 유골로 추정되는 뼛조각은 단 한 개도 발견되지 않았다. 그 이후 70년간에 걸친 공산주의 사회의 엄격한 규율 아래서는 이들 일가의 소식이 사람들의 입에 오르내린 적이 없었다.

1989년 4월, 모스크바뉴스사(社)는 영화 제작자인 겔리 랴보프(Gely Ryabov)와의 독점 인터뷰를 기사화(記事化)했다. 그는 10년 전에 아마추어 역사학자인 알렉산더 아브도닌(Alexander Avdonin)과 협약해 니콜라이 일가의 매장 장소를 확인하고, 유골 3개를 찾아왔으나 얼마 후 원래의 장소에 되돌려 놓았다고 증언했다. 그 장소는 이전에 소콜로프가 지적한 곳에서 8킬로미터나 떨어진 곳이었다.

이 기사가 나가자 당시의 러시아공화국 대통령인 보리스 옐친(Boris N. Yeltsin, 1931~2007)은 그것을 그대로 방치할 수 없었다. 랴보프가 확인했다는 예카테린부르크의 발굴을 결

158

정했다.

　발굴은 러시아연방 검사국장의 지휘 아래 러시아 법과학자에 의해 진행되었다. 크고 작은 것 합해 모두 1,000여 개에 이르는 뼛조각이 발굴되었다. 그중에는 사람의 것임이 분명한 아홉 개의 두개골이 포함되어 있었고, 몇 개의 두개골에는 매우 예리한 것으로 찔린 상흔(傷痕)이 뚜렷하게 보였다. 안면 뼈의 파괴가 심해 그 두개골이 누구의 것인지 알지 못하게 하려는 의도가 엿보였다.

　백골 사체(白骨死體)의 감정 절차에 따라 개인 식별의 기본적 사항인 성별, 나이, 사후 경과 연수, 신장, 치아에 대한 소견, 질병으로 인한 소견 등을 모든 뼛조각에 대해 검사했다. 두개골에서 나온 몇 개의 치아에는 금, 플라티나(백금), 자기(磁器, porcelain) 등, 당시에는 귀족만이 사용한 고급 치아 재료가 발견되어 니콜라이 2세 일가의 것으로 예측되었다.

　컴퓨터 시스템을 이용한 수퍼임포즈법이 활용되었다. 이 작업에는 러시아의 요청으로 미국 플로리다대학교의 메이플 교수도 참가했다. 보존되었던 니콜라이 일가의 얼굴 사진과 두개골과의 이동 식별(異同識別) 결과를 얻고 나서, 발굴된 뼛조각의 전모가 보고되었다. 유해는 모두 9구로 4구의 남성과 5구의 여성으로 분류되었다. 총살된 사람은 11명이므로 2구는 행방불명인 셈이다. 이것은 당시 처형대장이 2구는 소각했다는 기록과도 일치해 아무런 모순도 없다.

　행방불명된 2구가 누구의 것인가에 대해서는 러시아 법과학자와 메이플 간에 의견이 상치했다. 알렉세이가 행방불명자의 한 사람이라는 점에는 일치했으나 다른 한 사람은 마리아라고 주장하는 러시아 쪽 주장에 반해 메이플은 아나스타샤라고 했다. 니콜라이 2세와 그 아내인 알렉산드라, 딸 세 명에 대해서는 수퍼임포즈법으로 그 존재가 거의 확인되었다. 그러나 뼈에 상당한 특징적 소견이 없는 한 수퍼임포즈법에 의한 개인 식별은 100퍼센트의 절대적 확실성을 약속하지 못한다.

러시아의 법과학자로 DNA형 감정의 전문가이기도 한 이와노프는 영국 법과학연구소의 딜이 증거물의 DNA형 감정 기술을 전 세계에 전파한 사실을 알고 있었다. 1992년 9월 15일, 이와노프는 영국 BBC의 협력을 얻어 발굴한 뼛조각들을 갖고 영국 히드로(Heathrow) 공항에 도착했다. 로마노프 왕

〈표 4.3〉 니콜라이 2세와 그 가족(?)에 관련되는 짧은 사슬 DNA형 감정

감정 자료 ＼ DNA형의 호칭	VWA (12)	TH01 (11)	F13A 1 (6)	FES/FPS (15)	ACTBP 2 (5)
니콜라이 2세	15, 16	7, 10	7, 7	12, 12	12, 32
알렉산드라	15, 16	8, 8	3, 5	12, 13	32, 36
자녀 1	15, 16	8, 10	5, 7	12, 13	11, 32
자녀 2	15, 16	7, 8	5, 7	12, 13	11, 36
자녀 3	15, 16	8, 10	3, 7	12, 13	32, 36
의사	17, 17	6, 10	5, 7	10, 11	11, 30
집사 1	14, 20	9, 10	6, 16	10, 11	검출 불능
집사 2	15, 17	6, 9	5, 7	8, 10	검출 불능
집사 3	16, 17	6, 6	6, 7	11, 12	검출 불능

( ) 안의 숫자는 염색체 번호.

조의 황제 일가를 영국은 국장(國葬)에 준하는 예(禮)로 맞이했다. 니콜라이 2세와는 약간의 혈연 관계가 있는 영국 왕실의 배려에서였을 것이다.

감정 자료는 인골(人骨)이었다. 뼈에서 DNA를 화학적으로 얻어내는 추출 작업에 세계 제1인자인 딜은 이 감정에 상당한 자신을 가지고 있었다. 그는 이 DNA 감정에 두 가지 전략 기술을 사용했다. 하나는 짧은 사슬 DNA형, 또 하나는 미토콘드리아 DNA형이었다.

<표 4.3>은 발굴된 뼛조각의 짧은 사슬 DNA의 감정 결과를 정리한다. 5종류 형을 검사한 이 표에서 TH01형을 보면, 니콜라이 2세는 7−10형의 헤테로형이고, 알렉산드리아는 8−8의 호모형임을 알 수 있다. 자식은 부모의 어느 한쪽을 물려받는 형(型)이 된다. 자녀 1, 2, 3 모두 그 법칙에 부합되는 형을 나타내고, 다른 4종류의 형도 마찬가지였다. 이것으로 친자(親子) 관계는 증명된 셈이다.

<표 4.4>는 미토콘드리아 DNA형 감정을 종합해 표시한 것이다. 이 감정의 뜻은 모계(母系) 계통으로 이어지는 개인의 형이 같아지므로 가족 관계를 확실히 하는 데 있다.

현재의 엘리자베스 2세 영국 여왕의 부군(夫君)인 필립 에든버러(Philip M. Edinburgh) 공은 알렉산드라 언니의 손주뻘이 된다. 따라서 알렉산드라와 모계를 같이하고 있다. 미토콘드리아 DNA형은 공통되는 것이므로 에든버러 공은 기꺼이 혈액을 제공했다.

〈표 4.4〉 니콜라이 2세와 그 가족(?)에 관련되는 미토콘드리아 DNA형 감정

감정 자료 \ 앤더슨의 표준 염기		16111C	16126T	16169C	16261C	16264C	16278C	16293A	16294C	16296C	16304T	16311T	16357T	73A	146T	195T	263A
알렉산드라(?)	대퇴골	T											C				G
자녀 1 (?)	대퇴골	T											C				G
자녀 2 (?)	대퇴골	T											C				G
자녀 3 (?)	대퇴골	T											C				G
에든버러 공	혈액	T											C				G
니콜라이 2세 (?)	대퇴골 (4)		C	Y					T	T				G			G
로마노프 대공 (?)	대퇴골		C	Y					T	T				G			G
로마노프 대공 (?)	경골		C	Y					T	T				G			G
파이프 공	혈액		C	T					T	T				G			G
세니아	혈액		C	T					T	T				G			G
의사 (?)	대퇴골				T											C	G
집사 3 (?)	대퇴골			T		T	G				C					C	

Y : C와 T의 혼합(C와 T의 헤테로플라스미)

니콜라이 2세에 대해서는 당초 유력한 증거를 얻을 수 있을 것으로 기대했다. 니콜라이 2세가 아직 황태자였던 1891년 5월 일본을 방문한 적이 있었다. 그가 비와호(琵琶湖)를 유람하고 돌아오는 길에 오쓰(大津) 시가에서 일본 순사의 습격을 받아 머리에 상처를 입는 사건이 발생했다. 황태자는 황급히 자신의 손수건으로 피를 닦았다. 그 손수건이 일본의 한 자료관에 보존되어 있다는 것을 러시아 정부는 알고 확인해 조사했다고 한다. 그러나 딜의 설명에 의하면, 오염이 너무 심해

미토콘드리아 DNA형 검출에는 쓸 수 없는 자료였으므로 감정에 참고하지 않았다고 한다. DNA형 감정에 의한 개인 식별에는 증거물의 진성(眞性)이 크게 요구된다는 것을 그는 충분히 숙지하고 있었던 것이다.

그래서 이번에는 니콜라이 2세의 모계 계통 자손을 탐문했다. 그 결과 니콜라이 2세 숙모의 증손(스코틀랜드의 파이프 공)과 니콜라이 2세 누이의 증손(세니아) 두 명이 살아 있음을 알게 되었고, 두 사람은 망설임 없이 혈액을 제공했다.

<표 4.4>에 보인 바와 같이 알렉산드라와 세 명의 자녀 (1, 2, 3), 그리고 에든버러 공의 DNA형은 완전 일치했다. 니콜라이 2세의 형은 16169번을 제외하면 파이프 공, 세니아와 잘 맞았다. Y는 C와 A의 양쪽이 검출된 것으로, 한 세포 속에 이 번호 위치의 염기가 C의 미토콘드리아와 T의 미토콘드리아가 섞여 있음(이를 이질성, 헤테로플라스미라고 한다)을 나타내고 있다. 16169번 이외에는 일치되어 있으므로 발굴된 것은 니콜라이 2세라는 것을 강력하게 시사하게 된다.

그러나 이 헤테로플라스미(heteroplasmi)는 니콜라이 2세라는 확인을 약간 지연시켰지만 딜은 조금도 동요하지 않았다. 헤테로플라스미는 돌연변이로 인해 가끔 생기는 것으로, 그것이 그대로 자손에게 전수된 것이다. 사람의 경우 여러 세대를 경과하면 어느 한쪽 방향으로 균일화해져서 고정되는 것이 일반적이다. 수정에 필요한 난세포가 만들어질 때 자식에게 계승되어야 할 미토콘드리아의 수가 압착되거나(bottleneck

효과) 극단의 경우에는 한 개가 되어 버린다. 그 때문에 이질성을 나타내는 형(型)이 한 종류가 되는 것이다. 여러 세대를 거친 파이프 공과 세니아의 형(型)이 C가 아닌 T로 고정된 것은 이 때문이라 생각된다.

러시아 정부는 이 단계에서 29세란 젊은 나이에 폐결핵을 앓다가 사망한 니콜라이 2세의 실제(實弟)인 로마노프 대공의 관을 파내기로 결단했다. 1994년 7월, 이탈리아제 대리석의 묘석 밑에서 끌어올려졌다. 현명하게도 이와노프는 뼛조각의 감정을 딜뿐만 아니라 미국 메릴랜드 주에 있는 미군병리학연구소 개인식별연구실에도 의뢰했다. 이 연구실은 미토콘드리아 DNA형 감정에 관한 한 미국의 지도적 역할을 하는 곳이다. 서로 독립적으로 감정시켜 그 결과의 객관성을 확인하려는 의도였을 것이다.

<표 4.4>에 제시한 로마노프 대공의 형(型)은 두 곳의 감정 결과를 종합한 것이다. 예측했던 바와 같이 두 곳의 감정 결과는 완전 일치했으며, 메릴랜드의 연구실에서도 16169번의 형은 C와 T의 헤테로플라스미였다. 이는 어머니의 헤테로플라스미가 다음 세대인 니콜라이 2세와 로마노프 대공에게 공통으로 그대로 계승된 것으로 해석되었다.

이러한 일련의 DNA형 감정 결과는 발굴된 유골의 하나가 니콜라이 2세라는 사실을 98.5퍼센트의 확률로 입증했다. 감정 결과에 만족한 러시아 정부는 1998년 7월 니콜라이 2세 일가를 정중하게 다시 상트페테르부르크 대성당에 매장했다.

아나스타샤의 후일담

1920년 베를린의 한 병원에서 어떤 여성이 자살을 시도했으나 미수에 그쳤다. 그 여성은 자살의 동기(動機)를 털어놓았다. 자신은 차이코프스키(Tschaikovsky)라는 병사(兵士)의 도움으로 혁명정부의 학살에서 겨우 탈출할 수 있었고, 얼마 지나지 않아 그 병사와 결혼까지 했다. 두 사람의 생활은 마냥 즐거웠지만 어느 날 갑자기 차이코프스키가 죽었다는 통지를 받았기 때문에 따라 죽으려 했다고 한다. 같은 병실의 환자들은 그녀의 몸매며 거동으로 미뤄 보아 니콜라이 2세의 막내딸 아나스타샤(Anastasia)가 틀림없다고 믿었다. 세간(世間)에도 진짜 아나스타샤라고 믿는 사람과 가짜라고 단정하는 사람으로 나눠졌다. 하지만 1938년 외국에 예치했던 러시아 황제의 유산 상속권이 거론되기 시작하자 진위 여부를 밝힐 필요가 생겼다.

이때 가장 먼저 리용대학의 '프랑스의 셜록 홈스'로 불리는 에드몽 로카르(Edmond Locard, 1877~1966)가 조사에 나섰다. 로카르는 포트레이트 사진에 의한 개인 식별에 흥미를 가진 사람으로, 『개인 식별』이란 저서까지 출판했었다. 그런 그는, 아나스타샤의 17세 때의 사진(비스듬히 옆을 바라보는)과 차이코프스키 부인이 19세 때의, 거의 같은 방향을 보는 사진을 겹쳐 보았다. 약간 옆 방향을 바라보는 사진이었기 때문에 콧

등의 흐름 상태(프로파일)가 확연하게 드러났다. 아나스타샤
코의 프로파일은 곧고 날씬했으나 차이코프스키 부인의 콧등
에는 단차(段差)가 있는 것이 분명했다. 따라서 아나스타샤와
차이코프스키 부인은 전혀 다른 사람이라고 로카르는 보고했다.
　이 여성은 후에 안나 앤더슨(Anna Anderson)이라고 이름
을 바꾸고 끈질기게 계속 자신이 아나스타샤라고 주장했다.
재판이 20년 동안이나 이어지자 진상을 규명하기 위해 딜과

〈표 4.5〉 아나스타샤와 관련된 짧은 사슬 DNA형 감정

짧은 사슬 DNA형 / 감정 자료	VWA	TH01	F13A1	FES/ FPS	ACTB P2	아멜로 게닌
니콜라이 2세(?)	15, 16	7, 10	7, 7	12, 12	11, 32	X, Y
알렉산드라(?)	15, 16	8, 8	3, 5	12, 13	32, 36	X, X
안나(小腸)	14, 16	7, 10	3, 7	11, 12	15, 18	X, X

〈표 4.6〉 아나스타샤와 관련되는 미토콘드리아 DNA형 감정

앤더슨의 표준 염기 / 감정 자료	16111 C	13126 T	16266 C	16294 C	16304 T	16357 T
안나 (장조직)		C	T	T	C	
(모발)		C	T	T	C	
샨츠코브스키 생질의 아들 (혈액)		C	T	T	C	
에든버러 공 (혈액)	T					C

메릴랜드에 있는 미군병리학연구소에 DNA형 감정이 의뢰되었다.

안나는 1979년 버지니아의 병원에서 소장(小腸) 질환 때문에 소장 절제술을 받은 바 있어, 그 일부가 현미경 검사용의 병리조직 절편(切片) 표본으로 보관되어 있었다. 어떤 연유에서였는지 모발도 여섯 가락이나 병원에 보존되어 있었다.

안나는 사실 본명이 프란지스카 샨츠코브스카(Franziska Schanzkowska)라는 북독일 태생의 여성으로, 두 번이나 정신병원에 입원한 경험이 있는 것으로 밝혀졌다. 그래서 안나의 생질의 아들에게 연락해서 혈액을 제공받았다. 아나스타샤의 DNA형을 대신하는 것으로는 니콜라이 2세와 알렉산드라의 뼛조각, 에든버러 공의 혈액도 동시에 감정 자료로 썼다.

<표 4.5>는 짧은 사슬 DNA형의 감정 결과이다. 동시에 남녀 성별을 판정하기 위해 짧은 사슬 DNA형(아멜로게닌형 [amelogenin])도 감정되었다. 그 결과 4종류의 형에서 안나는 니콜라이 2세와 알렉산드리아의 딸은 아니라는 사실이 입증되었다.

미토콘드리아 DNA형에서는 <표 4.6>에 기록한 바와 같이 아나스타샤와 같은 형인 에든버러 공과 안나는 일치하지 않았고, 샨츠코브스카 생질의 아들과는 일치했다. 이와 같은 결과로 미뤄 보아 안나는 아나스타샤와는 다른 사람이고, 샨츠코브스카와 동일 인물이라는 것이 입증되었다.

아나스타샤에 관련되는 이야기는 이것으로 끝나지 않을지

도 모른다. 처형 대장인 유로프스키는 2구는 소각했다고 했다. 발굴된 것은 다섯 명의 자녀들 중 분명히 3구였다. 메이플의 감정을 믿는다면 알렉세이와 함께 아나스타샤는 불태워졌을까? 어떻든 이제는 그 진상(眞相)을 덮어 두고 역사의 비극적 로망(roman)의 하나로 남겨둘 수밖에 없을 것 같다.

제5장

일산화탄소 및 바곳(투구꽃) 살인사건

일본에서의 보험금을 노린 일산화탄소 살인사건

사건을 설명하기 전에 먼저 일산화탄소(carbon monoxide : CO)에 대해 간단하게 설명하고 진행하도록 하겠다. 일산화탄소(CO)는 비중 0.967(공기 1)의 무색·무취의 유독가스이다. 헤모글로빈(hemoglobin)과의 결합력이 산소의 약 200배나 되며 조직의 산소 결핍을 초래함으로써 사망에 이르게 한다. 탄소 혹은 탄소화물이 산소 공급이 불충분한 상태에서 연소했을 때 생성되며, 공업적으로는 석탄, 코크스 등을 공기 혹은 가열 수증기와 반응시켜 생성되어 연료, 환원제, 각종 합성 원료 등으로 널리 사용된다. 내연기관, 연소 등의 배기가스 중에 함유되며, 대기 오염물의 하나이다. 녹는 점 −205.0℃, 끓는 점 −191.0℃이다. 물에 잘 녹지 않으며, 100 부피의 물에 2.3 부피밖에 녹지 않는다. 공기보다 약간 가볍고(0℃, 1atm, 1리터에서는 1,250g) 공기 중에서 정화하면 청색 불꽃을 내며 타서 이산화탄소로 분해된다. 또 염소와는 촉매 존재 하에 반응해 포스겐(phosgene)이 되고, 알칼리성 수용액과는 포름산염을 만든다. 염화구리(1)의 염산성 수용액 또는 암모니아성 수용액에서는 쉽게 흡수되므로 이 반응은 일산화탄소의 가스 분석에 이용된다. 적당한 압력·온도·촉매 등으로 각종 물질과 반응함으로써 메탄올, 아세트산메틸·벤즈알데하이드 등 중요한 화합물이 만들어진다.

오늘날에 이르러서는 연탄을 사용하는 가정이 많이 줄었지만 과거 대부분의 가정이 구공탄을 사용하던 때는 일산화탄소로 인한 사고 예가 빈번했고, 심지어 자살에 이용한 사례도 가끔 발생했다.

그러나 일산화탄소 가스를 이용한 타살은 매우 드문 사례라 하지 않을 수 없다. 여기서 소개하려는 사례는 근 40여 년 전의 사건이지만 그 특이성과 계획성 등은 오늘날까지도 사람들을 섬뜩하게 하는 바가 있다.

1973년 봄이 오려고 아직 멈칫거리고 있을 때 일본의 야마가타 시(山形市) 교외에서 사건이 발생했다. 이 해 3월 20일 이른 아침, 보일러맨 겸 농사를 짓는 46세의 남자가 자택에서 소방서로 전화를 걸어 구급차를 요청했다. 그의 아내(43세)가 자택에서 가까운 송이버섯 재배용 비닐하우스 안에 쓰러져 있는 것을 발견했다는 것이다. 구급차가 달려가 보니, 아내는 주택 침실에 눕혀져 있었지만 이미 사망한 상태였다. 그리고 비닐하우스 안에는 2개의 연탄난로에 불이 피워져 있었다. 경찰과 경찰의에 의한 검시·사체 검색 결과로는 특별하게 의심할 만한 점이 발견되지 않아 일산화탄소 중독사고로 인한 사망이라 판단되어 사법(司法) 해부는 실시되지 않았다.

하지만 이 사고로부터 3개월 후, 우정감찰국 감찰관으로부터 이 아내에게는 간이보험 등에 의한 고액의 보험계약이 있으며, 재해사망 보험금 8,000만 엔(환화 약 9억 원) 정도가 이미 남편에게 지불되었다는 취지의 조사 의뢰가 경찰에 제기되었다. 농가의 주부에게 8,000만 엔이란 현재도 고액이지만 당시로서는 상례에 크게 벗어나는 고액이었다. 이뿐만 아니었다. 간이보험 7,000만 엔(사망 시 300만 엔, 재해 사망 시 700만 엔, 10구좌)은 야마가타 현 및 오사카(大阪), 효고(兵庫), 시즈오카(靜岡), 도쿄(東京) 등 멀리 떨어진 7개 도·부·현(都·府·縣)에 사고 직전 분산 가입한 사실이 밝혀졌는데, 아내가 가입한 것이 아니라 대리인으로 하여금 가입한 사실도 이후에 판명되었다.

6개월 이상에 걸친 경찰의 수사 결과, 이 사고 이전에 남편은 주식 투자의 실패로 많은 빚이 있었고, 또 가명을 사용해 여러 곳의 약국에서 황산, 옥살산(oxalic acid), 가성 소다, 플라스크(flask), 시험관(試驗管) 등을 구입한 사실이 밝혀졌다. 판매점에 남겨진 서명은 동일 필적으로 밝혀졌고, 명세서에서는 남편의 지문도 검출되었다. 그리고 1972년 가을에 분명히 남편으로 추정되는 인물이 야마가타대학 이학부를 방문해서 화학교실 조수에게 일산화탄소 가스의 냄새 제거 방법을 문의한 바 있었다.

남편은 1974년 3월, 보험금 사기 혐의로 체포되어 추궁한 결과 살인을 자백했다. 그의 자백에 의하면 그 경위는 다음과 같다.

"놀랄 만한 자백 내용"

빚을 갚고, 주식시장에 대한 새로운 투자자금을 마련하기 위해 사기를 쳐서라도 돈을 벌려고 시도했다. 그래서 1972년 11월부터 다음 해 2월 사이에 7개 도·부·현에 소재하는 9개 우체국(일본은 우편국)에서 아내를 대상으로 하는 10구좌의 간이보험에 가입했다. 또 이미 1971년 10~12월에는 생명보험 (사망 시 500만 엔, 재해 사망 시 1,000만 엔) 2구좌에도 가입한 바 있었다.

그리고 더욱 놀라운 것은, 의심을 받지 않고 어떻게 아내를 죽일 수 있겠는가 하여 고서적인 법의학서를 탐독 연구했다고 한다. 그 결과, 일산화탄소 중독이 가장 적절할 것이라는 결론을 내렸다. 그래서 이번에는 화학 교과서를 읽고 황산 (sulfuric acid)과 포름산(formic acid)으로 100퍼센트의 일산화탄소(CO)가 얻어진다는 것을 알고 구입하려고 했으나 포름산은 일반 약국에서는 구입할 수 없었다. 그래서 다시 검토한 결과 황산과 옥살산을 혼합해서 가열하면 50퍼센트씩의 일산화탄소(CO)와 이산화탄소(CO_2)가 얻어진다는 것을 알았다.

172

그리고 CO_2의 제거 방법을 검토한 결과 가성소다액에 통하면 된다는 것을 알았다. 그래서 그는 15회에 걸쳐 필요한 시약과 실험기구를 구입해 자택 창고에서 화학 실험을 반복했다. 그리하여, 드디어 고농도의 CO가스를 만드는 데 성공했다. 만들어진 가스의 냄새를 확인하려고 소량을 흡입한 관계로 혼수상태에 빠진 적도 있었다고 한다.

또 그 가스에는 코를 찌를 듯한 냄새가 있었으므로 며칠 후, 그는 야마가타대학 이학부를 방문해 그 탈취 방법을 알고자 했으나 결국 원하는 답을 얻지 못했다. 그래서 그는 시판되는 냉장고용 탈취제로 냄새를 없애기로 마음먹고 바로 구입해서 그것을 가스를 생성해 모아둔 비닐자루 안에 사흘 정도 넣어 둠으로써 가스의 냄새를 제거하는 데 성공했다. 그리고 그는 잡은 쥐를 이용해 그 가스의 독성까지 확인했다. 가스를 담은 비닐자루에 집어넣자 쥐는 순식간에 죽었다.

끝으로 그는 농업용 큰 폴리에틸렌제 자루에 가스를 모은 뒤 구입한 탈취제 2개를 그 안에 넣었다. 그리고 그 자루에는 매직으로 'CO'라고 적었다. 한편, 그는 또 하나의 아무런 표시도 하지 않은, 공기가 든 폴리에틸렌 자루를 준비했다. 그리고 그것을 비닐하우스 이중문 사이에 놓고, 방독 마스크도 애초에 2개 준비했다. 이제 살인을 위한 준비는 모두 끝나고 결행할 밤을 기다렸다.

3월 20일 심야, 오전 1시를 지나 그는 잠들어 있는 아내를 깨워 함께 비닐하우스의 나방 상태를 살피러 가자고 꼬드겼다. 아내가 비닐하우스에 들어가기 직전 연탄난로에서 CO가스가 발생할 위험이 있을지도 모른다고 경고하며 자기가 하는 대로 따라하라고 일렀다. 그리고 그는 공기가 들어 있는 비닐자루를 자신의 마스크에 씌우고는 비닐자루를 묶어 놓은 끈을 풀었다. 아내에게도 역시 다른 비닐자루를 씌우고 끈을 풀었다. 그녀는 하우스 안으로 두서너 걸음도 못 가서 쓰러져 움직이지 못하게 되었다. 우리를 놀라게 한 자술에 의하면 그는 아내가 쓰러진 후 바로 마스크를 벗겼는데, 그 이유는 만약 비닐하우스 안의 공기 CO 농도와 아내의 혈중 일산화탄소 헤모글로빈 포화도가 크게 다르다는 것이 해부로 밝혀질 수도 있으므로 의심을 받게 될지 모른다는 우려에서였다.

약 1시간여 아내를 그대로 방치한 채 오전 2시 20분쯤 다시 비닐하우스로 들어가 사체의 옷자락 등을 살핀 후에야 양모(養母)를 깨웠다. 양모가 가까운 친척에게 알리고, 친척이 구급대에 전화를 걸었다.

요컨대, 그는 완전 범죄를 계획해서 당초에는 경찰까지도 그의 교묘한 계획을 알아차리지 못했다. 설령 베테랑인 법의학자가 현장에 입회했었다 할지라도 틀림없이 남편의 속내를 간파하지 못했을 것이며, 경찰의(警察醫) 역시 단순한 일산화탄소 중독 사망사고로 처리했을 것으로 믿어진다. 다행스럽게도 이 사건에 고액의 보험금이 존재함으로써 혐의를 벗어날 수 없게 되었다.

그 후 경찰에 의하면, 가택 수색 결과 매직으로 'CO'라 쓴 폴리에틸렌제 봉지, 처음에는 실명으로, 후에는 가명으로 시약을 구입할 때 사용한 인감, CO 및 CO_2용 검지관(檢知管), 방독 마스크 등의 증거물이 발견되었다. 결과적으로 보면, 그는 완전 범죄의 관문 단 한 발자국 앞에서 여러 가지 증거를 남기는 중대한 실수를 저지른 셈이다.

그 뒤, 이 사건을 담당한 검찰관의 의뢰로 도호쿠(東北)대학 법의학교실에서는 정말 그의 자술대로 하면 일산화탄소가 만들어지는가, 또 그것은 실제로 순간적으로 사람을 죽일 수 있을 만큼의 농도인가를 확인하기 위한 검증 실험을 실시했다.

그의 실험장치의 원리는, 기본적으로는 화학 교과서에 씌어 있는 그대로이고, 그의 자술에는 하나도 거짓이 없다는 것이 법의학교실에서의 실험을 통해 확인되었다. 현장 검증에서 그의 아내는 폴리에틸렌 봉지의 가스를 흡입한 후 약 3초 정도 되어 쓰러진 것으로 밝혀졌지만 이론적으로는 50퍼센트 이상 고농도의 CO가스에 의해서는 단 몇 초(秒) 만에 죽을 수 있다고 한다. 한편 야마가타 현 경찰본부 감식과의 실험에 의하면 그가 자술한 방법대로 하면 약 80퍼센트의 CO가스를 발생시킬 수 있다는 것이 밝혀졌다.

최종적으로 그는 제1심에서 무기징역 판결을 받았는데 공소를 포기함으로써 형이 확정되었다. 이는 아마도 직접 만든 일산화탄소에 의한 세계 최초의 타살 예일지도 모른다.

영국에서의 일산화탄소 살인사건

여기서 소개하려는 사례는 영국 왕립 법과학연구소의 킹 (L. L. King) 등에 의해 전문지(*J. Forensic Science Society*, 22: 137, 1982)에 보고된 바 있으므로 여기서 번역 소개한다.

"영국에서의 '순(純)' 일산화탄산가스에 의한 타살"

1980년 영국 웨더비(Wetherby) 법과학연구소 관내에서 작금 몇 해 동안 일어나지 않았던 캐러밴(caravan: 캠핑용 대형차) 안에서 CO 중독 예가 2건이나 이어졌다. 그해 초여름 잉글랜드 북동부 노스요크셔(North Yorkshire) 카운티에 있는 도시 요크(York) 근교에서 환기라고는 전혀 되지 않는 캐러밴 안에서 어린이가 사망한 것이 최초의 사례였고, 그로부터 2개월 후, 불과 2마일도 떨어지지 않은 곳에서, 지금 이야기하려는 사례가 발생했다.

어떤 중년 부부가 차고(garage)에 접근했다. 뒤뜰에 세워둔 3단 침대가 갖춰진 캐러밴에서 하룻밤을 묵으려 했다. 두 사람은 밤 늦게 잠자리에 들었다. 남편의 말에 의하면, 그는 곧 잠이 들었으나 아내는 자지 않고 벽에 걸려 있는 유리 램프의 조명으로 독서를 했다고 한다.

다음 날 아침 9시 조금 전, 그들의 아들이 캐러밴의 도어 부근에 쓰러져 있는 의식 불명의 아버지를 발견했다. 모친은 캐러밴의 반대쪽 침대에서 이미 사망한 상태였다. 가스램프의 스위치는 켜져 있었지만 불은 켜져 있지 않았고, 캐러밴 안은 가스램프의 연료인 캐러가스(부탄과 프로판의 혼합 가스, CO 는 포함되지 않는다)의 강한 냄새가 가득 차 있었다.

해부 결과, 아내의 혈중 헤모글로빈 일산화탄소 포화도(이하 CO 포화도라 약칭)는 85퍼센트이고, 사인은 일산화탄소 중독으로 단정되었다. 남편은 입원했는데 그날 아침 오전 10시의 CO 포화도는 14퍼센트였다.

가스램프의 불완전 연소가 원인으로도 검토되었지만, 그것이 원인이기에는 두 가지 의문이 남았다. 우선 매우 높은 사망자의 CO 포화도로 보아 다량의 CO 발생이 있어야 하겠지만, 이 경우 가스램프는 CO 발생원으로서 너무나 미약했다. 그리고 그처럼 높은 CO 농도였을 차 안에서 남편이 생존해 있었다는 점이 납득되지 않았다. 남편의 침대가 캐러밴의 도어 아래쪽에 있는 환기구에 가까웠다는 것만으로는 설명되지 않는다고 생각했다.

법과학연구소의 검사에서는 가스램프에 아무런 이상이 없고, 연소 실험에서도 치사량의 CO 발생은 보이지 않았다. 공기구(空氣口)를 조이면 CO가 미소하게 발생하고, 동시에 램프 표면에 곧바로 검댕이 부착했다. 발견 때 그와 같은 검댕의 부착은 볼 수 없었으므로 이 램프가 CO의 발생원은 아니었다고 결론을 내렸다.

차 안의 강한 캐러가스 냄새는 램프가 캐러가스를 발산시켰다는 것을 나타내며(캐러가스 자체에 CO는 포함되어 있지 않다), 램프는 켜져 있지 않음에도 불과하고 스위치는 켜져 있었다는 사실과도 일치했다. 또 캐러밴 안의 면밀한 검사에서도 조리기구나 히터 등에서 CO의 발생은 보이지 않았다.

어쩐지 이 사건은 보통 사건이 아니었다. 그래서 경찰은 법과학연구소의 검사 결과를 바탕으로 남편에게 설명을 요구했다. 그러자 남편은 다음과 같이 진술을 변경했다.

날이 밝기 조금 전, 남편은 자동차 엔진 소리에 잠이 깼다. 아내는 침대에 있지 않고 차고 입구에 쓰러져 있었다. 차의 배기(排氣) 파이프 부근에 아내의 머리 부분이 보였다. 그는 아내가 이미 사망한 것을 알고, 자살이란 것을 감추기 위해 사체를 캐러밴 안으로 옮겼다. 그리고는 자신의 침구를 도어 부근으로 이동시켜 아내의 죽음이 캐러가스 흡인으로 인한 것으로 믿게 하기 위해 가스램프의 코크를 열었다. 그리고는 차고로 돌아가 배기가스를 흡인해 자신도 중독 증상이 발생한 것처럼 보이기 위해 최후에 발견했을 때처럼 캐러밴의 도어 부근에 쓰러졌다고 했다.

배기가스를 흡입한 것이라면 CO 포화도가 85퍼센트의 높은 값이라는 것이 수긍이 되지만, 이 변명에도 역시 의문점이 있었다. 그 이유는 구급대원이 캐러밴에서 아내의 사체를 옮길 때 고생할 만큼 그녀의 몸이 무거웠던 사실, 그리고 해부 때 얼굴이며 기관(氣管) 안에 배기가스의 그을음이 전혀 보이지 않았다는 사실이다. 자살의 은폐도 생각해 보았으나 그러기 위해 남편이 행한 노력이 만만치 않아 혼자서는 불가능한 것으로 생각되었다.

그 후의 계속적인 경찰의 수사로 이 가정에는 많은 문제가 있었던 것이 점차 밝혀졌다. 대학강사인 남편은 업무상의 문제뿐만 아니라 아내와의 이혼도 협의 중에 있었다. 그래서 경찰은 그를 다시 심문한 결과 드디어 살인을 자백했다.

수주일 전 그는 대학 구내의 약품점에서 2개의 실험용 CO 실린더(작은 봄베로 믿어진다. 탁상 곤로용 연료 봄베를 상상하기 바란다)를 구입했다. 이 봄베(Bombe)를 캐러밴 안에 숨겨두고 문제의 밤, 그는 아내가 잠들기를 기다렸다. CO 봄베 하나를 내어 코크를 열고 그녀의 얼굴 위에 쬐었다. 그녀는 극히 단시간 깊이 코를 고는가 싶더니 갑자기 호흡이 불규칙해지고 마침내 호흡이 완전 멈췄다.

남편은 자기도 같은 방법으로 죽으려 했다고 주장했지만 그것은 믿기지 않았다. 왜냐하면, 그는 그 후 9마일 떨어진 대학까지 자전거를 타고 봄베를 반환하러 갔으며, 이 모습은 대학의 야간 당직자에 의해서 오전 5시 전후에 목격되었다. 또 그 봄베는 후에 경찰에 의해 압수되어 법과학연구소에서 검사를 받았다. 그가 봄베를 반납하고 캐러밴으로 돌아와 가스램프의 코크를 열고 캐러가스를 캐러밴 안에 방출했다는 것은 이전의 진술과 같았다.

그리고 최후의 의문은 발견 때, 그리고 병원 반입 때 그 자신이 분명히 CO 중독 상태에 빠져 있었던 사실이다. 보통 환경에서 CO 레벨은 4시간 이내에 반감하는 것으로 알려지고 있다. 따라서 답변은 대학에서 돌아온 후에 CO를 흡입한 것이 된다. 하지만 그것이 그의 진술대로 학교 안에서 고의로 배기가스를 흡입한 때문인지, 혹은 우연히 캐러밴 안에 남은 CO에 의해서 중독된 것인지는 밝힐 수가 없었다.

1981년 3월 6일 리즈(Leeds) 왕립재판소에서 검찰 측이 고의 살인(manslaughter: 계획이 없는 살인)의 진정을 수용해서, 책임 능력의 감약(減弱)을 이유로 남편에게 징역 3년의 형이 선고되었다.

바곳(투구꽃) 독살사건

사건의 발단부터 소개하면, 1986년 5월 19일, 일본 오사카(大阪)에서 어떤 신혼부부가 오키나와(沖繩)의 나하(那覇)공항에 도착했다. 그날 두 사람은 오키나와의 남부 지방을 관광하고 나하 시내의 호텔에서 1박, 다음 20일 오후 0시, 33세의 이 신혼 여성은 도쿄에서 온 여자친구 세 사람과 나하공항에서 만나 이시가키 섬(石垣島)으로 떠났다 남편(46세)은 업무 관계로 오사카로 돌아가기 위해 나하공항에 그대로 남았다.

하지만 이시가키지마의 호텔에 도착해서 얼마 지나지 않아, 오후 1시 20분 무렵부터 이 여성은 심한 구역질과 구토를 반복하고 복통과 수족의 마비를 호소하며, 구급차 안에서는 돌연 심폐 정지에 이르렀다. 그리고는 병원으로 옮겨진 후 소생술의 보람도 없이 사망했다. 병원에서는 원인 불명의 급사로 다뤄 현지 경찰서에 신고하고, 남편의 승낙을 받아 '승낙 해부'를 하게 되었다.

한편, 당시 류큐(琉球)대학 의학부 법의학교실의 조교수였던 오노 요키치(大野曜吉)는 20일 저녁, 형사 조사관으로부터 야에야마(八重山)에서 젊은 여성의 급사 사건이 있었으므로 내일 행정 해부를 바란다는 전화를 받았다. 이하, 이 글의 기사(記事) 모두는 이 오노 교수의 체험담이라 할 수 있다.

당초에는 정보가 정확하지 못해서 고등학생이 식중독으로 사망했다는 것으로 들었다. 식중독으로 급사할 리가 없고, 병사라 할지라도 그렇게 젊은 여성으로서는 예를 찾기 어렵다. 무엇인가 지병이라도 있었는가 하는 생각을 하면서 사체를 보지 않고서는 더 이상 추정할 수 없었다.

다음 날 아침 현경(縣警)의 관계자가 류큐대학으로 마중을 나와 듀랄루민 케이스를 비롯한 서너 가지 해부 기재를 챙겨 차에 싣고 현경 본부에서 조사관과 합류해 나하공항에서 남서 항공의 제트기를 타고 이시가키 섬으로 직행했다. 나하에서 이시가키 섬까지는 약 1시간 소요된다. 공항에 도착하자 야에야마 경찰서원이 몇 사람 영접차 나와 있었으므로 자동차로 즉시 경찰서로 갔다.

도중, 상황을 확인하니 어제까지 고교생이라 했던 사람은 33세의 여성이었다. 그만한 나이라면 무엇인가 내인성 급사는 충분히 예상할 수 있으므로 약간 마음을 놓은 것으로 기억된다.

해부는 오전 중에 시작되었다. 부검은 먼저 외표(外表) 소견의 관찰 기록에서부터 시작했다. 행정 해부라 할지라도 그 순서는 사법 해부와 특별히 다르지는 않다. 사지에 몇 개소 주삿바늘 자국과 가슴 부위에 제세동기(除細動器: 심장충격기)의 패들흔(paddle痕)이 있는 외에는 이렇다 할 외상이나 이상은 발견되지 않았다. 이어서 경흉복부(頸胸腹部)를 개검(開檢)하고 장기들을 적출, 또 두부를 개검해서 뇌를 적출했다. 적출한 장기는 각각 순서에 따라 절개·검사하고 일부를 작은 절편(切片)으로 하여 포르말린(Formalin) 고정했다. 육안적 내부 소견으로는 암적색 유동성의 혈액, 장기의 응혈, 장점막의 일혈점*이라고 하는 급사 3징후를 볼 수 있었지만 좌심실(左心室) 후벽의 심근에 반상(斑狀)의 암적 갈색부가 보인 이외 내부 장기에서는 급사를 야기할 명확한 이상은 발견되지 않았다. 그러므로 심장은 그대로 포르말린 고정했다.

약 2시간 걸려 해부가 종료되고 상황으로나 육안으로는 급성 심장사로 생각되었지만 명확한 병변부(病變部)가 확인된 것도 아니고, 사인을 충분히 확신할 수 없는 측면도 있어 15밀리리터 시험관 2개에 혈액을 채취해 류큐대학에서 동결 보존하기로 했다. 위(胃)의 내용물은 매우 적은 양이었기 때문에 조사관과 상의한 결과 결국 보존하지 않았다. 만일의 경우

---

* 장점막(漿粘膜)의 일혈점(溢血點): 급사했을 때 안검결막과 심외막, 폐장흉막, 신우점막 등의 장막·점막에 보이는 점상의 출혈.

라도 혈액만 있으면 된다는 생각도 했었다.

당시 류큐대학에서는 해부 직후 육안 소견에 따라 유족에게 사체 검안서를 발행하는 것이 상례였다. 그래서 사망자의 남편에게 발행한 검안서에는 사인을 '급성 심근경색'으로 했다.

또 사망자의 소지품에 듀오루틴(Duoluton)이라는 약이 있었는데 류큐대학의 교실에 전화해 그것이 경구 피임약인 '필(pill)'인 것은 확인했지만 그 이외의 약제 등은 확인하지 않았다.

검안서 발행 시 경찰서 안에서 오노 교수는 남편과 몇 분 동안 면담한 바 있다.

남편 "어제는 어찌할 바를 몰랐습니다만 오늘은 이제 마음의 정리가 되었습니다."

오노 (젊은 아내를 얻은 지 며칠 지나지도 않았는데 무척이나 빨리 정리했군 그래, 40을 넘으면 그렇게 되는 건가.)

오노 "심장에 의해 급사가 일어나는 수가 있으며, 자극 전달계라는 것이 있어서⋯⋯."

남편 "그 자극 전달계라는 것은 알고 있습니다. 두 번째 아내가 오래도록 심장병을 앓아서 나도 조금 공부를 했으니까."

남편 "각성제는 사용하지 않았었나요?"

오노 "필요하면 검사하겠습니다." (아니, 이 친구는 왜 자기 아내를 의심하는 거야.)

남편 "첫 번째 아내는 3년 전에 심근경색으로, 두 번째는 지난해 바이러스성 심근염으로 사망했어요."

오노 (음, 두 사람 모두 심근경색이었다는 것이 아닌가. 그렇다면 완전한 병사[病死]이므로 문제될 게 없겠군.)

남편 "장기는 모두 돌려 주셨습니까?"

오노 "검사에 필요한 것 이외는 모두 돌려 드렸습니다."(이상한 질문을 하는군 그래…….)

(＊괄호 속은 오노가 느낀 인상을 적은 것임.)

유족과의 이러한 문답은 사실 이제까지의 경험으로는 거의 없었다. 해부 직후 유족을 만나 사인 등을 설명하는 경우는 많았지만, 그 경우 유족은 말없이 설명을 경청하고, 끝나면 "고맙습니다, 수고하셨습니다"라며 머리를 숙여 그대로 면회실을 나가는 것이 통례였다.

오노 교수는 부검을 끝내고 남편에게 설명과 사체 검안서 작성까지 끝냈지만 무엇인가 기분이 석연치 않았다. 그것은 남편과 오노의 대화를 가까이에서 처음부터 끝까지 경청한 조사관의 심정도 마찬가지였다.

사건은 뜻밖의 방향으로 전개

오노 교수가 해부를 마친 후 류큐대학으로 돌아오자 법의학교실에서는 마침 저녁 티타임이었다. 오노 교수가 사건의 개요를 설명하고 "약이 아닐까?"라고 하자, 누군가가 "그렇게 몇 시간이나 지나 효력을 발휘하는 약이 어디 있습니까?" "그 약은 모두들 흔하게 사용하는 것인데 뭘……." 등등 의견이 분분했다. 오노 교수는 채취한 혈액의 동결 보존을 지시하고 다음 날부터 서둘러 조직 표본 작성에 착수했다.

류큐대학 법의학교실에서는 특수 염색을 포함해 상세한 병리조직학적 검사를 실시했다. 병리조직 표본을 작성하는 담당자가 도쿄대학 병리학교실에서의 경험을 토대로, 새로운 염색법도 시도했다. 그와 전후해 개의 심장을 이용해서 심근허혈 양성, 음성 및 부패한 경우의 표본을 만들고, 이 염색법은 급성 관상동맥 폐색으로 인한 심근의 허혈성 변화를 충분히 염색할 수 있는 실험도 했다.

하지만 이 예에 대해서는 이 염색법이 음성이고, 심근 자체의 괴사는 명확하지 않았다. 좌실 후벽의 육안적 변색은 심근 간에 심장 마사지에 의한 것으로 생각되는 출혈이 흩어져 있는데 연유하는 것으로 생각되었다. 단, 극히 정상 표본이라고도 할 수 없이, 심근 안의 소동맥에는 내막, 중막의 비부(肥厚)가 여기저기서 보였다. 그래서 복수의 병리학 전문가에게도 표본을 보여 의견을 구했다. 결론적으로 이 표본에서는 사망할 만한 변화가 발견되지 않는다는 것이었다.

그러한 병리조직학적 검토를 한창 이어가고 있는 가운데 5월 말 ≪포커스(Focus)≫지의 기자로부터 전화가 왔다. 도쿄에 있는 한 여성으로부터 "'오키나와에서 죽은 친구의 사인(死因)에 의심스러운 점이 있다'는 투서가 있어 조사하고 있는데, 교수님이 해부를 담당하셨다니 만나서 이야기를 듣고 싶습니다"라고 했다.

유족도 아닌 사람에게 이야기할 수 없다고 거절하자, 그렇다면 현 시점까지 조사한 결과를 들어보기 바란다고 했다. 듣기만 한다면 아무런 문제가 없을 것이므로 승낙하자 그 기자는 바로 교실로 방문했다. 이야기는 한 번으로 끝날 리가 없어 그 후 몇 번이나 오노 교수를 찾아왔다. 또 7월 초순에는 ≪일간스포츠≫도 마찬가지 접근을 해 왔다. 그들이 전하는 정보를 종합하는 과정에서 다음과 같은 사실이 서서히 밝혀지기 시작했다.

남편에게는 과거 두 사람의 아내가 있었고, 두 사람 다 38세에 심장이 원인으로 사망했는데 이는 이미 남편으로부터 들어 아는 바였다. 기자들의 정보로 그에 관한 상세한 상황과 부검한 세 번째 아내의 결혼까지의 경위도 점차 밝혀졌다. 당초 남편은 두 번째 아내의 사인을 '바이러스성 심근염'이라 했으나 실제 사망진단서의 사인은 '급성 심부전'이었으며, 그 이전의 여러 의료기관에서의 진단도 끝까지 '심근염 후유증으로 의심'이었다.

또 남편이 시판하는 캅셀(Kapsel)제를 약국에서 대량 구입한 사실, 주삿바늘과 주사통, 정제수와 순에탄올을 구입한 사

〈표 5.1〉 세 번째 아내의 남편 수취 보험금

미쓰이(三井)	1,500만 엔 3,000만 엔
스미토모(住友)	4,500만 엔
메이지(明治)	5,000만 엔
야스다(安田)	4,500만 엔
계	1억 8,500만 엔

186

실, 그리고 남편이 수령인인 1억 8,500만 엔의 생명보험금의 존재도 7월 말경까지 사이에 점차 드러났다. <표 5.1>은 판명된 생명보험금의 일람이다. 이와는 따로 남편도 아내 몫으로 거의 같은 액의 보험에 가입되어 있었다. 4개 회사에 분산 가입했으며 계약은 사망하기 약 1개월 전에 집중되었다. 이러니 매월 납부해야 할 보험금도 40만 엔에 이르러, 보험금 살인의 혐의도 고려하지 않을 수 없게 되었다.

한편 오키나와 현경은 경찰청과 협의를 거쳐 6월 30일자로 오노 교수에 대해 감정 촉탁을 의뢰하고, 승낙 해부는 형식적으로 사법 해부로 전환하게 되었다. 그리하여 7월 말 도쿄에서 관계 도·부·현 경찰 합동의 수사 회의가 비밀리에 소집되었다.

그런데 담당한 구급병원의 의사에 의하면 보통 심근경색이면 제세동(除細動)*에 의해서 단시간일지라도 동조율(洞調律)**로 돌아오는 것이 상례이지만 이번에는 심실 빈박으로 심실세동을 되풀이하고, 끝내 동조율로는 돌아오지 않았다는 의문점이 제기되었다. 그래서 오노 교수 그룹은 약리학·약제학 전문가들의 협력을 얻어 그녀의 심전도에 기록된 심실세동

---

* 제세동: 심실세동(심근이 뿔뿔이 전기적으로 흥분되어 있는 상태)을 일으켜 심박출이 안 되는 상태일 때에 동조율로 되돌리기 위해 외부에서 전기를 통하게 함으로써 전기적으로 심근의 흥분을 갖춰 주는 것.
** 동조율: 심장의 박동 리듬이 우(右) 심방의 정맥동 부분에서 발생되는 전기적 신호에 의해서 조율되고 있는 상태, 즉 정상 심장의 리듬을 말한다.

〈표 5.2〉 심실세동을 야기하는 약물

- 교감신경 자극성
  암페타민(amphetamine), 코카인(cocaine), MAO인히비터(inhibitor), 테오필린(theophylline), 카페인 등
- 부교감신경 차단제
  아트로핀(atropine) 등, 항우울제, 근이완제
- 신경절 차단제
  니코틴, 코니인(coniine: 맹독성 알칼로이드), 메토늄(methonium)류
- 기타
  키니딘(quinidine), 프로카인아미드(procaineamide), 3환계 항우울제, 디기탈리스(digitalis)류, 에르고타민(ergotamine)류, 중금속(코발트 등), 약초, 바곳(투구꽃)의 뿌리 등

을 키워드로 하여 그것을 야기하는 약제 목록을 만들기로 했다.

달리 생각되는 것도 있겠지만, 대별하면 <표 5.2>와 같다. 이 중에서 디기탈리스(digitalis), 키니딘(quinidine)에 대해서는 류큐대학 의학부 부속병원 약제부에서 TDX(형광항체에 의한 약물 모니터링용 분석장치)로, 중금속에 대해서는 발광분광분석(도호쿠대학 약학부 스즈키 야스오[鈴木康男] 교수의 수배로 모(某)현경과 과학수사에 의한)으로 실제 검사했으나 결과는 음성이었다. 이들 검사에는 모두 수백 마이크로리터를 소비할 뿐인 점도 검사를 실시한 이유였다. 그리고 다른 것에 대해서는 혈액 시료의 남은 양을 고려할 때 마땅한 검사를 할 수는 없었다.

한편, 오노 교수는 교과서류를 검색한 결과 재판화학(裁判化學) 교과서인『재판화학 약물 분석과 독리(毒理): 그 응용』

(1984)에 바곳에 관한 기사가 있어, 증상이 많이 비슷하고 그 독성분인 아코니틴(aconitine)의 치사량은 불과 3~4밀리그램인 것을 알았다(치사량에 관해서는 달리 2~3밀리그램이란 기재도 보였다).

또 나가모리(永盛) 교수에게서 『살인자 사전(*Encyclopaedia of Murder*)』(Colin Wilson & Patricia Pitman, Arthur Barker Limited, 1961)을 빌려 약물에 대한 기재가 있는 사례를 모두 추려내 본 결과 비소, 모르핀, 스트리크닌(strychnine) 등이 많았지만 그중에 바곳이 2예가 있어, 그 한 예를 다음에 인용했다.

"1881년, 18세의 처남을 금전 목적으로 독살한 모르핀 중독자 — 의사 조지 헨리 램슨(George Henry Ramson)"

램슨은 경력이 불행한 편이었다. 그는 1850년에 태어나 의사가 되었으나 1871년 파리 포위작전에 참가하고, 1876년과 1877년에는 자원(volunteer) 군의관으로 세르비아와 루마니아 전선에서 종군했다. 그는 발칸반도에 종군 중 모르핀에 의존하게 되었다. 그러나 파리에 거주한 21세 때, 그는 이미 약물을 상용(常用)하는 위험인물로 간주되었다.

1876년에 결혼해서 아내의 얼마간의 재산에 기대 살았으나 곧 소진되고 말았다. 처남인 허버트 존(Herbert John)이 사망하자, 그 후 그것이 람슨의 최초의 살인인 것으로 의심받게 되었다. 어쨌든 이때 대략 700폰드를 얻게 되었다. 그는 본머스(Bournemouth)에 개업을 했지만 다른 많은 사업과 마찬가지로 실패했으며, 1881년에 일단 미국으로 건너갔으나 역시 성공하지 못하고 귀국했다.

램슨은 약물 상용자임에도 불구하고 표정이 매우 밝고 섬세한 느낌의 젊은이였으므로 많은 사람에게 좋은 인상으로 비쳤다. 그러나 그는 이미 은행에 예금한 돈이 거의 없었으므로 수표도 끊을 수 없어, 어떻게 하면 재산을 회복할 수 있겠는가 고민하게 되었다.

그에게는 또 하나의 처남인 18세의 퍼시 존(Percy John)이 있었다. 퍼시는 윔블던(Wimbledon)의 사립학교인 블레넘요(Blenheim寮)에 기숙하고 있었지만 척추가 만곡한 환자였으므로 누가 보기에도 오래 살 것 같지는 않았다. 램슨은 이 퍼시를 노려 그의 죽음을 앞당기기로 결심했다. 이 흉계에는, 퍼시가 성인이 되면 취득하게 될 3,000폰드 중 그 절반을 램슨의 아내가 취득하게 되는 이권이 숨어 있었다. 그래서 램슨은 투구꽃의 식물 독인 아코니틴(aconitine)을 구입해 와이트(Wight) 섬 샹클린(Shanklin)에서의 여름 휴가 사이 퍼시에게 시도했으나 그는 심한 증상을 나타내다가 회복했다. 이 미수행위와 살인에 성공하는 두 번째 범행 사이, 램슨은 미국에 두 번째 여행까지 했다.

램슨은 두 번째의 미국 여행에서 귀국할 때 손목시계와 외과용 기구를 전당포에 잡히지 않을 수 없었다(아마도 이때 그의 처자식은 친척과 살고 있었다). 11월 24일에는 '앨런 앤드 한버리'라는 상회에서 다시 아코니틴을 구입해 와이트 섬으로 가서는 가짜 수표로 20폰드를 환금했다. 그리고는 잠시 후에 환전한 상대에게 차질이 생겼으므로 수표를 현금화하는 것을 기다려 주기 바란다는 전보를 쳤다.

그는 처남인 퍼시를 독살하기로 결심하고 나서 프랑스로 건너가, 충격을 받은 무실한 사람을 가장해 처남이 죽었다는 뉴스가 전해지기를 기다렸다. 12월 2일 윔블던에 갔으나 무슨 이유에서인지 살인 계획을 다음 날로 연기했다. 그는 퍼시에게 프랑스로 가기 전에 잠깐 들르겠다는 편지를 보내고, 이어서 다음 날 밤인 1881년 12월 3일 오후 7시에 학교를 방문했다. 램슨은 식당의 휠체어에 앉아 있는 퍼시와 짧은 대화를 나누고는 케이크를 한 토막 주었다. 그것은 아직 칼을 댄 적이 없는 온전한 케이크에서 잘라냈지만 필시 그 안의 몇 개 건포도 속에는 아코니틴이 은밀하게 감춰져 있었을 것이다. 또 교장이 준, 일반 설탕을 넣었을 것임이 분명한 컵을 퍼시에게 마시라고 주면서 무엇인가 야릇한 몸짓도 했다. 이는 그가 저지른 의심받을 만한 행위들을 혼란시키기 위한 술책이었는지도 모른다. 램슨은 7시 20분이 지나서 현장을 떠났고, 퍼시 존은 그 후 바로 증상이 나타나 4시간 후에 몸부림치며 버둥거리다 숨을 거뒀다.

교의(校醫)들은 존 소년이 독살당한 것으로 믿고 있었으므로 램슨은 명확한 용의자였다. 1881년 당시 아코니틴을 검출하는 방법이 없었지만 램슨에게 독을 판매한 업자가 신문을 통해 사건을 알고 경찰에 연락해 왔다.

램슨은 대담한 행동을 서슴지 않았다. 12월 8일에 영국으로 돌아와, 스코틀랜드 야드에 뛰어들어서는 오해를 풀기 위해 왔노라고 설명했다. 그러나 그는 그 자리에서 구금되어 1882년 3월 9일, 중앙형사재판소(Old Bailey)의 호킨스 판사에 의한 재판에 회부되었다. 법무국장 허셀 경이 검찰 측, 몬터규 윌리엄스가 변호 측을 담당했다.

콧수염을 기른, 말끔한 지적 풍모의 성실한 듯한 좋은 인상의 젊은 램슨은 무죄를 주장했다. 아코니틴과 그 검출에 대한 격렬한 논쟁이 있었지만 그러나 사실은 램슨에 대해 너무나 혐의가 뚜렷해서 결국 그에게는 살인죄로 유죄가 선고되었다. 그를 살리기 위해, 예컨대 그는 정신장애자라고 비호하는 등 구명운동이 있었지만 두 번에 걸친 사형 집행 연기 후, 판결에서 6주일이 지난 4월 28일 교수형이 집행되었다. 그는 죽기 직전에 그 살인을 고백하고 지리멸렬한 종잡을 수 없는 문장을 쓰기도 했다. 그러나 그는 형(刑)을 집행하는 당일 무의식 상태로 교수대에 끌려나와 목사에게 특별한 기도를 낭독하도록 부탁했다. 그리고 또 한 사람의 처남인 하버트 존의 살해에 대해서는 최후까지 부인했다.

이상과 같이, 아코니틴을 케이크 속의 건포도에 숨겨 먹였다는 사건인데, 어쨌든 당시에 아코니틴이 판매되었다는 것은 놀라운 사실이다.

또 문헌에는 어떤 형제가 homeopathic practitioner(동종

독요법사 혹은 미량 독극물요법사)에 의해 바곳(투구꽃) 액체 (tinctuur) 원액 및 방울이 투여되어 한 사람이 사망한 인도의 예가 소개되어 있었다. 이 보고가 법의학적으로 의미하는 바는 바곳의 독을 불과 콤마 수 밀리리터로 치사량이 되도록 추출·농축하는 방법이 있다는 것이다.

이처럼, 여러 가지를 검토하자 오노 교수는 바곳이 더욱 의심스러웠다. 게다가 무수 에탄올(anhydrous ethanol)은 추출에 사용했을 가능성이 있었다. 이것은 어떻게 해서라도 검사해 둬야겠다는 결론에 이르렀다. 그래서 가을이 되어 독성이 강해질 무렵 도호쿠대학 약초원에 부탁해서 바곳 몇 그루를 전달받아 에탄올로 뿌리에서 추출한 결과 아주 쉽게 독성이 강한 추출액을 얻을 수 있다는 것을 알았다.

바곳의 독

미나리아재비과(*Family Ranunculaceae*)의 다년초인 바곳 (*Aconitum*)은 투구꽃이라고도 부르는데, 약 300 종류가 유럽과 아시아 등, 북반구의 온대 이북에 널리 분포되어 있으며, 일본에는 수십 종이 오키나와(沖縄)를 제외한 전국의 산야에 자생하고 있다. 가을에는 청자색의 아름다운 꽃이 피므로 생화나 관상용으로 애용되고 있다([그림 5.1]). 그러나 그 어린 잎은 다른 산채나 약초들과 구별하기 어려워 간혹 중독 사고를 일으킨다([그림 5.2]).

바곳은 그 성분으로 독성이 강한 아코니틴, 메사코니틴

[그림 5.1] 바곳의 꽃 　　　　[그림 5.2] 바곳의 어린 잎

아코니틴　　 $R_1=C_2H_5, R_2=OH, R_3=-OC\langle\bigcirc\rangle$

메사코니틴　$R_1=CH_3, R_2=OH, R_3=-OC\langle\bigcirc\rangle$

히파코니틴　$R_1=CH_3, R_2=H, R_3=-OC\langle\bigcirc\rangle$

제사코니틴　$R_1=C_2H_5, R_2=OH, R_3=-OC\langle\bigcirc\rangle-OCH_3$

[그림 5.3] 아코니틴형 알칼로이드의 화학 구조

(mesanicotine), 제사코니틴(jesaconitine), 히파코니틴(hypa-conitine) 등의 아코니틴형 알칼로이드를 함유하고 있다([그림 5.3]). 하지만 당시 아코니틴형 알카로이드의 혈중 검출법에 대해 내외의 문헌을 살펴봐도 관련된 보고를 전혀 찾아볼 수

없었다.

그래서 얼마 전에 최신의 대형 질량 분석장치를 도입한 바 있는 도호쿠대학 의학부 부속병원 약제부의 미즈가키 미치나오(水柿道直) 교수에게 분석을 의뢰해 보기로 했다.

당시 도호쿠 지방에서는 바곳의 오식(誤食)으로 인한 중독 사고가 가끔 일어났으므로 미즈가키 교수는 아코니틴형 알칼로이드의 분석법 확립을 임상진단학적으로도 중요하다고 판단해 그 개발에 임했다.

고성능 질량 분석장치를 사용한 미량 분석법이 확립된 것은 그해(1986년) 말이었다. 미즈가키 교수로부터 혈액에서 충분히 검출이 가능하게 되었다는 연락을 받은 것은 다음 해인 1987년 벽두였다. 그래서 우선 동물에 의한 투여 실험의 혈액 시료를 송부하고 충분히 검출 가능하다는 것을 확인한 후에 그해 2월 이 사건의 사망자 혈액 일부를 미즈가키 교수에게 보냈다. 그 결과, 혈중에서 아코니틴, 메사코니틴, 히파코니틴이 검출되고(<표 5.3>), 그 결과를 바탕으로 동년 5월, 사인 등에 대한 감정 결과를 새로이 오키나와 현경에 보고했다.

<표 5.3>의 1991년 3월의 데이터는 수사 필요상 4년 후에 같은 혈액에서 다시 검사한 결과이다. −20℃로 냉동 보존해 두면 혈주의 아코니틴형 알칼로이드는 거의 변화하지 않는다는 것이 밝혀졌다.

사건은 그 후 한동안 아무런 진전 없이 4년째를 맞게 되었다. 그때 도쿄의 우에노(上野)에서 어처구니없는 사건이 발생

<표 5.3> 바곳 독 혈중 농도

	1987년 2월	1991년 3월
아코니틴	29.1	29.1
메사코니틴	53.1	51.0
히바코니틴	정성(+)	45.6
제사코니틴	검사하지 않음	검출되지 않음

단위: ng/ml.

했다.

1989년 8월 31일, 중화요리점 경영자(44세)와 장녀(4세)가 우편으로 송달된 갈분(葛粉) 과자를 먹은 후에 전신마비를 호소했으며, 20분 후에 병원으로 이송되었다. 경영자는 그날 심야 입원한 지 4시간 만에 사망하고 장녀는 후일 치유되었다. 이 사건은 피의자가 자살했기 때문에 진상이 밝혀지지 못했다. 다만 사망한 피의자의 부검 자료를 미즈가키 교수가 분석한 결과 많은 양의 바곳 성분이 검출되었다(<표 5.4>).

<표 5.4> 우에노의 갈분 과자 사건(1989년 8월 31일) 부검 시 채취 자료의 정량 결과

	제사코니틴	아코니틴	메사코니틴	하바코니틴
위내용	5,480	48	검출되지 않음	검출되지 않음
혈장	433	5	〃	〃
소변(尿)	1,070	8	〃	〃

단위: ng/ml.

바곳 살인 의혹

다시 1986년 5월의 오키나와 신혼 부부 사건으로 돌아가,

196

남편은 보험금의 지불을 청구했지만 보험회사는 지불을 거절했다. 그래서 남편은 1986년 12월 보험회사 4사를 상대로 민사소송을 제기했다. 1990년 2월, 도쿄지법에서 제1심 판결로 남편이 승소했다. 하지만 그 내용은 "동기·목적·경위 등에서 큰 의문을 갖지 않을 수 없다"는 미묘한 판결이었다. 내용은 어찌 됐든 실질적으로는 완전히 패소한 보험회사는 즉시 도쿄고법에 항소했다. 그리고 제1심에서는 굳이 다투지 않았던 사인(死因)에 대해 오노 교수에게 증언을 의뢰했다.

의사의 비밀 수호 의무 문제도 있어 경찰청의 의향을 확인하는 등 경위가 있었지만 결국 증언할 것을 수락해서 1990년 10월 11일, 도쿄 고등재판소에서 "사인은 바곳 중독으로 인한 급성 심부전"이라고 처음으로 사인을 밝히는 증언을 했다. 그 직후 남편이 소송 자체를 취하했고, 12월 13일에는 모 방송(TBS)에서 독점 입수해 먼저 보도했는데 바곳의 입수 경로는 후쿠시마(福島) 현 시라가와(白河)의 원예점으로 판명되었다.

그리고 1991년 6월 9일, 남편은 근무했던 회사에서의 횡령 혐의로 경시청에 체포되고, 7월 1일에 다시 세 번째 아내를 독살한 혐의로 체포되어 23일 도쿄 지검에 의해 기소되었다.

한편, 남편은 맹독의 복어를 대량 구입한 사실도 체포 후 판명되었다. 복어의 간·난소 등에는 맹독의 테트로도톡신(tetrodotoxin)이 있어 인간에 대한 치사량은 약 2밀리그램으로 알려져 있다. 도쿄대학 농학부의 노구치 다마오(野口玉雄) 박사가 류큐대학에 보존된 피해자의 혈액을 검사한 결과 실제로 복어독이 검출되었다. 그래서 아코니틴과 테트로도톡신 두 독에 대해 사망에 미치는 영향을 검토할 필요성이 생겼다.

새로운 전개

바곳에 관한 문헌을 다시 검토하는 과정에서 거기에 테트로도톡신에 관한 글도 있다는 것을 알았다. 그리고 1980년 윌리엄 캐터롤(William A. Catterall)의 총설에 이르렀다. 그에 의하면, 흥분성 세포막의 나트륨 채널에 작용하는 톡신(독성분)은 수용체 부위(receptor site)에서 3군으로 나뉘고, 그 후 1988년의 논문에서는 5군으로 분류되었다. 제1군인 테트로도톡신은 세포막이 흥분 때 나트륨의 유입을 저해하지만 제2군인 아코니틴은 역으로 막을 활성화한다고 되어 있다. 따라서 복어독인 테트로도톡신과 바곳의 독인 아코니틴은 비경합적 길항(拮抗)* 물질이 되는 셈이다(<표 5.5>).

그렇다고 한다면, 사건의 큰 의문이 되는, 남편이 알리바이를 주장하는 근거가 된다. 나하공항에서 헤어지고 나서 증세가 나타나기까지의 1시간 반의 공백을 설명할 수 있는 가능성이 있다. 즉, 서로 길항한다고 하면 한쪽이 어느 정도 대사되고부터 남은 쪽의 증상이 발현하게 되는 것이 아닌가 하는 생각을 즉시 경찰청에 알렸다.

---

* 비경합적 길항: 어떤 물질과 어떤 물질이 한 수용체의 결합을 경합하는 것으로, 작용이 나타나기도 하고 나타나지 않기도 하는 것이 경합적 길항이고, 동일 수용체를 다투는 것이 아니라 상반되는 작용을 나타내는 것은 비경합적 길항이다.

〈표 5.5〉 나트륨 채널에 작용하는 신경독의 수용체 부위

수용체 부위	작용물질	생리학적 효과
Ⅰ	테트로도톡신(tetrodotoxin)(복어) 삭시톡신(saxitoxin)(마비성 패중독) u-코노톡신(u-conutoxin)(바다달팽이)	이온 투과 저해
Ⅱ	베라토리진(veratridine)(백합) 바트라코톡신(batrachotoxin)(독화살개구리) 아코니틴(aconitine)(바곳, 투구꽃) 그라야노톡신(grayanotoxin)(석남과 식물)	지속적 활성화
Ⅲ	북아프리카산 α-전갈독 말미잘독	불활성 저해 지속적 항진 활성화
Ⅳ	미국산 β-전갈독	활성화로 전이
Ⅴ	브레브톡신(brevetoxin)(와편모조류, 적조) 시구아톡신(ciguatoxin)(시구아테라 식중독)	흥분 반복 지속적 활성화

출처: W.A.Carttellall, *Science*, 242: 50(1988).

그리고 이 두 독성을 생체에 동시에 투여하는 실험은 실시하지 않은 것 같았으므로 오노 팀은 마우스(ICR계 수컷) 실험을 통해 아코니틴과 테트로도톡신을 혼합 투여했을 때의 사망 시간 등에 미치는 영향을 검토했다.

마우스에 치사량 정도의 아코니틴을 투여하자 머리를 굽히고 고통스러운 듯이 입을 벌리고 경련 같은 발작을 여러 번 반복했다. 그리고 잠시 후에 요실금과 설사 모양의 배변이 따르고 돌연 뛰어오를 듯이 몇 번 전신에 경련이 일어난 뒤 사망했다. 한편 테트로도톡신에서는 얌전히 있다가 점차 사지가 마비되어, 어느 사이 사망했거나 혹은 경련을 일으키는 것도

있었지만 구토 증세의 움직임이나 설사 등은 나타나지 않고 비교적 얌전하게 죽었다.

<표 5.6>은 경구 투여의 결과이다. 아코니틴 및 테트로도톡신을 아세트산 완충액에 녹여 1회 투여량(0.4밀리리터) 중 아코니틴 2, 3mg/kg에 대해 테트로도톡신 0, 0.33, 0.67, 1.0mg/kg이 되도록 설정했다. 또 마우스에 대한 아코니틴 반수(半數) 치사량은 경구 투여로 1.8mg/kg, 테트로도톡신은 0.33mg/kg으로 되어 있다.

아코니틴 2mg/kg 투여군에서는 테트로도톡신 0의 대조군에서 약 절반이 사망하고, 테트로도톡신 혼합 투여량이 증가함에 따라 사망률은 증가하지만 사망 시간은 연장되었다. 아

〈표 5.6〉 아코니틴·테트로도톡신 혼합 경구 투여 시 마우스 사망 시간

니코틴 투여량 (mg/kg)	테트로도톡신 투여량 (mg/kg)	실험 동물 수	사망까지의 시간(분)							사망 동물 수
			1–5	5–10	10–20	20–30	30–45	45–60	평균±표준편차	
2	0	5	1	1					5.5 ± 1.5	2
2	0.33	4			1	1			17.5 ± 3.5[*1]	2
2	0.67	5		1	2	1			18.3 ± 7.3[*1]	4
2	1.0	5		1	1	2	1		21.6 ± 9.8[*1]	5
3	0	5	3	1	1				13.0 ± 7.3	5
3	0.33	5				2	1		30.7 ± 10.3[*2]	3
3	0.67	5		1	2	1	1		21.4 ± 9.3	5
3	1.0	5		1	1	2		1	27.4 ± 16.4	5

*1 $p < 0.01$, *2 $p < 0.05$.
오노 요키치 외, *Tohoku J. Exp. Med.* 167: 155(1992).

코니틴 3mg/kg 투여군에서는 테트로도톡신 0의 대조군에서 모든 예가 사망했으나 테트로도톡신 0.33mg/kg 혼합 투여군에서는 5예 중 2예가 생존하고, 사망 시간도 명확히 연장되었다.

또 테트로도톡신 혼합 투여군에서는 아코니틴 중독에 특징적인 구토 증세의 개구(開口) 운동이나 두부 경련 운동이 확실히 경감되었다. 특히 아코니틴 3mg/kg과 테트로도톡신 1.0mg/kg 혼합 투여군에서는 경과 중 아코니틴 증상이 거의 보이지 않고, 돌연 구토·경련을 일으켜 사망하는 예가 관찰되었다.

이상, 동물실험을 통해 아코니틴 중독으로 인한 사망 시간이 테트로도톡신에 의해서 연장되고 또 사망률도 떨어지는 것이 관찰되었는데, 이와 같은 현상은 흥분성 세포막의 나트륨 채널에서 두 독극물의 길항작용에 의한 것으로 해석되었다.

하나의 행정 해부에서 출발해 현재도 테트로도톡신과 아코니틴과의 복합작용 해석을 위해 아코니틴의 체내 소실 속도와 장기 분포에 관한 동물실험 등, 검토를 이어가고 있지만 양자의 혼합작용에도 아직도 모르는 부분이 많다. 예를 들면, 테트로도톡신과 아코니틴에 대해 여러 가지 투여량 조합으로 관찰하면 사망 시간이 연장하는 것은 어떤 투여량끼리의 국한된 조합인 것 같은 점 등이다.

한편, 형사재판은 1991년 10월부터 시작되어 제2회와 제3회 공판에서는 엄격한 증인 심문을 경험했다. 그 후 몇 사람의 감정인 증언 등을 거쳐, 1999년 9월 도쿄 지방재판소는 피고인에게 구형대로 무기 징역을 선고했다. 그 재판에서 인상적이었던 것은 미즈가키 교수의 증인 심문에 피고인 자신이 질문한 것이었다. GC-MS 차트상의 잔글씨로 쓰인 영문자와 숫자의 뜻을 하나하나 문의해서 확인하는 모습은 피고인이라기보다는 마치 베테랑 전문가에게 교습을 받으려고 하는 신참내기 연구자의 모습 같았다. 좁은 아파트에서 혼자 증발기(蒸發器, evaporator)를 앞에 두고 독극물 추출을 반복해 마우스로 그 독성을 확인하고 또 혼합 투여에 따른 영향을 관찰하는 등의 끈질긴 작업은 그가 범죄자라기보다는 숨은 연구자가 아니었나 하는 착각을 일으키게 했다.

하지만 그 독을 이용해서 신혼의 아내를 살해했다면, 그에게는 가공(可恐)할 내면이 있었다고 하지 않을 수 없다. 범행 전날 밤, 그는 내일 살해할 예정인 아내와 태연히 한 이불 속에서 잤다. 이와 같은 냉철함은 소년기에 모친이 자살한 것과도 관련이 있을 것이라고 분석하는 경향도 있지만 그의 심리의 심층(深層)을 알기는 쉽지 않을 것 같다.

제6장

근대적인 총기 감정의 발자취

무정부주의자 사코와 반제티의 총기 범죄

미국 매사추세츠 주, 보스턴에서 남쪽으로 15킬로미터 거리에 위치한 사우스 브레인트리(South Braintree)는 1920년대만 해도 신발을 제조하는 공업지대로 꽤나 번잡했었다([그림 6.1]). 당시 활기가 넘쳤던 수많은 굴뚝의 풍경은 오늘날에는 화가들이 그리는 스케치로밖에 회상할 수 없게 되었다.

1920년 4월 15일 정오 무렵, 시내의 펄(Pearl) 거리는 사람과 자동차, 그리고 노면전차가 바쁘게 오가고 있었다. 슬레이터 앤드 모릴 제화공장(Slater & Morril Shoe Company)의 회계과장인 프레데릭 파멘터(Frederick Albert Parmenter, 1874~1920)는 경호원인 알렉산드로 베라르델리(Alessandro Berardelli)와 함께 1만 6,000달러 정도의 현금을 트렁크 케이스 2개에 나눠 담고 공장까지 운반하는 중이었다. 제화공장에

[그림 6.1] 사코·반제티 사건의 관련 지도

서 기계 수리공으로 일하는 보스토크가 우연히 그들 쪽을 향해 걸어왔다. 스쳐 지나가며 인사를 하고 10미터도 지나지 않아 돌연 배후에서 총소리가 울렸다. 보스토크가 뒤돌아보니 한 사내가 경호원을 향해 4, 5발 발사하는 것이 보였다.

보스토크는 갑작스러운 사태에 놀라 어찌할 바를 몰랐으나 곧 정신을 차려 현장 쪽으로 급히 달려갔다. 범인은 이 급습을 치밀하게 사전 계획한 듯, 조금도 당황함이 없이 많은 목격자의 눈앞에서 파멘터와 경호원을 쏘아 죽이고는 감쪽같이 현금을 탈취한 뒤 근처에 대기시켜 둔 차에 뛰어올라서는 비호같이 사라졌다.

목격자가 많아서 범인은 두 사람이었고, 차 안에도 세 사람 정도가 타고 있었다는 사실이 밝혀졌다. 즉시 경찰 수사가 시작되었지만 사건 발생 후 이틀이 지나서야 겨우 범행에 사용된 것으로 추정되는 GM제 대형 뷰익(Buick)*이 발견되었다. 예상했던 대로 도난 차량이었다. 지문을 비롯해 모발과 토사(土砂) 등, 여러 미세 증거물에서 범인을 밝혀낼 단서를 찾았으나 이렇다 할 유력한 것은 하나도 얻지 못했다.

사건 후 20일 정도 지났을 무렵에, 어떠한 이유에서인지 도주차 속에 면식이 있는 마리오 부다(Mario Buda)라는 이탈리아 사람이 동승하고 있었으며, 그가 다른 차를 인수하기 위해 두 사내와 함께 브리지워터에 있는 차고(garage)에 갔었다고 하는 첩보 비슷한 정보가 경찰에 입수되었다.

어떻든 수피아 수사관은 차고로 급히 달려갔다. 사전에 정보를 들었는지, 부다는 이미 도주하고 없었다. 함께 있었다는 두 사나이의 모습도 보이지 않았다. 수사관이 부근을 탐문하는 중에 브리지워터와 브록턴 사이를 달리는 트롤리 전차 안에 있는 두 사람을 발견했다. 브록턴은 보스턴 남쪽 40킬로미터 정도 떨어진 곳에 있는 작은 도시로, 브리지워터는 그 교외에 위치하고 있다([그림 6.1] 참조).

---

* 스코틀랜드에서 이민 온 데이비드 뷰익(David Dumbar Buick)이라는 사람은 자동차 배관·정비업에 종사하다가 1909년부터는 자신이 직접 엔진을 설계해 뷰익 자동차 회사를 세웠다. 뷰익 씨는 자동차 뿐만 아니라 금광과 석유회사에도 손을 댔지만 실패하고 그 여파로 회사를 GM사에 넘겼다. 하지만 뷰익이란 이름으로 지금도 자동차는 생산되고 있다.

트롤리 전차의 종점인 브록턴 역 앞에 브록턴 경찰서가 있었다. 수사관은 트롤리 전차 안에서 두 사람을 체포한 뒤 경찰서로 연행했다. 이탈리아계 노동자인 이들 두 사람의 이름은 29세인 니콜라 사코(Nicola Sacco, 1891~1927)와 32세인 바르톨로메오 반제티(Bartolomeo Vanzetti, 1888~1927)였다. 이 사건은 총기 감정을 과학화의 길로 이끈 계기가 되었다는 의미에서 지금까지도 잘 알려져 있다.

범행 사실을 입증하는 과정에 세 가지 문제가 가로놓여 있었다. 그 하나는 증거물 취급이 상당히 소홀했고, 두 번째로는 총기 감정 기술이 아직 기초 단계에 있었으며, 세 번째로는 재판 심리에서 불편부당(不偏不黨)이라는 기본 자세가 믿음을 얻지 못했던 점 등이었다.

사코와 반제티는 이탈리아계 이민으로, 무정부주의자 단체의 일원이기도 했다. 무정부주의자 그룹의 폭력은 당시의 사람들에게 많이 알려져 있어, 사람들은 증오의 눈길로 그들을 바라보았다. 게다가 반제티는 이번 사건 전 브리지워터에서 일어난 총기 사용 강도범죄의 용의자이기도 하다는 사실도 밝혀졌다. 법원은 사코와 반제티를 심리하기 전에 이 사건을 먼저 심리했다. 이 재판은 플리머스(Plymouth)에서 열렸다고 해서 플리머스 재판이라고 하며, 1920년 8월 16일 사코와 반제티에게 각각 12년에서 15년의 징역형이 선고되었다.

사코와 반제티의 총기 살인범죄는 1920년 9월 11일에 기소되었지만 실질적 심리는 1921년 5월 31일까지 진행되었다.

재판은 매사추세츠의 데덤(Dedham)에서 열렸다. 모두가 예상한대로 이전의 총기 범죄에서 유죄가 선고된 반제티는 불리한 입장이었다. 재판장은 이전의 플리머스 재판 때와 같은 사람이었다. 데덤 재판은 1927년 8월까지 이어져, 당시로서는 상당한 장기간의 재판이었다. 최후의 결심에서 두 사람 모두에게 사형이 선고되어, 찰스타운(Charlestown) 주 감옥에서 1927년 8월 23일 전기의자에 앉는 몸이 되었다.

이 판결은 세계의 여론을 환기시켰다. 그것은 피고의 국적, 경제 상황, 사상에 대한 자본주의의 편견이란 것이었는데, 이는 당시의 좌익들이 입버릇처럼 주장한 언동이었다. 현행범 사코의 범죄 사실은 명백했지만 세 살 연상인 반제티가 실행범이란 사실을 입증하는 합리적 증거는 누가 보아도 완전하게 입증된 것은 아니었다. 반제티에 관한 재심 청구의 소리는 높았고 모금운동까지 펼쳐졌지만 결국 형은 집행되었다.

고더드 대령의 시사(試射) 실험과 감정 결과

총소리에 놀라 급히 범행 현장으로 달려온 수리공 보스토크는 아직 숨이 끊어지지 않은 회계과장 파멘터를 길 건너편에 있는 병원으로 옮겼다. 그러나 외과 수술의 보람도 없이 파멘터는 사망했다.

한시라도 빨리 범인을 체포하기 위해 곧바로 검시 해부가 실시되었다. 즉사한 경호원 베라르델리의 몸 안에서 탄환 4발이 회수되었다. 탄환은 모두 32구경(口經)이었다. 해부를 담당한 의사 버디는 회수한 탄환 4개를 회수한 순으로 선(線)으로 표시했다고 한다. 한편, 회계과장 파멘터를 치료했던 의사 한팅은 32구경의 피갑(被甲) 탄환 2개(금속외피 탄환)를 회수했다. 그중의 1개 탄환은 밑면에 '＋자'가 새겨져 있었다고 한다. 어떠한 이유에서였는지 또 하나의 탄환은 외과 수술실 바닥 위에 떨어져 있는 것을 다음 날 간호사가 발견했다. 한팅 의사와는 다른 의사 존스에게 그 탄환을 넘겨주었더니 '5'라는 표시가 붙여졌다.

병원은 다소 혼란스러운 상태로, 외과 의사로서는 범죄의 증거물에 대한 안일한 인식에서였는지 증거물에 대한 상황을 정확하게 기재해서 엄정하게 보관해 두어야 할 조치를 취하지 않았다. 존스는 재판의 증언에서 탄환 '5'는 간호사가 주워서 자기에게 준 것으로, 몇 주일 동안 자기 서랍에 넣어 두었던 것이라고 했다. 또 의사 버디가 회수한 탄환 밑바닥에는 아무런 표시도 기입되어 있지 않았으며, 탄환을 넣은 상자 바깥쪽에만 표시를 했을 뿐이었다는 것도 사건 심리 과정에서 밝혀졌다.

증거물을 엉성하게 다룬 사례는 이것뿐만이 아니었다. 범인이 어떠한 총기를 사용했는가를 밝혀내는 데 단서가 되는 탄피(실탄 발사 후의 빈 탄피)에는 아무런 표시도 되어 있지 않았다. 범죄 현장에 급하게 달려온 수리공 보스토크는 탄피 몇 개인가를 주워들고 어찌하면 좋을지를 몰라 소식을 듣고 현장에 달려온 공장장 플라헬에게 넘겨주었다. 플라헬은 그것을 후에 이 사건을 담당하게 되는 검찰 측의 윌리엄 프록터(William Proctor)에게 넘겨주었다.

재판 심리가 시작되면서부터 범죄 현장에서 회수된 탄피의 정확한 개수가 문제로 등장했다. 정확한 기록이 없었던 것이다. 보스토크는 플라헬에게 넘겨준 것은 3개였던 것으로 기억난다고, 약간 모호하게 증언했다. 플라헬은 4개를 넘겨 주었다고 증언했다. 검찰 측도 4개였다고 단언했다. 그뿐만 아니라 탄피에는 아무런 표시도 되어 있지 않았다. 4번째 탄피는 사용한 총기가 압수된 후에야 고의로 기록된 것이어서 날조된 증거라는 의심을 피할 수 없게 했다.

증거물의 진정성을 훼손하는 사태는 이밖에도 있었다. 브리지워터에서 트롤리 전차를 탄 사코와 반제티 두 사람을 종점인 브록턴에서 잡아 역전의 브록턴 경찰서로 연행한 수피어 수사관은 사코로부터는 콜트 32구경의 자동권총을, 반제티로부터는 38구경의 해링턴리처드슨 리볼버를 압수했다. 그러나 수피어는 압수한 총기의 각인(刻印) 넘버를 전혀 기록하지 않았다.

또 사코의 하의 주머니에서 압수한 32구경 탄환과 탄창에 장전되어 있던 탄환을 뒤섞어 버리거나 반제티로부터 압수한 4개의 산탄(散彈)에 대해서도 아무런 기록을 남겨놓지 않았다. 다행히도 반제티로부터 압수한 것은 이번 사건과는 직접 관계가 없는 것 같았으나, 사코의 32구경 자동권총과 탄환은 사건 입증에 매우 중요한 증거물이었기 때문에 초기 수사에서 이와 같은 무신경하고 조잡한 증거물 취급이 큰 문제가 되었다.

이 시대에는 총기 감정 기술이 아직 완성 단계에 이르지 못했었다. 하지만 사체로부터 회수한 탄환이 사코가 소지했던 32구경 콜트에서 발사된 것인지 아닌지를 밝혀내야만 했다. 당시로서는 불가피했을 것이라 생각되지만 검찰 측의 감정관 찰스 반 앰버(Charles Van Amburgh)는 "사코의 자동권총에서 발사된 것으로 생각된다", 또 한 사람의 감정관인 프록터는 "발사되었다고 생각해도 모순은 아니다"라는 식의 모호한 감정 결과를 내어놓았다. 이와 같은 감정 결과만으로 유죄를 선고할 수 없는 것은 당연했다. 재판은 당연히 장기간 이어졌다.

하버드대학교 학장인 애벗 로웰(Abbot Lawrence Lowell, 1856~1943) 교수는 이 재판의 진행 과정을 초조하게 지켜보고 있었다. 그는 이 재판의 적정하고 신속한 심리를 촉진하기 위해 자문위원회를 조속히 발족시키라고 정부에 제안했다. 그 결과 1927년 6월에 로웰위원회(Lowell Commission)가 발족했다. 위원회는 신속하게 총기 감정 기술에 관해 첨단적인 답신을 제시했다. 사코로부터 압수한 총을 실제로 발사해서 탄환과 탄피를 회수하고, 피해자로부터 회수한 탄환과 범행 현장에서 회수한 탄피 등을 비교하면 사코의 총이 범행에 사용되었는지 여부를 판단하는 단서를 얻게 될 것이라는 내용이었다.

이 제안은 즉시 실행에 옮겨졌다. 시사(試射) 실험에서는 재판 당사자들의 공평성 확보를 위해 시사 현장에 지방검찰관

210

과 변호사, 변호사 측의 총기 전문가 등이 함께 입회했다. 이 멤버에 추가해 전 육군 군의대령인 캘빈 고더드(Calvin H. Goddard, 1891~1955)도 입회했다. 고더드는 당시 뉴욕의 총기연구소에서 총기 전문가로 활약하고 있었다. 먼저 사코의 권총으로 두껍게 쌓은 솜뭉치를 향해 탄환이 발사되었다. 날아간 탄환은 솜뭉치에 박혔을 것이므로 손상되지 않고, 사용한 총기의 지문에 해당하는 라이플 마크(rifle mark)를 잘 재현할 것임에 틀림없었다.

시사한 탄환과 탄피를 회수한 후, 특별히 참가한 고더드는 입회자 모두의 면전에서 시사 현장에 가져온 비교 현미경을 사용해 조사하기 시작했다. 이제까지의 총기 감정에 다소의 의구심을 품고 있던 사람들에게 아리송하면서도 어딘가 과학적 분위기를 느끼게 했다. 시사한 탄환과 탄피를 재판에서는 로웰 증거라는 명칭을 붙여, 이 로웰 증거를 시체나 범행 현장에서 회수한 증거물과 비교하기 위해 현미경을 이용한 비교에 제공되었다.

잠시 후에 고더드는 사체로부터 회수한 탄환도, 범행 현장의 탄피도 모두 사코의 콜트에서 발사된 것이라고 자랑이라도 하듯 자신의 확고한 결론을 일동에게 발표했다. 로웰위원회가 발족한 직후의 첫 성과였다. 참고로 부기한다면 반제티가 체포될 당시에 소지하고 있던 38구경의 리볼버는 시사에서 제외되었다.

이 위원회의 결론이 확신적 증거가 되어 사코와 반제티에게 사형이 선고되고, 그 해 8월 23일에 이들 둘은 처형되었다.

실행범으로서 사코의 사형은 불가피하다 하더라도 반제티의 사형은 많은 목격자의 증언에 비춰보더라도 공범에 불과하지만 이전 플리머스 재판에서의 유죄가 악재가 되어 사코와 같이 중죄가 선고되었다고 사람들은 믿어, 재판의 부당함을 주장하는 소리가 높았다. 최종심까지 맡은 테일러 재판장 자택에는 폭탄을 투척하는 사태가 발생하고, 고더드는 자본주의에 추종하는 앞잡이라고 비난하는 항의에 몇 번이나 부닥치기도 했다.

사코와 반제티가 처형당한 후 50년이 지난 1977년, 부당한 재판에 대한 속죄라고나 할까, '처형 50주년 기념식전'이 매사추세츠주 보스턴 시 청사에서 거행되었다. 이 식전에서 마이클 듀카키스(Michael S. Dukakis) 지사가 두 사람은 부당한 재판 아래서 형이 선고되었으므로 그 오명은 완전히 씻겨져야 한다고 공식 성명을 발표했다. 성명서는 참석한 두 사람의 유족에게로 넘겨졌다. 이로써 이 사건도 일단락된 것으로 생각되었지만 과연 이 성명서가 유족들의 오랜 고뇌를 얼마만큼 씻어 냈는지는 알 수 없다.

이 50주년 기념식으로부터도 다시 6년이 지난 1983년, 사코와 반제티의 총기 사용 살인사건의 증거 감정을 재감정하는 특별위원회(Select Committee)가 결성되었다. 미국의 양심이라고 할까, 위원장에는 코네티컷 주 하트퍼드(Hartford)의 법과학연구소장인 헨리 리(Henry Lee)가 선임되었다. 리는 본래 총기 전문가는 아니었지만 증거물 감정에서 증거물의 취급·관리 문제에 깊은 조예를 가지고 있었다. 그는 증거물 관리의 연결고리를 정확하게 기록·보존하는 것은 분석 결과의 과학적 합리성과 함께 감정의 품질을 보증하는 데 가장 중요하다고 늘 주장했었다. 따라서 리는 사코·반제티 재판을 재검토하는 데 가장 적합한 인물로 평가되었다. 참고로, 하트퍼드는 1834년에 콜트식 권총을 만든 새뮤얼 콜트(Samuel Colt, 1814~1862)의 출생지이기도 했다.

특별위원회는 세월이 많이 흐른 오래전의 사건이므로 증거물 감정과 관련되는 기록을 중심으로 조사를 실시했다. 그리고 시대의 흐름과 함께 개량된 기기와 감정 기술을 구사해서 시사(試射) 실험도 다시 실시했다.

특별위원회의 최종 결론은 고더드의 감정 결과를 추인하는 것이었다. 총기 감정 기술이 완성되지 못했던 시대의 감정 결과를 다시금 재음미한 특별위원회의 행동은 높이 평가되었다. 그 결과 사코·반제티 사건은 증거물 감정에 커다란 교훈과 반성을 남긴 채 막을 내렸다.

성 밸런타인 데이의 대학살

알 카포네(Alphonse G. Al Capone, 1899~1947)는 자신의 자존심에 크게 상처를 입어 화가 머리끝까지 차올랐다. 5년 전에 숙적인 딘 오배니안(Dean O'Banion)을 저세상으로 보내고, 겨우 조직이 안정을 얻어 미소짓고 있는 판에 어느 사이엔가 아일랜드계 갱단인 버그스 모런(George Bugs Moran, 1893~1957) 일파가 카포네에게 정면으로 도전할 만큼 강적으로 떠올랐기 때문이다.

모런의 부하는 밀조주를 실은 카포네의 선박을 기습 탈취하거나, 카포네의 비밀 술집을 폭파하고 카포네의 심복 부하를 저격하는 등, 이 사회에 군림하는 카포네의 체면을 깔아뭉개는 행위를 서슴지 않았다. 실제로는 소심자(小心者)였던 카포네도 이 지경에 이르러서는 교묘하고 음흉한 복수에 이를 갈았다.

1929년 2월 13일, 모런은 고용자인 밀조주 제조업자로부터 전화를 받았다. 위스키를 지정 창고에 입고시켰다는 보고였다. 평소에는 부하를 통해 보고를 하는데, 이번에는 직접 자기에게 보고하는 것을 일순 의아하게 생각했지만 마음에 깊이 새기지는 않고 다음 날인 14일 밸런타인 데이 날 아침 10시 반에 운반하라고 지시를 했다.

다음 날 아침, 모런의 부하 여섯 명이 시카고 시 북쪽에 위치한 벽돌로 지은 창고에서 대기했다. 이때 평소 같으면 모런도 동행했겠지만 그날따라 모런의 모습은 보이지 않았다.

돌연, 대형 스쿼드카(패트럴카)가 창고 앞에 급정차했다. 자세히 보니 경찰차인 캐딜락이었다. 차가 멈추기 전에 경찰 제복의 두 사람과 형사인 듯한 사복의 세 사람이 뛰어내렸다.

어디로 보나, 사전에 정보를 얻은 경찰의 급습 장면이었다. 창고 안으로 들어간 경찰들은 전광석화처럼, 느닷없는 사태에 아무런 저항도 하지 못하는 모런의 부하들의 총을 압수하고 벽 앞에 가로로 정렬시켰다. 후에 밝혀진 일이지만 어떤 연유에서인지 이 중에는 전에 손님으로 왔던 슈빈마라는 검안사(檢眼士)도 포함되어 있었다.

일곱 명은 머신건(machine gun)으로 복부, 가슴, 머리에 총상을 입고 피범벅이 되어 쓰러졌다. 부하들을 경찰로 가장시켜 급습한 카포네의 교묘한 보복이었다. 모런은 진짜 경찰이 이 현장을 수사하고 있을 때 도착했기 때문에 난을 피할 수 있었다. 카포네는 이를 갈며 아쉬워했다.

1919년 1월에 성립된 미국의 금주법은 알코올 중독이 원인으로 야기되는 온갖 사회적 해악을 추방하는 데 크게 주효했지만 그 뒤편에서는 술의 밀수·밀매가 시중에 범람했다. 지금의 약물 규제가 자칫하면 약물 범죄에 박차를 가할 위험성이 있다고 주장하는 사람들의 생각과 어딘가 닮은 구석이 있다는 생각도 든다.

범죄 신디케이트는 교묘하게 금주법의 법망을 피해 횡행했다. 폐쇄적이고 배타적인 활동을 특징으로 하는 이 조직적인 범죄집단은 세력권을 확장해 오직 밀수·밀매에 힘을 쏟았다. 카포네 집단은 그것을 대표하고 있었다. 주류 밀매로 거부(巨富)의 탐욕을 멈출 줄 모르는 카포네에 대적하는 그룹이 자연히 생겨나기 마련이었다. 모런은 카포네에게 가장 강력한 동업계의 적수로 성장해 있었다.

현장 수사가 시작되고, 목격자 증언도 들었다. 한 증언에 의하면, 큰 소리가 들린 후 제복 같은 것을 입은 인물을 포함해서 대여섯 명의 일단이 스퀴드카 비슷한 차에 뛰어올라 도망치는 토끼처럼 현장을 빠져 나갔다고 했다. 피해자들에 대한 검시도 시작되었다. 체내에 박혀 있는 탄환도 회수되었다. 머리, 가슴, 배 등에서 금속제 트레이에 속속 적출되었다. 범인을 찾아내기 위해서는 어떻게 해서라도 어떤 총이 사용되었는가를 확실하게 밝혀내는 것이 첫 과제였다. 잔악한 이 사건의 범인을 하루라도 빨리 체포하라는 여론이 미국 전역에 팽배했다.

이와 같은 여론에 응답이라도 하듯이 중대 사건이 발생할 때마다 편성되는 특별배심단(블루리본)이 편성되었다. 그중의 한 사람인 빈센트 매시(Vincent Massey, 1987~1967)는 이 잔학한 범인 체포에 온갖 지원을 아끼지 않았다.

매시는 여러 연구기관의 재정적 지원에도 열성적인 독지가로 널리 알려져 있었다. 그는 이 비인도적 사건을 하루라도 일찍 해결하기 위해서는 범행에 사용한 총기를 특정짓는 것이 첩경이라고 생각했다. 그래서 서둘러 고더드를 감정자로 지명했다. 뉴욕 주 검찰국의 유명한 검사관인 웨이트(C. E. Waite)의 한쪽 팔이나 다름없고, 사코·반제티 사건에서도 민완한 활약을 한 인물이다.

매시는 뉴욕의 총기연구소로 고더드를 찾아가 시카고로

와달라고 간청했다. 고더드는 총기 감정에 상당한 지식과 경험의 소유자인 것만은 사실이지만 동시에 상당한 자기 선전가이기도 했다. 따라서 세간의 큰 관심사인 성 밸런타인 데이의 대학살 사건은 고더드에게 딱 어울리는 사건이었다. 이 대사건을 잘만 해결한다면 더욱 큰 명예를 얻을 것으로 생각했다.

사용된 총기가 어떠한 것이었는지 결정하는 것은 분명히 범인에게 다가서는 중요한 열쇠가 된다. 수사 결과 그 총기가 과거의 범죄에도 사용된 것이 밝혀지거나 혹은 범인으로 의심되는 인물이 숨겨놓은 총기가 나타나기도 할 때에는 틀림없이 사건의 범인을 특정할 수 있다. 고더드는 사체에서 추출한 탄환과 범죄 현장에 흩어져 있던 탄피를 실체(實體) 현미경과 비교 현미경을 이용해서 날마다 세밀하게 조사했다. 범죄에 사용된 탄환과 탄피를, 총의 종류가 판명된 총기에서 실험적으로 발사한 것과 비교 대조하는 것이 중심이었다.

고더드는 자신에 찬 표정으로 총기 감정의 중간 결과를 수사관에게 전달했다. 사용된 총기는 2정의 톰슨 서브머신건(sub-machine gun)이며, 그중의 한 정은 박스 매거진, 다른 한 정은 50발의 드럼 매거진을 장비한 것이었다고 했다. 수사관은 이 수사 정보에 의거해서 범인에게 다가가야만 한다. 그러나 이들 총이 과거 범죄에 사용된 적이 있는지 여부가 분명하지 않았다. 다만 수사관의 직감으로 본다면 대립하고 있는 카포네 일당의 범행인 것은 능히 예상할 수 있었다. 때마침 단숨에 해결로 이어질 듯한 다른 사건이 발생했다.

미시간 주에서 경찰관이 사살되었다. 범행 후 도주에 사용한 자동차 번호를 확실하게 기억하는 목격자의 증언으로 범인은 곧 체포되었다. 범인의 자택을 수색한 결과 많은 총기가 발견되어 모두 압수되었다. 그중에는 톰슨 서브머신건도 포함되어 있었다. 이 범인을 추궁하는 과정에서 카포네 부하의 한 사람이란 사실이 밝혀졌고, 더 나아가 대학살 사건의 범인 전모가 밝혀졌다.

수사관으로부터 연락을 받은 고더드는 압수한 박스 매거진과 드럼 매거진을 장비한 톰슨 서브머신건 각각을 시사(試射)해 보았다. 그리고 시사 탄환과 탄피를 회수해 사체에서 뽑아낸 탄환과 범행 현장에서 회수한 탄피를 각각 비교 현미경으로 조사했다. 그 결과 대학살 사건에 사용된 탄환의 라이플 마크와 탄피의 흔적 형상 모두 시사한 것과 일치하는 것으로 밝혀졌다. 이렇게 하여 대학살 사건 범인들의 범행 사실이 과학적으로 입증되었다.

고더드와 그 동료들이 펼친 성공적인 퍼포먼스(performance)에 특별배심원의 한 사람인 매시는 크게 감동해 고더드에게 12만 5천 달러의 재정 지원을 약속하고, 시카고에 연구소를 개설하도록 권유했다. 때마침 노스웨스턴대학 법률학교 교장인 위그모어 교수도 범죄 입증을 위해 범죄감식연구소 설립을 구상하고 있던 무렵이었다.

위그모어는 범죄 피고를 소추하는 검찰 측과 범죄 피고를 변호하는 변호사 측 그 어느 쪽에도 치우치지 않는 공정한 입장에서 증거물 감정에 대응할 수 있는 기관의 필요성을 통감하고 있었다. 소송의 주도권을 검찰관과 변호사에게 맡기고 재판관은 중립적인 심판원의 입장에 서서 양쪽 주장의 옳고 그름을 판단하는, 당사자주의를 채택하고 있는 형사재판에서 재판관과 배심원의 판단을 돕는 중립적인 기관의 설립이 요망되는 것은 당연했다. 매시와 위그모어의 소원은 타이밍이 잘 맞아 1930년, 노스웨스턴대학에 고더드를 소장으로 하는 범죄감식연구소가 설립되었다.

이 연구소에서 많은 법과학 연구자가 배출되었다. 거짓말 탐지기(polygraph)의 개척자인 레너드 켈러(Leonard Keller), 미국 필적 감정의 아버지인 앨버트 오즈번(Albert Osborne) 등이 이 연구소 출신인데, 이들의 이름은 오늘날에도 널리 기억되고 있다. 그러나 1929년 10월 24일의 '암흑의 목요일'에 시작된 대공황의 거친 파도가 이 연구소에도 밀어닥쳐 재정상의 문제로 대학에서는 연구소 존속을 단념할 수밖에 없었다. 1938년, 연구소는 고더드와 함께 시카고 경찰로 옮겨와, 시카고 경찰 범죄감식연구소로 새로이 출발했다.

성 밸런타인 데이 대학살 사건에서의 총기 감정은 과학적 성과의 한 소산이며, 범죄 사실의 과학적 입증이라는 대의명분을 형사사법 체계 안에 실례로 보여 주었다는 데 큰 의미가 있다.

또 하나의 밸런타인 데이 대학살 사건

밸런타인 데이 대학살 사건이란 이름이 붙은 범죄가 또 하나 있다. 이번 사건은 앞의 사건보다 60여 년 뒤인 1991년 2월 14일, 뉴욕의 사우스 브롱크스에 거주하는 히스패닉계 주민이 사는, 무너져 내릴 듯한 한 아파트의 한 방(房)에서 일어났다. 산차고라는 17세 소년을 겨냥한 사살 사건이었다.

코카인(cocaine)과 헤로인(heroin) 밀매의 중심지인 사우스 브롱크스(South Bronx)의 아파트 한 방(房)을 성 밸런타인 데이의 심야 가까이 몇 사람의 밀매적(密賣敵)이 급습했다. 거실에는 산차고와 함께 어머니, 누나, 애인, 그리고 그날 밤 우연히 숙박하게 된 친구 두 사람까지 모두 여섯 명이 자고 있었다. 누군가가 거실 문을 강하게 두드리는 소리에 일어나려고 하는 순간, 총성이 들렸다. 불과 1분도 경과하지 않은 사이에 여섯 명 모두가 사살되었다.

범인인 듯한 네 명의 인물이 급히 달아나는 것을 목격한 사람도 있었지만 브롱크스라는 장소가 장소인지라 그러한 사건에 얼굴을 내밀거나 총소리를 분명 들었을 것임에도 무슨 일인가 관심을 갖는 사람은 없었다. 심지어는 경찰에 연락하는 사람도 없었다. 마약이 난무하는 이 지역에는 살인사건 한두 건 일어난들 관심 밖이고, 섣불리 경찰에 신고하는 것은 바로 자신의 죽음을 의미하는 것임을 잘 알고 있었다.

아파트 주민이 거실 앞을 지나다 사체를 발견해 다음 날 아침에야 경찰이 도착했다. 피해자 여섯 명 모두가 도미니카 공화국 출신의 히스패닉계 주민이었다. 거의 모두가 취침 중에 급습을 당했고, 탄환은 안면부, 후두부에 집중되어 있었다.

총기 감정이 주효해서 범인 네 명 모두 체포되었다. 오늘날 대부분의 총기 범죄는 어떤 형태로든 마약의 밀수·밀매와 관련되는 것이 예사이며, 총기 범죄를 일소시키는 것이 21세기의 큰 과제이기도 하다.

총기의 역사

화약을 처음 발견한 사람은 중국인인 것으로 전해지고 있지만 그것을 에너지로 이용한 무기인 총기를 만들려고 한 아이디어는 14세기 초반 유럽에서 흑색 화약이 발명되고부터이다. 현재 총포라고 하면 탄환을 발사하는 기능을 갖는 무기를 총칭하며, 총포 도검류의 소지를 규제하는 법률에 의하면 권총, 소총, 기관총, 포, 엽총, 기타 금속성 탄환을 발사하는 기능을 갖는 장약 총포 및 공기총(압축 가스를 사용하는 것을 포함)으로 규정하고 있다. 이들 총포류는 잘못 사용해서 사람을 사고사시키거나 고의로 사람을 살상하는 등, 온갖 사건을 야기하기도 했다. 특히 사람을 고의로 살상하거나 위협하는 데 많이 사용되는 권총은 많은 기술적 변천을 거치면서 현대

<표 6.1> 총기의 종류(일부)

종류	특징	발사 형식
권총 (pistol)	옛날 기병들이 한 손으로 발사할 수 있도록 고안된 총(선조총)	단발식 탄창회전식 (리볼버)
소총 (rifle)	양손으로 발사하며, 보통 어깨에 걸쳐서 사용한다.(선조총)	자동장전식 단발식 수동연발식 자동장전식
기관총 (machine gun)	방아쇠를 계속 당기고 있으면 연발로 탄환이 발사된다. 자동적으로 탄환이 장전된다.(선조총)	전(숱)자동식
산탄총 (short gun)	1회 발사로 다수의 탄환(많은 소형 탄)이 발사되는 총. 일반적으로 허가되는 것은 구경 18.5밀리미터 이하의 것	단발식 수동연발식 자동장전식
군용 소총 (assault rifle)	자동식 라이플총으로 주로 군용. 구경은 5.45~7.62밀리미터	자동장전식

선조총(旋條銃) : 총신(銃身)의 강내(腔)에 나선상으로 강선(rifling)이 파여 있는 총.
시조총(施條銃), 강선총(腔旋銃)이라고도 부른다.

적인 것으로 발전되었다.

원래 가느다란 금속관에 화약을 채워 넣고 가능한 방법으로 점화해, 발생한 화약의 가스 에너지로 탄환을 비행시키는 것이 총기 발사의 원리이다. 둥그런 큰 돌덩어리를 적의 진지로 날려 보내는 옛날의 전투 장면은 총기의 원형을 방불케 한다. 14세기경 유럽에서 흑색 화약이 출현하게 되자 총기 발사 방식이 비약적으로 발전하기 시작했다.

흑색 화약의 폭발 반응은 완만하지만 그 에너지가 갖는 추진작용이 강하므로 탄환 발사약으로 많이 쓰였다. 성분은 질산칼륨을 위주(80퍼센트 정도)로 황과 목탄을 가한 것이다.

19세기 말에 셀룰로오스(cellulose)와 질산의 반응으로 만들어지는 니트로셀룰로오스(綿藥)를 주성분으로 하거나 니트로글리세린을 주성분으로 하는 무연(無煙) 화약이 발명되어 총기 발사약의 성능은 비약적으로 발전했다. 특히 니트로셀룰로오스와 니트로글리세린 두 가지를 섞어 만드는 무연 화약이 로켓의 고성능 추진약으로 사용된 것은 잘 알려져 있다. 권총 같은 경우에는 두 양의 비율이 총의 구경과 그 작용 기능에 따라 적절하게 선택된다.

화약의 발명이 총기 발전에 크게 기여한 것은 분명하지만, 화약의 점화 방식, 탄환을 총에 밀어 넣는 급탄 방식, 얼마나 잘 표적에 명중시키느냐의 적중 정확도 등등이 총기의 고성능화를 위한 연구의 중심 과제였다.

점화 방식은 최초의 점화 방식(터치홀식)에서, 영화에서 보는 화승식(火繩式: 매치로크식)으로 변했고, 다시 화타석(火打石)을 사용하는 윤전식(호일로크식) 총이 출현했지만 메커니즘이 너무 복잡하고 고장이 잦아 곧 자취를 감췄다. 17세기에는 화타석의 사용법을 개량한 수발식(燧發式: 프린트로크식) 총이 주류를 이뤘다. 유럽에서 고안된 이 방식은 순식간에 대륙 전체에 전파되어 기병들의 장착 무기로 정식 채택되어 실용화되었다. 또 총의 모습이 우아해서 귀족들의 애호를 받아 19세기 초반까지 사용되었다.

〈표 6.2〉 권총의 인치 구경(영·미계)과 밀리 구경(유럽계)

인치	0.25	0.30	0.32	0.38	0.45
밀리	6.35	7.63	7.65	9.0	11.25

밀리 단위는 유럽계, 영·미는 1/100인치 단위. 45구경은 45/100인치(11.25밀리)
가 된다.

미국으로 이주하기 위해 180톤의 범선 메이플라워 호에 탄 영국의 청교도단 필그림 파더스(Pilgrim Fathers)는 1620년 9월 16일 영국의 플리머스(Plymouth) 항을 떠난 후 12월 26일에 미국 매사추세츠 주에 상륙한 뒤 이 땅에 뿌리를 내렸다. 그들은 출항지의 이름을 따 보스턴 남동쪽의 이 땅을 플리머스라 불렀고, 지금은 아예 지명으로 굳어졌다. 영국 사람과 함께 근대적인 프린트로크식 권총이 북미 대륙에 상륙한 것이 이때였다. 얼마 지나지 않아 이 대륙이 권총 생산의 메카가 되었다. 그러나 이것도 뇌관 방식(雷管方式)이라는, 격발 작용을 이용하는 방식으로 변천했다. 그 결과 두 손을 사용하지 않고 한 손으로만 사격할 수 있게 되었다. 여기에는 타격에 의한 충격으로 폭발하는 약품(기폭약)이 꼭 필요했다. 이 기폭약을 담는 금속성의 용기가 뇌관이다.

기폭약은 그 후에 많은 개량이 거듭되어 지금은 뇌산(雷酸, HOCN)과 수은을 화합한 뇌산수은(雷汞)을 빈번하게 사용하게 되었다. 이름 그대로 타격에 의한 충격으로 천둥 치듯이 폭발한다.

권총 발화 방식이 개발되었으므로 그에 합당한 탄환을 바

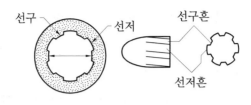

| [그림 6.2] 탄환(탄두와 탄피)의 모식도 | 선구흔과 선저흔을 종합해서 강선흔(腔旋痕)이라 한다. 총의 구경은 선구와 선저의 최대 거리 |

[그림 6.2] 탄환(탄두와 탄피)의 모식도

[그림 6.3] 총신의 도랑(좌)과 선구흔(旋丘痕), 선저흔(旋底痕)(우).

꿔 넣는 방식도 고안되지 않을 수 없었다. 이 고안에는 상당한 시간이 소요되었다. 1812년에 스위스 사람 장 새뮤얼 폴리(Jean Samuel Pauly, 1766~1821)가 이제까지 발사약과 탄두를 따로 총통에 넣던 방식을 대신해 탄두와 발사약, 그리고 발사약을 기폭시키는 뇌관 등을 금속제 통 속에 모아 넣은 약통을 세계 최초로 개발했다. 이것이 현재의 금속 탄통(메탈릭 카트리지)이 되었다. 이것을 일반적으로 '탄환(bullet)'이라고 한다([그림 6.2]).

이에 의해 화약의 삽입, 탄환 장전, 뇌관 장착의 세 동작이 한 동작으로 발사 준비가 끝나게 되었다. 이것은 1860년대가 되어 널리 실용화되어 현재로 이어지고 있다.

이보다 훨씬 전, 표적을 노리는 조준장치가 이미 고안되었다. 총신 앞에 돌기되어 있는 가늠쇠와 총신 후방의 조문(照門) 연장선상에 표적이 오도록 했다. 그러나 탄두가 가급적

표적에 정확하게 도달하기 위해 발사 후에 뱀처럼 사행(蛇行) 운동을 하지 않고 똑바로 비행하는 대책이 필요했다. 18세기 무렵의 총포 제조사는 경험적으로 총신의 발사 방향에 일정한 간격으로 여러 개의 도랑을 새기면 탄환의 적중 정확도가 높아진다는 것을 알고 있었다. 얼마 지나자 총신에 나선상으로 도랑을 새기는(라이플링) 것이 당연한 것으로 자리 잡았다. 발사된 탄환은 나선의 도랑으로 회전운동(스핀)이 주어져 사행하지 않고 표적을 향해 비행했다.

총신이 새긴 도랑을 선저(旋底), 도랑과 도랑 사이의 언덕을 선구(旋丘)라고 한다([그림 6.3]). 라이플링을 한 총은 일반적으로 라이플총이라 하고, 참고로 산탄총(쇼트건)은 산탄(散彈)이라고 하는 작은 많은 탄구가 우박처럼 날아가므로 라이플링을 하지 않은 내면이 평탄한 총신으로 되어 있다.

폴리의 금속 탄피 발명은 권총의 발사 메커니즘 근대화에 크게 기여했다. 그러나 그 후 발전의 발판은 미국으로 옮겨졌다. 미국의 발명가 · 기업가로 알려진 코네티컷 주 하트퍼드 태생인 새뮤얼 콜트(Samuel Colt, 1814~1862)는 상선의 선원, 염색공장 종업원, 약의 세일즈맨 등 온갖 체험을 했으나 원래 총명한 그는 진취적인 기상과 앞을 내다보는 예지를 갖고 있었다. 1834년 20세가 된 콜트는 총포공 클래런스 피어슨(Clarence Pearson)과 함께 금속 약협을 이용한 탄창 회전식 권총을 완성해 세상에 내놓았다.

이 콜트 권총은 방아쇠를 당길 때마다 총신 뒤쪽에 있는 마치 연근처럼 구멍이 나 있는 실린더(탄창)가 회전해서 구멍에 들어 있는 탄환을 발사 위치에 자동적으로 보내도록 되어 있다. 이 아이디어는 콜트가 상선의 선원일 때 번잡하게 출입한 기관실에서 얻은 힌트에서 비롯되었다고 한다. 이 리볼버(revolver) 권총은 완성 다음 해에는 영국에서, 그 다음 해에는 미국의 특허를 얻게 되어 리볼버 권총의 제조권을 독점하게 되었다.

콜트는 1836년에 총기 전문 회사를 설립했으나 장사에는 별 소질이 없어 1843년에 파산했다. 기구한 운명에 익숙해지기라도 한 듯, 멕시코전쟁을 기회로 다시 회사를 설립해 개척시대의 서부에서 수요가 늘어나 다시 발전의 길을 걸었다. 하지만 파란만장한 인생에 죽음이 일찍 찾아왔다. 근대적인 기계공업의 선구자로 이름을 남기고 48세의 젊은 나이에 그는 세상을 떠났다.

미국만큼 총기에 매혹된 나라는 없을 것 같다. 총포 기술자인 존 브라우닝(John M. Browning, 1855~1926)이 콜트의 뒤를 이었다. 1880년, 25세의 젊은 나이로 신식 단발총을 발명했지만 그의 이름을 세계에 알린 것은 그 후에 발명한 브라우닝 자동총(오토메틱 라이플)과 브라우닝 기관총이 완성된 후였다. 자동총은 경기관총이라고는 불릴 만큼의 기능을 가지며, 1분간에 200발에서 350발까지 탄환을 발사할 수 있다. 기관총은 발사 때의 반동으로 총신이 후퇴하는 것을 이용해서 자동적으로 탄환을 장전, 발사하고 탄피를 밖으로 배출하는 동작을 반복하는 반동 이용 방식과 연속 발사하는 가스 이용 방식 등이 발명되었다.

기관총이 결정적인 위력을 발휘한 것은 제1차 세계대전에서였다. 그러나 그것은 사람을 살상하는 공업제품의 참담한 성과이기도 했다.

총기 감정의 이정표

발사한 탄환과 탄피의 특징은 사살사건의 범인을 찾아내는 데 큰 길잡이가 된다. 과학수사에서 총기 감정이라고 하면, 주로 이 총기들의 특징을 조사함으로써 사용한 총기의 제조사, 종류와 형식, 압수한 총기에서 실제로 발사되었는가 등등을 규명하는 것인데, 사수(射手)의 손과 입은 옷의 화학적 분석으로 사수를 감별하거나 총기의 살상 능력을 실험적으로 밝히기도 한다.

1910년에 프랑스 리용(Lyon) 시에 세계 최초로 경찰과학연구소를 개설한 에드몽 로카르(Edmond Locard, 1877~1966)의 대선배인 리용대학의 록산느(Roxanne) 교수는 18세기의 총제조자가 총신에 새기는 라이플링이 발사 탄환 표면에 마찰 흔적으로 자국이 남는다는 것을 예측했다. 그리고 실제로 발생한 사살사건에서 그 예측을 확인할 수 있었다.

이 사건에서는 피해자가 사살되고, 목격자의 증언으로 용의자를 체포함과 동시에 자택에 숨겨둔 연발총 한 자루도 압수되었다. 피해자의 머리를 해부해서 꺼낸 탄환과 같은 구경의 총이었다. 이것만으로 이 용의자를 진범으로 확정하는 과학적 증거가 될 수는 없는 것은 예전이나 지금이나 마찬가지였다. 록산느는 바로 탄환의 표면을 현미경으로 조사했다. 그 결과 약간 오른쪽으로 기우는, 아마도 일곱 개로 짐작되는 도랑을 관찰했다. 그래서 압수한 총을 사용해서 실제로 탄환을 발사시켜, 지금으로 말하는 시사 탄환을 만들었다. 그 시사 탄환의 도랑 수는 피해자로부터 추출한 탄환과 같은 수, 같은 기울기였는지, 로카르의 말에 의하면 그것이 증거가 되어 용의자는 진범으로 단정되었다고 한다.

이것은 총기 감정의 일종의 유년기 때의 이야기이고, 지금은 이것만으로 한 자루의 총을 특정지을 수는 없다. 그러나 총기 감정의 원형을 언급하는 것만은 확실하다. 이 이후 총기 감정 발전의 바탕은 미국으로 옮겨졌다.

1900년, 뉴욕 주 버팔로의 개업의 앨버트 홀(Albert Hall)은 「탄환과 무기」란 제목의 논문을 『버팔로 메디컬 저널(*Buffalo Medical Jounal*)』에 발표했는데, 그는 발사 탄환에 부착된 선구흔, 선저흔의 형상이 발사 탄환의 그것과 일치된다면 총기를 특정할 수 있다고 공언했다. 사코·반제티 사건을 계기로 발족한 로웰위원회(Lowell Commission)의 총기 감정에서 고더드가 활약한 해보다 27년이나 이전의 일이었다.

1906년 8월 13일 심야, 텍사스 주 브라운즈빌(Brownsville) 중심가에서 바(bar)의 주인이 사살되는 사건이 발생했다. 누군가가 총을 발사해서 바의 주인이 살해되었으며, 목격자는 아마도 흑인이 총격을 가한 것 같다고 증언했다. 백인과 흑인의 대립 관계가 시끄러운 무렵의 범행이었다. 매사추세츠 주 스프링필드(Springfield)의 육군사관과 총기 전문가가 이 사건의 수사와 감정을 담당했다. 면밀한 현장조사 후 여러 개의 탄피를 회수했다. 그들은 발사 때에 탄피 밑면에 새겨지는 격침 자국과 배협자(排莢子) 자국의 형상이 총을 특정할 수 있는 고유 특징이 된다는 것을 이미 알고 있었다. 즉시 조사한 결과 흑인 소속 육군부대의 총과 일치하는 것을 알았다. 그러나 진상은 흑인에게 죄를 뒤집어씌우기 위해 백인이 총을 훔쳐내어 범행에 사용한 날조사건이었다.

이것은 미국에서 발생한 일인데 이 사건으로부터 6년 후인 1912년, 파리의 국제법의학회의에서 탄피의 가치에 대해 자신만만하게 설명한 인물이 있었다. 파리에서 사체 검시 작업에 종사하고 있던 발타사르가 당사자였다. 이 사람은 과학수사의 발전사에서 그 이름이 곧잘 등장하는 인물이다. 검시에 임하는 의사들에게 항용 있는 성향인데, 어떤 증거물에 대해서도 빠지지 않고 의견을 끼워넣으려 한다. 사실 그의 이름은 지문, 탄환, 모발 등, 온갖 증거물의 전문가로 기록되어 있다. 같은 지문을 갖는 두 사람이 존재할 확률은 10의 69제곱분의 1이라고 전문서에 기록한 것도 이 발타사르였다. 10의 16승(乘)이 1경(京), 즉 1조의 1만 배이므로 69승이라면 천문학적 숫자 이상일 것이다.

230

지문의 확률은 어찌 됐든, 발타사르가 당시 많은 정보 수집에 능통했던 것만은 틀림이 없다. 그 자신이 스스로 실험하고 연구했다는 이야기는 나오지 않는다. 1906년의 텍사스 주 브라운즈빌 사건에 대해서도 그는 잘 듣고 있었다. 라이플링의 도랑뿐만 아니라 탄피 밑면의 흔적도 총기 특정의 고유 특징이 되고, 따라서 방사흔은 지문과 마찬가지라고 발표했다. 이것은 앨버트 홀의 생각과 브라운즈빌 사건의 감정 기록의 재탕이었다.

이와 같은 총기 감정 이론을 실제 사건에 빈번하게 응용한 것은 유럽이 아니라 총(銃)의 천국 미국이었다.

뉴욕 주 검찰국의 웨이트(C. E. Waite)는 잔혹하고 비참한 총기 살인 범죄에 골머리를 앓고 있었다. 1915년 3월 22일, 스티로라고 하는 한 고용인이 고용주와 가정부를 사살한 사건을 담당했다. 검시 결과 사용된 총은 22구경의 자동권총으로 밝혀졌다.

이 스티로의 총기 감정을 최초에 담당한 사람은 앨버트 해밀턴(Albert Hamilton)이라는 총기 전문가였다. 당시 그에 대해서는 성적이 별로 시원찮다는 소문이 자자했었다. 전문서에 기록된 그에 관한 기사를 인용하면, 무절제하고 눈에 띄기를 좋아하며 실제로는 학위도 취득하지 않은 것으로 되어 있다. 해밀턴을 위해 변호한다면 그는 대학에서 물리화학을 수료하고 총기에 대해 자기 나름의 연구를 했던 것만은 확실하다.

압수한 스티로의 총은 틀림없는 22구경의 자동권총이었다.

총의 종류 역시 마찬가지였다. 이 총이 실제로 범행에 사용되었는지 여부를 이제 밝혀야만 했다. 해밀턴은 이 총의 시사 탄환을 회수해 사체의 탄환과 비교했다. 라이플 마크의 형상이 유사하고 또 총구 가까이에 고유 특징이 되는 특별한 상처(scratch)에 의한 흔적이 시사 탄환과 사체의 탄환에도 모두 마찬가지로 붙어 있다고 그는 증언했다. 그러나 변호사 측은 반론을 제기했다.

총구의 상처에 상당하는 흔적은 사진에 안 나타나지 않느냐고 물었다. 그러나 해밀턴은 탄환은 원통형으로 되어 있으므로 우연히 흔적이 없는 쪽을 사진에 담았을 뿐, 총구 자체에 지금 상처가 보이지 않는 것은 이 사건 이후에 몇 번이나 사용했기 때문에 탄환의 납이 부착해 메워진 때문일 것이라고 증언했다. 억지와 같은 감정 증언이었지만 배심원은 유죄로 평결해 결국 사형이 선고되었다.

얼마 지나, 별도의 사건으로 체포된 남자가 스티로 사건의 범행은 자신이 저지른 것이라고 자백했다. 웨이트는 해밀턴 감정의 재검토를 뉴욕 검찰국의 총기 전문가에게 지시했다. 총구에서 특별한 상처는 발견되지 않았고, 사체의 탄환의 도랑 폭은 시사 탄환의 2배란 것 등을 사진을 증거로 제시하면서 증언했다. 스티로는 결국 무죄가 되었다.

이 사건의 재판은 과학적 증거는 진범을 범인으로 증명하는 동시에 범인이 아닌 사람을 범인이란 누명에서 벗어나게 하는 교훈을 남기게 되었다.

232

이 오심 판결을 계기로 웨이트는 총기 감정의 과학화를 좀 더 적극적으로 추진하기로 결심했다. 그리하여 1924년 뉴욕에 총기연구소를 설립한 뒤, 그 연구소에 당시 육군 군의대령으로 퇴역한 고더드를 초빙하고, 또 현미경 전문가인 필립 그라벨(Philip O. Gravel)과 기계공학자 존 피셔(John H. Fisher)도 참가했다.

웨이트의 연구소는 총기 감정 발전사에 이름을 남기는 발명들을 이룩했다. 그 하나의 예를 든다면, 그라벨에 의한 비교 현미경(comparison microscope)의 고안을 들 수 있다. 이것은 고더드가 고안한 것이 아니다. 고더드는 오직 지식과 기술의 선전가였다. 그러나 고더드는 이 비교 현미경을 구사해서 사코-반제티 사건과 성 밸런타인 데이의 대학살 사건의 해결에 기여함으로써 자신의 명성을 키웠다. 후세에 고더드가 Gun Nut(건 마니아)로 불리게 된 것도 이 비교 현미경 덕분이었다. 비교 현미경은 총기 감정의 보배로 오늘날까지 이어지고 있다.

뼈를 깎는 총기 감정 작업

총기로 사람을 살상한 범행 탄환과 범행 현장에 남겨진 탄피는 모두 총기 사용 범죄의 범인을 찾아내는 데 유력한 증거물들이다. 증거 탄환과 증거 탄피에는 사용한 총기의 총신과 발사 기구에서 볼 수 있는 특징이 새겨져 있다. 이 특징은 총기 감정의 편의상 분류 특징과 고유 특징 둘로 나눈다. 분류 특징은 범행에 사용된 총기의 종류, 예를 들면 형식과 상표명을 밝히는 데 유용하지만 사용한 총기를 특정한 1정의 총기로 압축하려면 고유 특징을 찾아내야 한다.

용의자가 숨겨 소지하고 있는 총기(용의 총기)가 다행히도 압수되었다고 치자. 여기서 그 용의(容疑) 총기가 분명히 범행에 사용했는지 여부를 증명한다. 용의 총기에 실탄을 장전해 시사(試射)를 하고, 발사된 탄환과 발사 후에 배출된 탄피를 회수한다. 시사 후에 회수된 것을 대조 자료라고 하며, 이것과 증거 자료를 비교 현미경을 통해 비교한다([그림 6.4]).

어떤 범행에 사용된 총기가 그 후에 다시 여러 번 사용되

[그림 6.4] 사체에서 잡아낸 증거 탄환(오른쪽)과 용의 총기의 시사 탄환(왼쪽)을 비교 현미경에 의해 강선흔을 비교한 것으로, 양자가 잘 일치하고 있다.

면 고유 특징이 변하는 것도 예상할 수 있다. 경험이 많은 전문가라면 그러한 고유 특징의 변화 상태까지도 정확하게 해명할 수 있다.

선구흔과 선저흔을 종합해 강선흔(腔旋痕)이라고 하며, 총신의 강선공작법(腔旋工作法)의 차이에 따라 그 형상이 미묘하게 다르게 된다(앞의 [그림 6.3] 참조). 가령 같은 종류 총기의 강선일지라도 세밀한 부분에 차이가 나타난다. 이와 같은 미묘한 차이를 특정 총을 가려내기 위한 단서로 이용한다. 탄피에는 특정한 총을 가려내기 위한 고유 특징이 새겨지는 경향이 있다.

강선흔과 탄피흔이 증거 탄환과 대조 탄환에서 모두 일치하면 용의 총기가 범행에 사용되었음을 강력하게 입증하지만 실제로는 증거 탄환이 변형되어 있는 경우가 많고 또 지문과 같은 평면(平面) 증거가 아니고 탄환, 탄피라는 원통에 새겨지는 입체 증거이기 때문에 흔적의 일치성을 평가하는 데 어려움이 따르는 경우가 많다. 그러한 때에 용의 총기의 고유 특징을 정확하게 찾아내는 능력이 강하게 요구된다. 어쨌든 총기 감정은 힘들고 고생스러운 분야이다.

새로운 총기 감정 시스템

1993년 6월 2일, 미국 메릴랜드 주 북부의 도시 볼티모어

(Baltimore)에서 길가의 전화박스 가까이에 있던 두 남성이 누군가에 의해 사살되었다. 3주일 후, 역시 볼티모어에서 또 한 사람의 남성이 사살되었고, 다시 그 닷새 후에도 같은 시에서 한 남성이 아내와 산책 중에 사살되었다.

연속적으로 발생한 이 살인사건의 용의자가 동일 범인에 의한 소행인지가 문제였으나 모두가 동일 범인에 의한 범행인 것으로 추정했다. 그러나 범행 동기도 분명하지 않아 수사는 어려움에 처했다.

이 연쇄 살인사건이 발생하기 1년 전인 1992년에 워싱턴시 연방수사국(FBI)의 과학수사관이 새로운 총기 감정 시스템인 '드러그 파이어 시스템(Drug Fire System)'을 완성시켰다. 이 시스템은 각기 다른 장소에서 발생한 총기 범죄의 관련성, 범죄에 사용된 총기의 색출, 범인의 여죄 추적 등을 신속하게 진행하는 것을 목적으로 하는데, 지문자동식별 시스템(AFIS)과 매우 비슷했다. 참고로, 드러그 파이어 시스템의 드러그는 약물, 파이어는 총기를 의미한다. 대부분의 총기 사용 범죄가 약물 밀수나 밀매와 관련해서 발생하는 상황이므로 이와 같은 이름이 생겨난 것이다.

볼티모어의 수사관은 FBI와 연락해서 신속하게 이 시스템을 활용했다. 결과는 바로 나왔다. 네 명의 사살에 사용된 탄환은 38구경의 같은 권총에서 발사된 것으로 밝혀졌으며, 동일 범인에 의한 범행으로 단정지었다. 수사 결과, 같은 해 7월 22일에 범인이 체포되었고 자택에서 38구경의 반자동 권총이 압수되었다. 이 압수 권총을 시사한 탄환과 탄피의 검사로 모든 범행이 이 총에 의한 것임을 입증하게 되었다.

드러그 파이어 시스템에는 과거에 발생한 총기 범죄에서 회수된 탄환과 탄피의 흔적, 각사(各社), 각종 총기의 시사(試射) 흔적 등이 영상 데이터로 망라되어 있다. 새로 발생한 총기 범죄의 탄환과 탄피의 흔적을, 이 시스템의 대조 검색에 회부하면 전술한 바와 같이 범죄 해결의 단서를 신속하게 얻을 수 있다.

이 영상 데이터는 국제적인 정보 교환 시스템의 네트(net, 網)에 실려 이용되고, 국제적인 범죄 해결에도 효과적으로 활용되고 있다.

이 시스템의 대조 검색으로 밝혀지는 총기는 반드시 특정한 한 정(丁)의 총기뿐만 아니라 복수의 총기가 후보가 되는 경우도 있다. 어떤 경우이든 최종적 결론은 전문가에 의한 증거 자료와 후보 자료와의 1 대 1 비교 현미경 검사에 의해서 결정된다.

제7장

고전적인 독극물에서 생물·화학무기까지

독살이 난무했던 고대·중세시대

제자들은 가능한 모든 수단을 써서 70세의 스승 소크라테스(Socrates, B.C.470~B.C.399)를 구하려고 동분서주했다. 특히 제자인 플라톤(Platon, B.C.429?~B.C.347)의 비분(悲憤)은 이루 말할 수 없이 크고 강했다. 배심원을 찾아가 소크라테스를 고발한 것은 잘못된 일이라고 여러 차례 사정하기도 했다. 그는 옥졸을 매수해서라도 스승을 구하려고 했다.

그러나 소크라테스는 국외로의 망명을 권하는 제자들을 웃음 띤 얼굴로 단호하게 거절했다. 사랑하는 많은 아테네 시민의 구제(救濟)를 향한 정열과 학술 연구에 대한 깊은 사려가 교차하는 가운데 소크라테스는 법정에서 자설(自說)을 계속 반복 주장할 뿐이었다. 사형이 선고된 후 소크라테스는 "법이 나의 죽음을 바란다면 기꺼이 몸을 바치겠노라"라며 독배(毒杯)를 마시고 아테네의 땅에 쓰러졌다.

소크라테스가 마신 것은 서양 사람들이 흔히 말하는 독인삼, 즉 헴록(poison hemlock)의 용액이었다. 제자 플라톤은 그때의 모습을 『파이돈(*Phaidon*)』의 마지막 장에서 극명하게 묘사하고 있다.

"그분은 걸어 다녔지만 다리가 무거워졌다고 하면서 반듯이 누우셨습니다. 그렇게 하도록 그 남자가 지시했기 때문입니다. 그와 동시에 이 독약을 건네준 남자는 그분의 몸을 만지고 잠시 지나 발과 정강이를 살펴본 다음 다시 그분의 발을 세게 눌러 느껴지는지 않는지를 물었습니다. 아무런 느낌도 없다고 그분은 대답하셨습니다. 그 후에 또 그는 정강이를 누르고, 그렇게 하면서 점차 위쪽으로 올라가면서 그분의 몸이 싸늘해지고 굳어지는 것을 우리들에게 보여 주었습니다. 그는 계속 몸을 더듬으면서 말했습니다. '싸늘함이 심장까지 이르면 숨이 끊어진 것이지요' 라고……. 잠시 지나서 몸이 꿈틀하고 움직이고, 그 남자가 얼굴 가리개를 벗기자 그분의 눈은 지그시 감겨 있었습니다."

독인삼(학명 *Conium maculatum*)은 유럽 원산의 미나리과(*Umbelliferae*) 식물로, 생장하면 2미터 정도 높이까지 자란다. 잎은 날개 모양이고 여름에는 줄기 끝에 흰꽃이 핀다. 코니인(coniine)이라고 하는 맹독 물질을 식물체 안 전체에 함유해 고대 그리스에서는 자살이나 적을 암살할 때 많이 쓰였다. 독성이 매우 강하고, 그늘에서 말린 것을 분말로 만들어물이나 온수에 녹이면 되므로 복용 방법이 간단해 널리 사용되었던 것이다.

소크라테스가 독을 마신 지 얼마 지나지 않아 역시 그리스의 정치가이자 웅변가로 잘 알려진 데모스테네스(Demosthenes, B.C.384~B.C.322)도 독인삼의 용액을 마시고 자살했다.

에게 해에 군림하는 마케도니아의 왕 필리포스 2세(Philippos Ⅱ)는 호시탐탐 학술의 땅 아테네를 노려 그 자유와 독립을 침략했다. 세상사는 참으로 이해할 수 없는 것이 예나 지금이나 마찬가지여서, 아테네에도 친(親)마케도니아파의 강한 세력이 탄생했고, 그들과 대결한 데모스테네스는 친마케도니아파에 의해 사형이 선고되자 사형보다는 자살을 선택했던 것이다.

독인삼의 독성분인 코니인은 식물 알칼로이드에 속하며, 어른인 경우 75밀리그램 정도로 사망에 이른다. 코니인이 체내에 들어가면 신경, 특히 근육을 움직이는 운동신경 종말부를 마비시켜 먼저 두 다리, 그리고 손, 안면으로, 다리의 말단에서부터 중심 쪽으로 마비가 진행된다. 졸음과 구토도 뒤따르고, 마침내는 호흡근도 마비되어 숨을 쉴 수 없게 되며, 의식을 잃어 죽음에 이르게 된다. 이 사이는 30분에서 길어야 1시간 정도이다.

오늘날에 이르러 생각하면, 이 독인삼에 의한 죽음은 다른 독극물에 비할 때, 가령 청산가리처럼 목이나 가슴을 쥐어뜯는 듯한 고통과는 달리 남이 보기에 편안한 듯해서(이 세상에 편안하게 죽을 수 있는 독극물은 없지만) 당시에는 자살에 빈번하게 사용되었다고 한다.

독극물을 사용한 범죄의 처참한 무대는 그리스에서 로마 제국으로 옮겨졌다. 그리스도 시대의 로마에서는 갖가지 식물에서 추출한 식물 알칼로이드, 예를 들어 스트리키닌(strychnine), 아코니틴(aconitine), 벨라돈나(belladonna)와 독버섯, 그리고 중금속인 비소, 수은, 납 등, 독물의 종류가 많았다 (<표 7.1> 및 <표 7.2>). 그러므로 독약 처방을 전문으로 하는 현인이 활약한 것도 이 시대였다.

독극물을 마시면 바로 사망하는 속효성(速效性) 독약과 시름시름 수개월 걸려 사망하는 지효성(遲效性) 독약 등, 목적에 따라 적절하게 처방했다. 살인이 정치 수단으로 정당화되고 독살이야말로 가장 세련된 타살 기술이란 경향이 있었다.

〈표 7.1〉 고대 로마시대에 사용된 식물의 독

스트리키닌 (strychnine)	스트리크노스 눅스 보미카(*Strychnos nux vomica*)라는 식물의 줄기, 껍질, 종자에서 얻는 식물 알칼로이드. 척추에 강하게 침투해서 경련을 일으킨다. 머리를 뒤로 휘게 하고 손이 떨리며 몸을 활처럼 굽혀지게 만드는 것 등이 특징적인 증상이다.
아코니틴 (aconitine)	미나리아재비과(*Ranunculaceae*)의 다년초인 바곳(*Aconitum chinensis*, 투구꽃)의 뿌리에서 추출한 맹독 물질. 뇌에 작용해서 지각신경을 마비시키거나 호흡을 마비시켜 질식사를 일으킨다.
벨라돈나 (belladonna)	가지과의 다년초 식물 벨라돈나풀(*Atropa belladonna*), 미치광이풀(*Scopolia japonica*) 히요스(henbane, *Hyosyamus niger L.*) 등에 포함되는 맹독 물질. 식물 알칼로이드. 신경 전달에 관계되는 알칼로이드의 원료도 된다.

<표 7.2> 고대 로마시대에 사용된 중금속 독

비소화합물	비소는 자연계에 존재하는 황화물 광석의 석황(石黃)이라든가 계관석(鷄冠石)에 함유되어 있으며, 이로부터 추출한 비소가 만드는 비소화합물이 맹독을 갖는다. 비소의 산화물인 3산화2비소(AS_2O_3)가 물에 녹아 만들어지는 아비산은 옛날부터 쥐약이나 살인용으로 사용되었다. 이 밖에 비산, 비산납 등의 비소화합물도 독성이 강하다. 비소는 몸 속의 효소를 파괴해서 세포가 호흡하는 것을 저해하므로 질식 증상을 야기해 사망에 이르게 한다. 간장, 신장 등도 심한 장애를 받게 된다. 아비산의 치사량은 0.1~0.3그램이다.
수은화합물	단체(單體)인 수은(Hg)은 액체 금속이어서 물에 녹지 않으므로 몸 속에 들어가도 독이 되지는 않는다. 다른 원소와의 화합물은 독성이 강해 옛날부터 타살, 자살에 사용되었다. 승홍(염화 제2수은), 메틸수은 등이 많이 알려져 있으며, 신경계에 강하게 작용하고 또 장기도 파괴되어 사망한다. 이타이이타이병의 원인은 염화메틸수은이며, 염화수은을 만드는 염소의 하나가 메틸기로 변한 것이다. 지용성(脂溶性) 때문에 뇌에 녹아들기 쉽고 운동장애를 심하게 야기한다.
납화합물	납은 유해성 금속 중에서도 가장 맹독이며, 납화합물의 질산납, 황산납, 탄산납(옛날부터 연백[鉛白]으로 알려져 온 백분[白粉])의 독성이 강하다 근년 4에틸납이 교통 공해의 원인 물질로 부각되기도 했다. 중추신경, 소화기, 순환기를 침해한다. 소아의 경우에는 납뇌증(鉛腦症)을 일으켜 신체 불수로 만든다.

기원전 1세기 무렵 로마에는 암살자, 그것도 독살 청부업자가 항간에 북적일 정도였다.

사회가 이처럼 혼란스러운 상태였지만 신기하게도 살인을 다스리는 형사재판은 엄연히 존재하고 있었다. 이 형사재판의 법정 변론에서 종횡무진으로 활약한 사람이 키케로(Marcus

Tulius Cicero, B.C.106~B.C.43)였다. 후세에 변론가 · 정치가 · 철학자로 이름이 알려진 키케로는 법정 변론인으로서, 당시의 유명한 살인사건에는 거의 모두 관여했다. 그러나 법정 변론이라 하면 듣기에는 그럴 듯하지만 사실은 재산을 탈취했거나 여성과 얽히고설킨 독살사건이 대부분이었다.

키케로가 죽은 후에도 이탈리아에서 독극물은 사라지지 않았다. 15~16세기의 전설을 닮은 독살사건의 횡행도 빈발해서 이탈리아는 독극물 범죄의 중심이 되고, 이탈리아 독극물 학파라고 불리는 사람들을 배출하게 되었다.

그중의 한 사람, 토파나 아다모(Thofania d'Adamo)라는 여성 독극물학자는 1660년 무렵 아쿠아 토파나(Acqua Toffana : 토파水)라는 아비산(arsenite)을 주성분으로 하는 유사 화장수 (化粧水)의 투명한 액체를 조제해 판매했다. 그러나 이 가짜 화장수는 사실은 독살용 액체였다. 당시 독살 청부인으로서 은밀하게 활동하는 사람들도 많았고, 그녀도 그중 한 사람으로 수백 건에 이르는 독살사건에 관련되었다고 한다.

이탈리아 독살사건의 전설은 '보르자가(Borgia家)의 독약'에 집약된다. 비소로 곰을 독살하고는 거꾸로 매어달아 입에서 흘러내리는 침을 모으거나 부패한 장기에서 스며나오는 액즙을 모아 그것을 독극물로 사용하기도 했다는 보르자가의 독약은 바로 전설적 산물이다.

교황의 생질로 스페인의 보르하(후에 이태리어화해서 보르자가 되었다)에서 태어나 이탈리아로 건너온 로드리고(Rodrigo

Borja)는 후에 교황 알렉산데르 6세(Alexander Ⅵ)가 되었다. 라파엘로(Sanzio di Urbino Raffaello, 1483~1520), 미켈란젤로(Buonarroti Michellangelo, 1475~1564), 브라만테(Donato d'Agolo Bramante, 1444~1514)에게 그림과 건축 일을 맡기고 로마의 르네상스 문화를 확립시키기도 했다.

이 로드리고 보르자에게는 서자인 체사레(Cesare), 루크레치아(Lucrezia)를 포함해서 교황직에 오르기에는 합당하지 못한 자식들이 있었다. 딸인 루크레치아는 아버지의 편애를 받아 그 미모로 세 번이나 정략결혼을 강요받았다. 그녀에게는 늘 악마의 속삭임이 따라붙어, 권모술수의 소용돌이 속에서 아버지와 오빠를 독살했다는 설도 있지만 확실한 증거는 없는 듯하다.

하지만 루크레치아의 아버지 로드리고는 자기 동생과 누이동생의 남편을 태연하게 살해하는 냉혹한 권세가였고, 아들인 체사레도 루크레치아의 남편을 암살한 사실도 있어, 이와 같은 사실들이 루크레치아에게 '보르자가의 독약'이란 전설의 짐을 떠안게 했는지도 모른다.

연금술 시대의 독극물

전설과는 다른 실제 세계에서 대량 독살사건이 프랑스에서 발생했다. 알렉상드르 뒤마(Alexandre Dumas, 1802~1870:

작은 뒤마)의 소설에도 등장하는 블랑위리에 후작 부인(1630~
1676) 독살사건이 바로 그것이다.

17세기의 화학은 바로 연금술이었다. 고대 이집트에서 기
원해, 아라비아를 거쳐 유럽으로 전래된 이 연금술은 비금속
으로 분류되는, 별 가치가 없는 물질을 금이라는 귀금속으로
탈바꿈시키는 시도뿐만 아니라 난치병을 치유하거나 불로불
사(不老不死)의 힘을 갖는 물질(현자의 돌이라거나 철학자의
돌이라고 한다)을 찾기 위한 시도이기도 했다. 결과적으로 이
러한 노력들은 성공을 거두지 못했지만 각종 화학물질을 다루
는 기술을 발전시키는 계기가 되었다. 독일의 의사 그라우바
가 설사, 이뇨제로 사용하기 위해 만든 그라우바염(황산나트
륨·10수염)과 스위스의 화학자 글레이저가 만든 그세라이트
(황산칼륨) 등은 그 예인데, 여러 가지 화학물질의 제조법이
개발된 것도 이 시대였다. 그러나 과학은 그 사용을 잘못하면
악마의 길로도 통한다는 것이 블랑위리에 후작 부인의 사건으
로도 밝혀졌다.

글레이저는 엄연한 화학자임에도 불구하고 블랑위리에 후
작 부인의 독살에 가담했다. 신분이 높은 파리 사법장관의 딸
인 마리 드브레는 상당한 고등교육을 받은 매력 넘치는 여성
이었지만 남자를 즐겨 사귀는 성벽은 이미 소녀 시대부터 발
휘되기 시작했다. 21세 때 육군대령 블랑위리에 후작과 결혼
해 후작 부인이 되었으나 얼마 지나지 않아 남편의 친구인 핸
섬한 방탕아 상트크로와와 정을 통하는 사이가 되었다. 후작

은 별로 관여하지 않았지만 고위 사법관인 친정아버지는 열화처럼 격노해 루이 14세에게 진언, 상트크로와를 바스티유 감옥에 투옥했다. 그러나 이런 유형의 감옥형은 형기(刑期)가 별로 길지 않으므로 상트크로와는 2개월 후에 출옥해 곧바로 마리와 다시 정을 이어갔다.

이렇게 되면 나락은 끝이 없다. 두 사람은 아버지의 재산에 눈독을 들여 살해를 계획했다. 누구도 알 수 없는 방법을 찾기 위해 생각을 거듭한 끝에 왕실 전용의 약제사인 글레이저와 상의했다. 글레이저는 이 무렵 표면에 드러나지 않는, 숨은 독살 청부인으로서 유명했다.

드브레는 딸이 상트크로와와는 이미 결별한 것으로 믿고 성령강림제(Pentecoste)의 축제날에 딸을 자신의 별장으로 초대했다. 드브레는 요리에 앞서 나온 수프를 마시고는 몇 분도 지나지 않아 심한 복통으로 신음하기 시작했다. 즉시 의사를 불렀으나 소화불량이란 진단이었다. 그로부터 6개월 동안 자리에 누워 딸 마리의 헌신적인 간호에도 불구하고 사망했다.

글레이저는 사망해도 검출이 불가능하다는 것을 보증하며, 비소화합물을 마리에게 주었었다. 그것을 30회에 걸쳐 조금씩 아버지에게 마시게 했던 것이다. 독살 행위는 이에 끝나지 않았다. 유산을 독점하기 위해 마리의 두 형제와 종형까지 차례차례 살해했다.

이 사건은 상트크로와가 너무나도 부자연스럽게 죽음으로써 단숨에 해결되었다. 마리는 아버지를 독살한 후에 상트크로와와는 또 다른 애인을 만들었다. 그 때문에 상트크로와는 마리를 모질게 협박한 듯하다. 어느 날 상트크로와의 베갯머리에 '이 작은 상사를 마리에게 전해 주기 바란다'는 유서가 있었다. 왜 그러한 유서를 남겨 놓았는지는 오늘날에 이르러서도 의문으로 남아 있지만, 마리보다 한 발 앞서 작은 상자를 연 수사관은 그 속에 승홍(염화 제2수은), 담반(chalcanthiet: 황산구리를 함유한 독약의 하나), 아편 등과 함께 바닥에 흰 가루가 침전되어 있는 것 같은 투명액이 들어 있는 병을 발견했다.

수사 결과, 이 모두 마리가 저지른 독살 범죄인 것으로 밝혀졌다. 마리는 영국, 네덜란드, 벨기에의 수도원 등지로 전전하며 도피생활을 계속했으나 결국에는 체포되어 모진 고문 끝에 목이 잘리고 유해는 불에 태워졌다. 후에 글레이저도 바스티유 감옥에 갇혀 옥살이를 하고 석방된 후 2년 만에 죽었다고 한다.

이 사건에서는 비소화합물이 죽음의 원인이라고 하는 증명은 당시의 화학적 지식으로는 어려웠다. 증거물이 되는 것을 동물이나 조류에 먹여 죽는가 여부를 관찰하는 것이 고작이었다. 신체의 장기에서 독극물을 화학적으로 검출하는 현대적 과학수사에 이르기에는 좀 더 많은 세월이 흘러야 했다.

1751년에 영국에서 발생한 독살 범죄, 메리 브랜티 사건에서는 어느 정도 과학적 증거가 될 만한 독극물 분석 결과가 사건 해결에 도움이 되었다.

아버지가 변호사인 26세의 딸 메리에게는 상당한 액수의 유산 상속이 보장되어 있었다. 이 메리를 노린 구혼자(求婚者) 크랭스턴은 메리의 아버지가 완강하게 반대했으므로 결혼에 조바심이 났다. 메리 자신도 크랭스턴에 흠뻑 빠져 있었다. 크랭스턴은 메리에게 흰 가루를 건네주며 아버지에게 날마다 조금씩 마시게 하라고 꼬드겼다. 크랭스턴이 결혼을 서둔 것은 메리가 상속받을 유산을 노렸기 때문이다. 크랭스턴의 꼬임에 넘어간 메리는 날마다 흰 가루를 조금씩 아버지의 음료수에 타 마시게 했다. 아버지는 드디어 심한 복통을 호소했다. 늘 건강하던 주인이 갑자기 이상한 증세를 보이자 가정부는 의아하게 생각했다. 거기다 최근 메리의 태도가 어쩐지 수상한 것도 의문스러웠다.

가정부는 위통의 원인이 되었는지도 모르는 먹다가 남긴 죽(粥)을 메리 모르게 살펴보았다. 자그마한 흰 덩어리가 섞여 있었다. 혹시나 독극물인지도 모른다고 생각한 가정부는 근처에 있는 약제사에게 달려가 물었다. 그러나 약제사는 그것이 어떤 것인지 가려낼 분석 기술이 있을 리 없어 알지 못한 채 흐지부지 끝났다. 아버지의 복통이 일단 진정된 때도 있었으므로 메리는 그 후에도 매일 조금씩 분말을 요리에 섞어 제공했다. 드디어 최후의 한계에 이르렀다. 돌연 구토와 호흡이 어려운 위독 상태에 빠져들었다.

사인을 의아스럽게 생각한 의사는 음식물 속에 아직 남아 있는 흰 분말을 검사했다. 뜨거운 막대에 흰 분말을 찍어 냄새를 맡는 정도의 검사였다. 자극적인 냄새가 나는 무엇인가 이상한 느낌이었다. 당시는 그것만으로 비소라고 단정했다. 물론 해부해서 내장 상태까지 조사한 소견을 종합한 판단이기는 했다. 재판에서는 이를 유력한 증거로 채택해 메리에게 사형을 언도했다. 오늘날에는 인정될 수 없는 증거이지만 당시로서는 최선을 다한 감정 결과였으므로 그것이 독극물 범죄의 범행 사실을 입증한 예로, 사람들 입에 오르내린 사건이다.

이렇게 하여 비소의 화학적 증명법을 밝혀내는 것이 시대의 강한 요구가 되었다. 화학자들은 앞을 다퉈 스위스의 의학자 파라켈수스(Philppus Aureolus Paracelsus, 1493~1541)의 발자취를 좇았다. 르네상스기 독일의 혁명적인 연금술사이고 의사이기도 했던 파라켈수스는 책상머리의 학문을 배제하고 실용적인 연구에 정력을 쏟았다. 교조적인 그리스·로마 의학을 뛰어넘는 많은 연구 활동을 한 연구 철학자이기도 했다.

연금술의 효용은 물욕의 대상으로 금을 만드는 것이 아니라 인간 모두의 건강에 기여할 수 있는 의약을 정제(精製)하는 것이라고 강조한 사람도 파라켈수스였다. 규폐(珪肺), 폐결핵 등의 광산(鑛山) 직업병, 15세기 말에 유행한 매독, 크레틴병(cretinism), 갑상선종 등의 질병은 광물·금속에 의해 발병한다고 했다. 이와 같은 조사와 연구를 통해 파라켈수스는 물질계의 근본은 소금·수은·황의 3원소이고, 산화철·수은·안티몬·납·구리 등의 금속을 질병 치료의 내복약으로 사용하는 처방을 상세하게 설명했다. 화학약품을 알코올에 녹여 사용하는 옥도정기(tincture)제를 처방한 사람도 파라켈수스였다.

스웨덴의 화학자 카를 빌헬름 셀레(Karl Wilhelm Scheele, 1742~1786)는 파라켈수스의 선례를 가장 끈기 있게 따랐다. 이산화망간을 연구하다 염소와 바리타수(baryta water: 수산화바륨)를 발견하고, 또 비화수소·몰리브덴산·텅스텐산·아비산(arseniousacid) 같은 무기물까지 발견함으로써 현대 무기화학을 선도하는 개척자 역할을 했다.

맹독성인 시안화수소(청산)의 제조법을 창안한 것 또한 셀레였다. 특기할 것은, 후세에 비소화합물 증명에 중요한 교훈을 주게 되는 수소화비소(비화수소라고도 한다) 제조법과 화학적 성질을 상세하게 기술한 점이다. 아연과 희황산(稀黃酸) 반응에서 발생하는 수소(이것을 발생기 상태의 수소라고 한다)의 강한 환원력으로 비소화합물을 환원하면 수소화비소(水素化砒素)가 발생하게 된다는 것과 수소화비소는 다른 어떤 비소화합물보다도 맹독이란 것을 설명하고 있다.

이 시대에는 비소가 황과 결합해 포함되어 있는 웅황(雄黃: 석황이라고도 한다)·계관석(鷄冠石)·황비철광(arsenopyrite)·황비동광 등의 황화광(黃化鑛)을 제련할 때 비소가 얻어지고, 비소를 가열하면 흰 불꽃을 내며 연소해 삼산화이비소(三酸化二砒素, AS_2O_3)로 변하고, 이것이 수용액이 되면 아비산이 되는 것 등이 이미 알려져 있었다. 비소에 의한 독극물 범죄의 과학적 해명은 바로 눈앞에까지 다가와 있었다.

라파루지 사건

1839년의 크리스마스 며칠 전, 샤를르 라파루지는 파리 북쪽 300마일 정도 떨어져 있는 투르(Tours)라는 마을에서 파리로 향하는 열차에 앉아 있었다. 자신이 경영하는 공장의 파산 상태를 막기 위해 마리와 결혼은 했지만 요즈음 마리의 행동에 정나미가 떨어진 상태였다. 마리의 재산에 기대려 했으나 생각대로 되지 않고, 마리는 마리대로 남편의 칠칠치 못함에 낙담한 나머지 비소로 자살하겠다고 암시했다. 어떻게 해서든 현재의 궁색함을 모면해 보려고 라파루지는 자금 조달을 위해 지금 파리로 향하고 있었다.

예약한 호텔에 감시 거처를 정했다. 무슨 생각에서인지 아내 마리로부터 메모를 첨부한 크리스마스 축하 케이크가 보내져 왔다. 케이크는 무척 단맛이 나는 것으로 느껴졌다. 어찌 됐든 아내의 배려에 잠시 애틋한 생각에 잠기기도 했다. 그날 밤, 평소에는 전혀 경험하지 않았던 메스거림과 복통을 느꼈다. 그는 급히 화장실로 달려갔다. 목이 심하게 마르고 가슴 부위도 숨쉬기가 고통스러웠다.

평소에 별 이상 없이 건강했으므로 오랜만에 혼자 먼 곳까지 온 탓에 피로한 때문이라고밖에 생각하지 않았다. 또 잠시 참으려니 고통도 어느 사이 진정되어 그날 밤은 더 이상 별일 없이 푹 잤다.

육군 장교의 딸로 태어난 마리는 보바리 부인(Madame Bovary)과도 닮은 꿈이 많은, 약간 위험스러운 여성이었다. 보바리 부인은 다정다감하고 몽상적인 여성으로 그려져 있다. 젊은 지주(地主)와 공증인을 상대로 남편 모르게 정사(情事)를 거듭하는 사이에 빚더미에 올라앉아 이러지도 저러지도 못하다가 결국에는 비소를 삼키고 자살했다. 마리의 경우는 결국 비소를 구해 자살이 아니라 자기 남편을 독살하는 범죄자가 되었다.

파리에서 돌아온 남편 라파루지는 몸의 이상을 호소하기 시작했다. 위(胃)가 견디기 어려울 정도로 쓰리고 아팠다. 여기서도 가정부가 등장한다. 이 집 가정부는 마리가 작은 항아리 속에서 퍼낸 흰 가루와 같은 것을 재빠르게 수프 그릇에 끼얹는 것을 목격했다. 이 무렵 라파루지의 병세는 이제 심상치가 않았다. 게다가 마리는 보바리 부인처럼 투르의 젊은 법률가와 상당히 가까운 사이였다. 가정 안의 사정을 속속들이 알 수 있는 입장이었던 가정부는 직감으로, 어쩌면 마리는 주인을 독살하려고 하는지도 모른다고 느꼈다.

그래서 가정부는 마리와는 사이가 매우 좋지 않는 시어머니와 상의한 뒤 몰래 덜어낸 흰 가루의 정체를 알아내기 위해 의사에게 가져갔다. 예상대로 비소가 검출되었다. 이미 때는 늦어 라파루지는 호흡이 어려울 정도였고, 곧 혼수 상태에 빠져 1840년 1월 13일 결국 숨을 거뒀다. 의사에 의한 검시(檢屍)에서는 뇌, 심장, 간장 등의 장기가 매우 손상되어 있다고 보고되었다. 곳곳에 출혈과 같은 흔적도 보였다. 의학 정보가 오늘날처럼 전파되어 있지 않았지만 독극물에 의한 사망에 대해서는 예외적으로 상세한 정보를 접할 수 있었다.

곧바로 의심되는 모든 장기에서 비소를 검출하려고 시도했다. 검출 방법은 셸레의 방법을 개량한 독일 하이네만의 방법이었다. 비소 화합물에 황화수소를 가하면 황색의 침전물이 생긴다는 매우 간단한 방법이었다. 그러나 어느 장기에서도 비소는 검출되지 않았다.

한편, 수사관에 의한 탐문 수사도 면밀하게 진행되었다. 곧 약국으로부터 마리가 쥐를 잡기 위해서라며 비소화합물을 구입한 적이 있다는 정보를 얻었다. 이제는 재판을 통해 해결할 수밖에 없었으므로 마리는 기소되었다. 위의 점막에 조금씩이기는 하지만 점상(點狀)의 출혈반이 보였지만 그렇다고 해서 이것만으로 비소에 의한 독살이라고 단정할 수는 없었다. 어떻게 해서라도 원인 물질인 비소를 체내에서 검출하지 않으면 안 되었다.

당시, 천부적으로 재능을 타고난 스페인 출신의 독극물학자 마티외 오르필라(Mathieu J. B. Orfila, 1787~1853)가 있었다. 그는 나폴레옹 전쟁 중에 공부를 위해 고향을 떠나 파리에서 의학을 공부했다. 1814년에 논문으로 발표한 「독극물에 의한 신체장애와 그 검출법」은 법독물학이란 학문 분야의 기초를 쌓은 것으로 오늘날 평가되고 있다. 비소를 포함한 각종 금속들이 체내에 들어가면 위와 장에 흡수되어 폐, 간, 신장,

그리고 모발과 손톱, 발톱에 침투해 거기서 오랫동안 축적된다. 장기에 어떠한 독극물이 어느 정도의 양이 함유되어 있느냐 등, 오늘날의 정성적(定性的)·정량적(定量的) 측정법을 해설하고 있다. 이와 같은 업적으로 그는 '법독극물학의 아버지'로 평가되어 왔다.

재판에는 이 오르필라도 참여했다. 그는 파리에서 재판이 열리는 투르까지 가서 목관에 넣어 땅 속에 묻은 라파루지의 사체를 발굴했다. 지금도 유럽에서는 사인을 재검증하기 위해 묘지 발굴(exhumation)이 종종 시행되고 있다. 목관 속의 유체에는 흰 풀솜상의 곰팡이가 달라붙어 있고, 안구는 눈구멍에 함몰되어 약간 해골 상태로 되어 있었다. 그러나 전신(全身) 형상은 그다지 무너져 있지는 않았다. 다행히도 매장되고 나서 별로 오랜 시간이 경과하지 않았으므로 내장은 건조해 수축되어는 있었지만 확실히 분별할 수 있었다. 다만 아쉬운 점은 검사 시료로서 가장 소중한 위는 얇은 막상(膜狀)의 조직으로 되어 있기 때문에 심하게 망가져 검사 시료로 사용할 수 없었다. 간장과 신장, 그리고 일부 장(腸)도 추출되었다. 장기를 확보한 오르필라는 당시로서는 최신 방법인 매슈법으로 비소를 검출하려고 생각했다.

제임스 매슈(James Matthew, 1794~1846)는 영국의 화학자로, 왕립육군공창(병기·탄약제조소)에 근무한 후 화학자·물리학자로 저명한 마이클 패러데이(Michael Faraday, 1791~1867)의 조수가 되었다. 박봉에도 불구하고 조수 생활을 평생 계속했다. 검출법의 기초는 셸레가 발견한 수소화비소의 발생 방식에 근거하고 있었다.

비소화합물을 아연과 희황산(希黃酸)의 반응으로 발생하는 수소에 의해 환원하면 기체인 수소화비소가 배출된다. 이 수소화비소를 가열한 가스관 속을 통과시키면 열분해됨으로써 비소가 분리 배출된다. 이 비소는 유리관이 냉각되면 유리관 벽에 암갈색이나 또는 검은색의 막을 형성한다. 이것을 비소 거울이라 하며 매슈법의 원리이다. 이 색의 정도에 따라 어느 정도의 비소가 들어 있는가의 정량적 추정도 하게 된다.

매슈법은 0.7마이크로그램(1마이크로그램은 100만분의 1그램)까지의 비소화합물을 검출할 수 있다. 예민하면서도 간단한 방법이기 때문에 당시 크게 인기를 끌어 실용화되었다. 그러나 이상하게도 매슈법은 베르셀리우스-매슈법이라고, 베르셀리우스의 이름을 붙여 소개되기도 한다. 스웨덴의 세계적 화학자 이윈스 야코브 베르셀리우스(Jöns Jakob Berzelius, 1779~1848)의 이름이 붙은 것은 공동 연구의 소산인지 베르셀리우스의 권위에 따른 것인지는 알 수 없다.

그 직후에 매슈법을 뒤쫓듯이 굿자이트법(Gutzeit method)이 발표되었다. 이 실험은 특히 포함된 비소의 양을 아는 정량적 측정을 목표로 했다. 수소화비소를 질산은을 담근 여과지에 접촉시키면 처음에는 황색이 되고, 수소화비소가 증가함에 따라 점차 갈색에서 검은색으로 변한다. 색깔의 상태를 보면 포함되어 있는 비소화합물의 양을 알게 되는 방법이다. 18

세기에서 19세기에 걸쳐 비소의 화학적 검출법이 경쟁이나 하듯 연이어 개발되었다.

매슈법을 구사한 오르필라는 장기에는 사람을 확실하게 죽일 만큼의 비소가 포함되어 있었다고 검사 결과를 자신만만하게 발표했다. 체내에 들어간 비소는 들어가는 족족 장기에 축적되었던 것이다. 하지만 현명한 수사관이라면 누구나 의문을 가지는 점이 있다. 검사한 시료는 일단 흙 속에 매장되었던 것이다. 이 경우, 유체가 위치한 주위 환경에서 어쩌면 비소가 유체에 옮겨질 가능성은 없을까.

오르필라는 단순한 분석자가 아니었다. 분석 결과를 통해서 독극물 범죄 사실의 진실성을 합리적으로 설명하는 감각을 소유하고 있었다. 그는 장기를 분석하는 것과 똑같은 조건으로 묘지의 토사(土砂)까지 분석했다. 토사에서는 비소가 털끝만큼도 검출되지 않았다. 수사관은 감정 결과에 매우 만족했다. 마리의 남편 독살 혐의는 의심할 여지가 없는 진실로 굳어지게 되었다.

이 지경에 이르렀는데도 마리는 재판정에서 계속 완강하게 무죄를 주장했다. 최초의 감정에서는 비소가 검출되지 않았으며 묘지를 발굴했을 때 검출되었기 때문이다. 도저히 납득할 수 없다고 오르필라 감정의 과학적 신빙성에 감연히 이의를 제기했다. 재판소는 어쩔 수 없이 재감정을 결정했다.

재감정인은 당시 프랑스의 혁명적 공화주의자(共和主義者)로도 알려진 프랑수아 뱅상 라스파이유(François-Vincent

Raspail, 1794~1878)였다. 나폴레옹 찬미자였던 그는 왕정복고 후에 잠시 실업자로 지내다 파리에서 의학과 신학을 배우고, 다시 화학까지 공부한 만능형 연구자였다. 한편, 야심가적 기질도 농후해 본래 성향과는 맞지도 않은 정치에까지 고개를 내밀었다가 1854년부터 6년 동안 조국 프랑스에서 추방당해 망명자 신세가 되기도 했다.

세월이 흘러 망명에서 귀국한 그는 간편하고 저렴한 의료 대중화에 힘을 쏟아 시민을 위한 의사이자, 화학자로서 새 출발을 했다. 그런 만큼 시민들의 신망도 두터워 재감정인으로서는 안성맞춤의 인선이었다.

라스파이유는 오르필라와 같은 매슈법으로 비소 검출을 시작했다. 옛날부터 비소가 안료와 치료약으로 사용되어 연금술자들의 흥미의 대상이 되었던 사실에 정통한 그는 비소가 여기저기에 흩어져 있는 사실을 설명했다. 유체에서 검출된 비소가 어디에서 유래되었는가를 판정하기는 어렵다. 심지어 지금 재판장이 앉아 있는 도색(塗色)한 의자에서도 비소는 검출될 것이라고 주장했다. 실제로 그 도막(塗膜)을 분석한 결과 비소가 분명하게 검출되었으므로 자기 소견을 확고하게 굳히는 계기가 되었다.

그러나 라스파이유의 분석 결과도 마리가 약국에서 비소제를 구입한 사실을 뒤집어엎지는 못했다. 재판장도 배심원도 오르필라의 감정 결과야말로 마리의 범행 사실을 합리적으로 증거하는 것이라며 마리에게 유죄를 선고함으로써 마리는

1841년부터 10년간 감옥살이를 했다.

일설에 의하면, 라스파이유는 투르의 재판소까지 말을 타고 달려가는 도중 낙마해 중상을 입었기 때문에 재판 심리의 감정 증인으로 과학적 증거 진술을 하지 못했다는 설도 있다. 진위는 어떠하든, 오르필라가 6세나 연하인 라스파이유와 두 사람 모두 자신의 권위를 앞세워, 관계가 매우 좋지 않았다는 것을 당시의 사람들은 알고 있었으며, 다른 독극물 범죄에서도 날카롭게 대립한 적이 있었다고 한다.

라파루지 사건에서는 두 가지 역사적 의미를 생각할 수 있다. 그 첫째는 범죄 사실의 진실성을 음미하기 위해 과학적 증거를 유효하게 채택한 점, 또 하나는 변호인 쪽에도 과학적 증거를 제출하게 함으로써 양자간 증거의 시비를 둘러싼 논쟁을 도입한, 오늘날에 비유하면 반대 측 심문, 변호인 측 심문을 법정에서 펼친 점이다. 사실 인정은 오직 증거에 의한다는 범죄 수사의 원칙이 라파루지 재판에서 본보기가 되었다.

보카르메 백작 사건

라파루지 사건에서 라스파이유에 승리한 오르필라는 과학자로서 절정기에 있었다. 그는 이제 권위자로 자인했다. 그러나 과학은 그러한 권위에는 개의치 않는 듯, 오로지 진보의 길을 걷고 있었다.

모르핀 (morphine)	흰꽃을 피우는 양귀비(Papaverales)의 열매에 상처를 내어 스며 나오는 유즙을 건조해 만드는 아편의 성분으로, 학명은 파파베르(Papaver)이다. 일반적으로 포피(Poppy)라고 한다. 아편은 기원전 1500년 전부터 잘 알려져, 기원전 400년경 히포크라테스(Hipocrates)와 갈레노스(Galenos) 등이 의약으로 사용한 것으로 전해진다. 모르핀은 아편의 독성분으로, 1805년 독일의 약제사 제르튀르너(F. W. A. Sertürner)가 발견한 알칼로이드(alkaloid)의 하나이다. 통증을 억제하는 작용을 하지만 호흡을 저해하므로 죽을 수도 있다. 그다지 맹독은 아니지만 정신적·신체적(의존성) 빠지기 쉬워 단 한 번이라도 경험하면 끊지 못하고 폐인이 되기도 한다. 모르핀의 화학구조를 인공적으로 일부 수정을 가해 합성한 것이 헤로인(heroin)이라는 합성마약이고 치사량은 60~200밀리그램이다.
브루신 (brucine)	인도 원산의 병꽃나무 상록수의 마틴(nux vomica) 종자(중국명 마전자)에서 얻는 맹독물질인데 종자에는 스트리키닌과 브루신이 함유되어 있다. 마틴의 학명은 스트리크노스 눅스 보미카(*Strychnos nux vomica*)이고, 보미카는 생약(生藥)의 하나로 위장 기능 항진제로 사용되기도 한다. 화학구조는 스트리키닌과 약간 다르고, 독성은 스트리키닌보다 약하다. 1819년 프랑스의 약제사 펠티에와 카반토 두 사람이 공동으로 스트리키닌과 함께 발견했다.
키니네 (kinine)	키닌(kinin)이라고도 하며, 남미 안데스 지방 원산의 상록 고목 키나(kina)의 수피(樹皮)에서 얻은 알칼로이드로 옛날에는 만능약으로, 현재는 해열·항말라리아제로 사용되고 있다. 키나 껍질에서 얻는 퀴니딘(quinidine)은 키니네의 친척(이성질체)으로 부정맥 등에 사용되며 부작용이 강하다. 1820년 브루신과 마찬가지로 두 사람의 프랑스인 약제사 펠티에와 카반토에 의해 발견되었다.
니코틴 (nicotine)	담배(tobacco; nicotiana) 잎에 함유된 알칼로이드로, 맹독이고 치사량은 10밀리그램(담배 10개비 정도의 양) 정도이다. 중추흥분작용이 강해 대량 섭취하면 억제작용을 하여 호흡 곤란으로 사망하게 된다. 니코틴은 입 안, 위와 장, 기도(氣道), 피부를 통해 쉽게 흡입된다. 1828년에 발견되었다.

비소는 19세기에 가장 많이 사용된 독극물이라고 할 수 있다. 그러나 이 무렵에 이르면 다른 여러 가지 새로운 독극물이 발견되기 시작했다. 모르핀(morphin), 스트리키닌(strychnine), 브루신(brucine), 니코틴(nicotine), 키니네(kinine) 등 그 종류가 다양했다(<표 7.3>). 비소, 수은, 납 같은 금속성 독극물은 언제까지나 체내에 축적되어 있으므로 검출되기 쉽지만 새로 발견된 독극물의 대부분은 식물에서 추출한 식물 알칼로이드이고, 그 대부분이 사용 후 형적도 없이 소멸되기 때문에 독살 범행을 증명하기 어려운 경우가 많다. 또 이러한 식물들에 유래하는 독극물을 검출하는 방법이 이 시대에는 아직 발견되지 않았었다. 오프필라는 이와 같은 독극물의 새로운 흐름을 감지하고는 있었지만 유감스럽게도 자신이 앞장서 그에 도전하기에는 권위가 장애가 되었다.

여행가로 잘 알려진 보카르메(Hippolyte Visart de Bocarmé) 백작은 벨기에의 고즈넉한 비트르몽 성에 거주하면서 자기 기분 내키는 대로 생활하다가 선대로부터 물려받은 알토란 같은 재산을 다 말아먹고 이제 파산 상태에 있었다. 선조의 가명(家名)에 먹칠하게 될 것을 두려워한 그는 어떻게든 이 위급 상태에서 벗어나야만 했다. 달리 신통한 방법이 없어, 생각다 못한 것이 파산을 숨기고 돈 많은 여자와 결혼하는 것이었다. 여기에 대지주의 딸 리디가 알맞은 후보로 나타났다. 아무런 직함도 권세도 갖지 못한 평민 지주에게 백작의 칭호는 벼락출세와 마찬가지여서 결혼은 순조롭게 성사되었다.

리디에게는 벌써 몇 년 동안 당뇨병을 앓아 한쪽 다리를 절단한 오빠 구스타프가 있었다. 백작으로서는 처남만 죽어 없어진다면 처가의 재산이 송두리째 아내 리디를 통해 자신의 품에 들어올 것이 분명했다. 하지만 돌연 처남이 결혼을 발표했다. 백작은 아내와 의논해 처남을 살해할 목적으로 1850년 11월 20일 약혼을 축하하는 만찬에 처남을 초대했다. 집사는 외출하고 없었다. 백작 부부의 공동정범(共同正犯)이 시작된 것이다.

범행은 놀랄 만큼 대담무쌍하게 진행되었다. 구스타프가 만찬 테이블에 착석하자 백작은 슬그머니 구스타프의 등 뒤에서 급습해 바닥 위에 벌렁 쓰러뜨렸다. 아내도 백작의 동작을 거들었다. 구스타프는 돌연한 사태에 무슨 영문인지도 모른 채 필사적으로 저항하며 발버둥쳤으나 한쪽 다리마저 없는 불구자의 몸은 바닥에 찍어 눌린 상태였다.

백작은 마음이 조급한 듯, 손을 떨면서 아내의 도움을 받아 구스타프의 입을 강제로 벌려 니코틴을 함유한 액체를 입 속에 쏟아부었다. 서두른 탓인지 니코틴액 일부는 입으로 들어가지 않고 안면과 바닥 위에도 떨어졌다. 구스타프는 무슨 뜻인지 알 수 없는 비명을 지르며 일그러진 표정으로 신음했다. 몇 분 후에는 몸을 비틀며 경련하다가 사망했다. 전격성(電擊性) 쇼크와 비슷했다.

백작은 원래부터 인내심이 강한 성격이었다. 처남을 독살할 목적으로 오르필라가 1843년에 발표한 독극물에 관한 논문을 정독(精讀)했었다. 그 논문에, 맹독성인 니코틴은 사체로부터는 결코 검출되지 않는다고 기술되어 있는 점에 주목했다. 그래서 자택에서 직접 담배를 재배했다. 화학 기기(機器)도 구입해 자란 담배 잎에서 니코틴 성분을 추출하기 위한 조작을 계속했다. 논문을 숙독한 후, 아마추어 화학자가 되어 이 니코틴을 처남의 입에 강제로 집어넣은 것이다.

백작 부부의 거동이 평소와 달랐다는 것을 뒤늦게 깨달은 집사는 서둘러 저택으로 돌아왔다. 범행은 이미 끝났고, 바닥에 쓰러져 있는 사체를 발견했다. 부부는 구스타프가 갑자기 쓰러졌다고 말했다. 그러나 어딘가 당황해 하는 모습, 거기다 구스타프의 입 언저리에 무엇인지 알 수 없는 액체가 약간 번져 있는 것에 이상함을 느꼈다. 집사는 곧바로 단골 의사에게 연락했다.

의사는 사체의 입 안에 이상하게 타고 있는 듯한 증상을 놓치지 않았다. 발적(發赤)이었다. 라파루지 사건의 교훈이 생각났다. 사체의 상황으로 보아 독극물이 들어갔는지도 몰랐다. 비소인가. 아니 어쩐지 증상이 다르다. 당시 니코틴은 비소 다음으로 대중적인 독극물이었다. 사체의 자세도 등이 뒤로 젖혀진 모습이었다. 아무래도 니코틴 같다. 의사는 직감이지만 확신했다.

스타스의 독극물 추출법

벨기에의 장 스타스(Jean Servais Stas, 1813~1891)는 의사 자격을 취득했지만 본래 화학에 관심이 많아 의료에는 종사하지 않고 프랑스의 유기화학자 장 바티스트 앙드레 뒤마(Jean Baptiste André Dumas, 1800~1884)에게로 달려갔다. 뒤마는 프랑스 과학아카데미의 종신 회장직을 지냈고, 독일의 화학자 유스투스 폰 리비히(Justus Freiherr von Liebig, 1803~1873)와 나란히 19세기 중반 화학계의 태두(泰斗)였다. 뒤마 밑에서 원소의 원자량을 정확하게 결정하는 정밀측정 분석법을 완성시킨 스타스는 왕립학교 화학교사로 근무했으나 약골인 관계로 오래 근무하지 못하고 그만뒀다.

얼마 지나지 않아 그는 돌연 유럽을 엄습한 감자 역병(疫病)을 연구하기 시작했다. 이 역병이야말로 그의 이름을 세상에 알리게 된 계기가 되었다. 그는 이 역병 연구로 실제 응용할 수 있는 다양한 지식과 기술을 습득했다. 그 결과 현재 독극물학의 기술적 지침인, 스타스－오토법(Stas－Otto method)이 개발되었다. 이는 다양한 독극물을 교묘하게 추출하는 방법이다.

스타스는 뒤마에게로 달려가기는 했지만 본래 오르필라의 제자였다. 오르필라를 제치고 스타스가 보카르메 백작사건의 독극물 감정인으로 선정되었었다. 이미 이 무렵 오르필라의

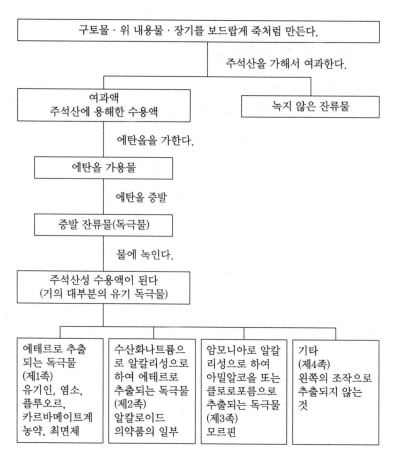

구토물 · 위 내용물 · 장기를 보드랍게 죽처럼 만든다.

주석산을 가해서 여과한다.

여과액
주석산에 용해한 수용액

녹지 않은 잔류물

에탄올을 가한다.

에탄올 가용물

에탄올 증발

증발 잔류물(독극물)

물에 녹인다.

주석산성 수용액이 된다
(기의 대부분의 유기 독극물)

| 에테르로 추출되는 독극물 (제1족) 유기인, 염소, 플루오르, 카르바메이트계 농약, 최면제 | 수산화나트륨으로 알칼리성으로 하여 에테르로 추출되는 독극물 (제2족) 알칼로이드 의약품의 일부 | 암모니아로 알칼리성으로 하여 아밀알코올 또는 클로로포름으로 추출되는 독극물 (제3족) 모르핀 | 기타 (제4족) 왼쪽의 조작으로 추출되지 않는 것 |

[그림 7.1] 스타스-오토법에 의한 독극물의 계통적 분리 추출법

권위는 다소 퇴색하기 시작했다.

스타스는 각종 독극물을 망라해 응용할 수 있는 독극물 추출법은 없을까 고심했다. 독극물은 제각각 독자적인 성질을 가지고 있을 것이다. 물에 잘 용해되는 것도 있고, 에테르나 클로로포름에 잘 용해되는 것도 있을 것이다. 그는 독극물의

액체에 대한 용해성의 차이에 대해 주목했다. 어떻든 위 속의 내용물과 장기에서 독극물로 추정되는 물질을 추출하는 것이 선결 문제였다.

먼저 내용물과 장기를 보드랍게 분쇄해 죽처럼 만들고, 거기에 주석산(tartaric acid)을 가해서 산성으로 했다([그림 7.1]). 또 에탄올(에틸알코올)을 가해서 가열한 후 여과했다. 여과된 에탄올 속에 어떤 독극물이 들어 있는지 아직은 알 수 없으나 다분히 독극물이 녹아 있을 것이다. 이 에탄올을 증발시키면 독극물만 남는다. 이렇게 하여 얻은 독극물을 종류별로 나누는 작업이 이어진다.

이를 위해 성질이 여러 가지로 다른 액체(용매)가 사용된다. 우선 에테르를 사용해서 독극물을 녹이면 제1족의 독극물이 녹아 나온다. 이것은 유기인계(有機燐系)의 농약을 포함한 각종 농약이고, 에테르를 증발시키면 거기에 독극물 중 농약만을 얻게 된다.

다음에 수산화나트륨(가성소다)으로 알칼리성으로 하여 에테르를 넣으면 제2족의 독극물이 녹는다. 이것은 니코틴, 코카인 같은 식물 알칼로이드이다. 다시 암모니아로 알칼리성으로 해서 아밀알코올을 넣으면 제3족의 독극물이 용출된다. 이것은 모르핀으로 대표된다. 이처럼 사용하는 액체의 종류와, 산성이냐 알칼리성이냐의 액성 차이에 따라 독극물을 종류별로 분리해서 추출하는 방법(계통적 용매분리 추출법)이 스타스에 의해 개발되었다.

이 스타스법은 그 후에 독일의 화학자 프리드리히 오토(Friedrich Otto)가 수정을 가해, 독극물의 신속한 독극물의 계통적 분리추출법인, 스타스-오토법으로 오늘날의 과학수사에도 그 맥을 이어오고 있다.

일단 장기로부터 독극물이 추출되면 그것이 어떠한 독극물인가를 판단하는 것은 별로 어렵지 않다. 어려운 것은, 어떻게 하면 장기로부터 독극물을 효과적으로, 여분의 장애물을 제거하고 순수하게 추출할 수 있느냐이다. 독극물 범죄의 과학수사에서는 각종 장기, 혈액, 위(胃)의 내용물, 구토물, 소변·대변 같은 다양한 증거물로부터 문제가 되는 독극물만을 어떻게 하면 효과적으로 추출할 수 있느냐가 가장 중요하다.

스타스는 사체로부터 니코틴을 분명히 검출했다. 오르필라의 논문을 완전히 뒤엎는 결과였다. 어떠한 의도에서였는지 오르필라는 보카르메 백작의 변호인 측 감정인으로 되어 있었다. 그러나 누가 이기고 지는가는 분명했다. 그래서인지 오르필라는 증거 제출을 포기했다. 자신에게 이로운 일이 아니라는 것을 알았기 때문이다.

이 사건을 계기로 오르필라의 인생은 내리막길을 걷기 시작했다. 그것은 과학자에게 있어서는 안 되는 그의 태도 때문이었다. 보카르메 백작 사건이 한창인 때, 그는 스타스의 분리추출법에 대해 들었다. 그가 보아도 과학적으로 올바른 이론이고, 기술이었다. 오르필라는 1843년에 발표한 논문에서 사체로부터는 니코틴을 검출할 수 없다고 했었다. 그 때문에 자신의 학자 생명에 중대한 영향을 초래하게 될지 모른다는 걱정에 사로잡혔다.

오르필라는 자신의 독극물학서 제5판에 스타스의 분리추출법을 그대로 게재하고 싶다는 서신을 보냈다. 스타스도 과학 발전에 조금이라도 도움이 된다면 보람이라 생각해서 기꺼이 승낙했다. 스타스의 논문을 받아 숙독한 오르필라는 스타스법을 대폭 변경해 마치 자기가 연구 개발한 양 출판했다.

여기에는 약간의 연유가 있다. 스타스는 1840년에 벨기에 왕립육군사관학교 화학교수로 재직했으나 불행하게도 후두암 때문이었는지 후두부에 큰 장애를 입어 거의 소리를 내지 못하게 되었다. 그리하여 1869년 은퇴를 하지 않을 수 없었다.

스타스가 아무 말도 하지 못하는 장애자가 된 사실을 오르필라는 알고 있다. 재판에 회부된다 해도 걱정할 것 없다. 그는 말하지도 못할 것이라고 확신했다. 그러나 그의 출판 계략이 폭로됨으로써 스타스가 앞서 독창(獨創)한 것으로 과학적 정당성이 새삼 공인받게 되었다.

이로써 오르필라는 학자로서의 명성에 씻을 수 없는 오점을 남기게 되었다. 한편, 스타스는 알칼로이드의 분리추출법인 스타스-오토법의 개발자로 오늘에 이르러서도 독극물 범죄의 과학수사에 그 이름을 남기고 있다. 자신의 명성을 지키기 위한 책략은 어느 세상에서나 파탄을 초래할 위험성을 내포하고 있다. 그러한 의미에서 오르필라는 좋은 교훈을 남긴 셈이다.

현대의 독극물 범죄

범죄에 사용되는 독극물뿐만 아니라 오늘날 사회를 밑바닥에서부터 좀먹는 마약, 각성제 등은 그 종류가 다양하다. 특히, 현대에 이르러서는 생각지도 못했던 화학무기용 신경가스까지 대량 독살사건에 사용되기도 하고, 들어보지도 못했던 공업용 약품이 독극물 사건에 혼합 사용되는 사태까지 발생하기도 한다. 독극물인 줄 모르고 접촉하거나 잘못 섭취하는 독극물 사고도 가끔 발생하고 있다.

이와 같은 과실적 사고는 물론, 고의적으로 사람을 살상하려고 하는 독극물 범죄에 관련될 우려가 큰 독극물을 <표 7.4>에 보기로 들었다. 표에서는 인체에 미치는 독성의 차이에 따라 분류했다. 이러한 독극물들이 현대의 범죄에 어떻게 사용되고 있는지 살펴보기로 하겠다.

제2차 세계대전이 끝나고 약 2년 반 정도가 지난 1948년 1월에 일본 도쿄 시 도요시마 구(豊島區)에서 일어난 데이고쿠 은행(帝國銀行)사건은 전후 일본에서 일어난 독극물 범죄, 그것도 대량 독살 범죄의 대표적인 사례였다고 할 수 있다. 이 사건에서는 청산화합물이 사용되었다. 그것이 계기였는지 어쩐지는 알 수 없지만 1950년대부터 일본에서 발생한 독살 범행 수단은 거의 다 청산화합물에 의해서였다.

청산가리(시안화칼륨)와 청산소다(sodium prussiate)는 구하기 쉽고, 무엇보다도 사람을 살해하는 독성이 매우 강하다. 이것들은 화학적으로 안정된 물질이고 특별하게 독성이 강한 것은 아니다. 그러나 일단 염산과 같은 산, 예를 들어 위로 들어가 위산을 만나면 맹독의 청산이 발생한다. 잘못해서 사람이 0.2그램의 청산가리만 마셔도 청산이 발생해서 대부분 순식간에 사망할 정도이다.

이에 관해서는 하나의 에피소드가 있다. 제8장에서 다룬 러시아의 괴승으로, 니콜라이 2세와 황후의 비호를 받았던

〈표 7.4〉 독극물의 작용에 따른 분류

분류명	주요 작용	해당 독극물
부식독	피부의 미란 (썩어 문드러짐)	강한 산(염산, 황산), 알칼리 용액(가성소다) 승홍(염화 제2수은)과 질산은 등의 중금속 염류, 이페리트(ypérite)와 류시(lewisi) 등의 독가스 등
실질독	체내에 흡수·축적해 장기를 파괴하고 기능을 손상	많은 중금속 염류, 유기 염소계 농약(알드린, 엔드린), 다이옥신, PCB(폴리염화비페닐), 유기용제(신나, 톨루엔) 등
혈액독	주로 혈액의 혈구에 작용해서 혈색소를 파괴하며 독작용을 나타낸다.	일산화탄소, 청산, 황화수소
효소독	체내의 효소작용(활성)을 저지한다.	유기인계 농약(헤프, TEPP), 청산, 카르바메이트계 농약(데나폰, 산사이드), 신경가스(타븐, 사린, 소만) 등
신경독	중추신경(뇌)과 말초신경의 정상 작용을 저해한다.	알코올류, 유기용제(신나, 톨루엔), 식물 알칼로이드(모르핀, 스트리키닌, 니코틴), 각성제, 마약(코카인, MDMA), 보툴리누스균 등

라스푸틴은 몇 차례나 청산가리가 든 커피를 마셨지만 독살되지 않았다. 그러나 그때마다 그가 독살에서 모면할 수 있었던 것은 그의 위가 무산증(無酸症)을 앓고 있었기 때문이었다는 설도 있다.

청산은 사람이 생존해 나가기 위해서는 근간이 되는 세포의 호흡을 원활하게 하는 효소의 활동을 못하게 작용한다. 그 때문에 세포는 청산이 작용하면 세포가 질식해서 모든 기능이 정지되어 사람은 사망하게 된다.

이 작용 외에도 또 하나, 중추신경(뇌) 중 폐(肺)의 호흡운동을 조절하고 있는 호흡 중추 부위를 마비시켜 호흡 자체를 정지시키는 신경독 작용도 하고 있다. 이와 같은 작용은 청산 화합물의 살상 능력이 뛰어나리만큼 강하다는 것을 증명하고 있다. 중금속 독극물은 특정인을 살상하는 독살 범죄보다는 공해문제와 크게 관련된다고 볼 수 있다.

중금속 화합물을 사용해 특정인을 살상하는 독극물 범죄가 전설화된 것처럼 생각되었던 1961년 3월 28일, 일본 미에(三重) 현에서 생활개선클럽 집회 중에 대량 독살사건이 발생했다. 회의가 끝나고 참석한 여성 회원 19명에게 술잔에 7부 정도씩 백포도주가 부어졌다. 회장의 제창으로 건배를 시작하려는 순간 여기저기서 '석유 냄새가 난다'는 소리가 터져 나왔다. 그로부터 몇 분도 지나지 않는 사이 구토하는 사람이 속출했다. 냄새를 맡을 사이도 없이 단번에 마셔버린 전임 회장의 부인은 신음소리와 동시에 갑자기 쓰러졌다.

다른 부인들도 연이어 쓰러지자 회의장은 그야말로 아비규환 상태가 되었다. 처음에는 말을 못하게 되고, 땀을 흘리며 복통 증상이 공통으로 나타났다. 한꺼번에 마신 사람은 의사가 도착하기까지 몸을 경련하다가 사망했다. 바로 토한 사람은 몸과 가슴을 쥐어뜯을 듯이 괴로워했다. 그 후에는 의식이 몽롱해 아무것도 몰랐다.

수사진이 꾸려지고, 면밀한 상황 증거 수집과 목격자 증언 등을 청취한 결과, 사건이 발생한 6일 만에 전임 회장인 오쿠니시 마사루(奧西勝)가 자백해 범죄 피의자로 체포되었다. 자신의 아내와 이웃집 여성(두 사람 모두 사망)과의 3각관계 때문에 고민한 결과였다. 포도주에 독성이 파라티온(parathion)보다 10배나 강한 유기인 농약인 테프(TEPP)를 몰래 섞은 것이다.

농작물의 병충해와 잡초를 제거하기 위한 농약으로는 살충제·살균제·제초제 등의 약제가 있으며, 그 제조에는 유황합제(硫黃合劑), 석회, 보르도액(황산구리와 석회의 혼합액), 비산납(砒酸鉛) 등이 사용된다.

화학의 합성 기술이 발전함에 따라 연이어 유기농약이 합성되었다. 그래서 제조된 것이 유기염소계의 DDT, BHC 그리고 독성이 강한 TEPP 등이었다. TEPP는 과거 나치 독일의 육군이 가장 먼저 신경가스 합성물로 사용했을 정도로 독이 강한 유기인제(有機燐劑)였다.

여기 소개한 독살 장면은 모임에 참석했으나 용하게 난을 비껴간 사람들의 진술 내용을 담은 것이다.

이 사건이 계기가 되었는지는 모르지만 농약을 사용하는 독극물 범죄가 일본에서 연속적으로 유행했다. 독극물 범죄는 유행이란 말 그대로 농약 파라콰트(paraquat)를 사용하는 무차별 독살 범죄가 연이어 발생했다.

일본에서는 1965년부터 채소밭이나 과수원 등의 제초에는 파라콰트가 광범위하게 사용되기 시작했다. 파라콰트는 그라목손(Gramoxone)이란 상품명으로, 비교적 안전성이 높은 제초제로 알려졌다. 독성이 강하지 않다고는 하지만 인간에 대한 치사량은 원액 10~15밀리리터로, 우윳병의 용량이 200밀리리터인 것을 생각하면 지극히 적은 양만으로도 사람을 살상하게 된다는 것을 알 수 있다. 파라콰트의 독성은 현대의 말로 표현하면, 활성 효소에 의한 세포 장애이다. 일시적으로 살아나간다 해도 오래 살지 못하고 폐 기능이 소실되어 호흡 곤란으로 사망하는 등 치사율이 높다.

일산화탄소는 혈액 중의 적혈구 헤모글로빈에 결합하는 힘이 효소의 200배나 된다. 그 때문에 일산화탄소가 체내에 들어오면 효소가 배제되어 체내 조직에 효소가 전달되지 못해 질식 상태가 발생한다. 또 동시에 뇌의 일부(선조체[線條體]라고 하는 골격근의 운동을 조절하고 있는 부분)에 장애를 초래해서, 움직이고자 하는 의사가 있어도 골격근이 의사대로 따르지 않아 움직이지 못하게 된다. 1962년에 일어난 야마나시(山梨) 현 아키타(秋田) 산장사건은 그 전형적인 사례였다.

1990년경이 되자, 꿈에서도 생각하지 못했던 화학무기 사린(sarin)*을 사용하는 대량 독살사건으로 이어졌다. 그뿐만 아니라 독극물로서는 가장 고참인 비소화합물을 카레라이스에 섞어서 사람을 무차별 독살하는 대량 독살사건도 발생했다. 독극물 범죄는 연속적으로 일어난다는 세평(世評) 그대로 별로 듣고 본 적도 없는 아지화나트륨(sodium azide)이라는 일종의 방부제까지 독극물 혼입사건의 수단으로 가세했다.

이처럼 옛날에 사용되었던 독극물을 이용한 독살 범죄뿐만 아니라 이제까지 들어본 적도 없는 생소한 독극물까지, 구할 수만 있는 것이면 무엇이든 가리지 않고 사용하는 독극물 혼입 사건까지 발생한 1990년대부터 약 10년간, 독극물 검출 기술은 새로운 전략을 짜는 방향으로 진행되었다.

일본판 특별수사대

특히 화학무기 사린이 무차별 대량 살인용으로 사용된 것을 계기로, 도쿄 경시청은 1995년에 독극물특별과학수사대를

---

* 사린은 1937년에 독일의 게르하르트 슈라데르(Gerhard Schrader, 1903~1990)에 의해 개발된 유기인계 화학무기이다. 화학명 O-이소프로필 메틸포스포노플루오리데이트(O-Isopropyl methylphosphono tluoridate)라 불리는 무색·무취의 액체로, 물에 잘 녹고 휘발성이 높다. 단시간에 신경계에 작용해 살상 능력이 강하기 때문에 치사제(致死劑)로 화학무기 중에서도 가장 중시되어 왔다.

편성했다. 이 수사대는 중요 흉악 살인 범죄와 테러리즘 범죄 등, 사회 안전을 크게 뒤흔드는 범죄에 대처하기 위한 전술을 각 전문가가 협력을 모색하기 위해 편성된 것으로, 미국 FBI 의 특별수사대(태스크포스)와 비슷하다.

독극물특별과학수사대는 신속하게 현장에 출동해 사람에 대한 위해(危害)를 최소한으로 막고, 범행 사실을 입증하는 데 도움이 되는 증거 자료를 수집해서 좀 더 신속하게 어떤 독극 물이 사용되었는지를 밝혀내는 등의 중요한 임무를 담당한다. 또 화학무기는 만들지도 않고, 소지하지 않으며 사용하지도 않는다는 것을 규정한 '화학무기의 금지 및 특정 물질의 규제 등에 관한 법률'에 따라 다양한 활동을 하고 있다.

여기서는 신경가스인 사린에 관해 간단하게 설명하고 다음 이야기로 넘어가도록 하겠다. 사린은 제2차 세계대전 이전 부터 전시 중, 전후에 걸쳐 독일에서 개발된 독성이 강한 유기인계의 게르만 가스(G가스)이다. 개발에 관여한 네 사람의 성의 머리글자 슈라데르(Schrader), 암브로스(Ambros), 류드리거(Rüdriger), 린데(van der Linde. 이 사람만 Linde의 2~3 번째의 글자 IN)를 묶어서 SARIN으로 명명되었다. 이 사린가스의 작용은 신경 전달을 중개하는 아세틸콜린(acetylcholine) 이라는 물질을 정상으로 유지하기 위해 작용하고 있는 효소 (아세틸콜린에스테라제)의 활성을 저해한다. 그 결과 아세틸 콜린이 효소로 분해되지 않고 언제까지나 체내에 남아 과잉 상태가 되므로 근육에 마비가 일어난다. 특히 호흡을 원활하

274

게 하고 있는 호흡근에 미치는 영향이 강하므로 호흡 정지로 인해 사망한다.

사린은 물에 매우 약하다. 물을 만나면 바로 가수 분해해서 독성이 전혀 없는 분해 산물로 변한다. 따라서 만에 하나 사린에 접촉되는 사태에 직면한다면 무엇보다 먼저 물에 잘 씻는 것이 위해를 조금이라도 가볍게 하는 방법의 하나이다.

이처럼, 물에 분해되기 쉬운 사린을 증거물로 증명하려고 해도 사린 그 자체가 증명되는 경우는 드물다. 대개는 사린의 분해물을 증명함으로써 사린의 사용을 증명하게 된다. 증거물로서는 피해자의 혈액, 범행 현장과 그 주변에서 채취한 토양, 물, 풀, 등 다양한 것이 수집된다. 앞에서도 언급했지만 과학수사에서는 이와 같은 온갖 증거물에서 목적하는 독극물과 그 분해 산물을 어떻게 효과적으로 추출하느냐가 범죄 사실을 입증하는 데 큰 열쇠가 되고 있다.

현재의 분석 기기 성능은 매우 우수하지만 이 추출에 실패하면 증거물의 증명력은 소용이 없을 수밖에 없다. 특히 이 오래된 것이면서도 새로운 독극물인 사린을 사용하는 범죄를 입증하는 데는 독자적인 전술이 요구된다. 일본의 독극물특별과학수사대는 그 힘을 십분 발휘할 수 있을 것이라고 자신하고 있다.

이와 같은 범죄가 두 번 다시 발생하지 않을 것이라고 확신은 하고 있지만 IT사회에서 온갖 독극물 정보에 쉽게 접할 수 있는 점을 감안할 때 언제, 어디서 또다시 같은 독극물 범죄가 발생할지 모른다.

독극물특별과학수사대는 다이옥신(dioxin)에 대해서도 주목하기 시작했다. 다이옥신은 미군이 월남전에서 사용한 고엽작전에 이용한 제초제(2·4·5 폴리염소화 디벤조 파라 다이옥신)를 제조할 때 나오는 부산물이다. 4개의 염소원자를 갖는 다이옥신(4염화디벤조 다이옥신)은 사상 최강의 독극물로 평가된다. 이 독극물은 피부와 내장에 강하게 장애를 초래해 암이나 기형을 야기하는 원인이 된다. 극히 미량이기는 하지만 쓰레기 소각장의 재에서도 검출되어 독극물 범죄와는 또 다른 공해사범의 하나로 사람들의 주목을 받게 되었다. 다이옥신은 인공적으로 합성할 수 있으므로 이 강한 독극물이 범죄에 사용되지 못하게 하기 위해서는 과학수사대의 엄격한 감시의 눈을 필요로 한다.

그런데 인간의 사회생활을 밑바닥에서부터 파괴하는 또 하나의 독극물 범죄가 존재한다. 그것은 바로 마약과 각성제로 대표되는 약물(藥物) 범죄이다. 약물이라고는 하지만 그것은 사람의 몸과 마음을 크게 침해함으로써 인간으로서의 존엄성을 파괴해 버리는 무서운 독극물이란 사실을 명심할 필요가 있다. 2000년을 최종 목표로 정한 UN의 약물 박멸 10년계획도 만족할 만한 성공을 거두지 못한 채 약물 문제는 21세기에 사는 우리들에게 숙제로 넘겨졌다.

마약류 소탕작전이 성공을 거둬 일거에 많은 양의 약물이 압수되기도 하지만 다른 한편에서는 수사의 손길을 피해 은밀하게 거래되는 약물이 다량 존재한다는 견해도 있다. 또 최근에는 주사기가 필요 없는 정제형(錠劑型)의 마약·각성제가 밀거래되는 경향도 있다 한다. 그 하나인 '엑스터시(ecstasy)'라는 정제형 합성 마약인 MDMA는 각성제와 비슷한 화학구조를 가지고 있다. 일본에서는 수사에 의한 MDMA의 압수량이 해마다 늘어나 2000년에만 해도 9만 정에 이르러, '정제 침식(錠劑侵食)'의 신기원을 맞이했다. 일본에서 합법적으로 수입되어 다이어트 효과와 성적 쾌감을 높인다고 선전되고 있는 이 정제를 장기 복용하면 불안·환각 등의 정신 증상과 심장 정지를 초래할 위험성이 있어, 역시 인간을 파괴할 위험성이 크다.

약물 범죄의 피해는 피해 당사자들에게만 국한하지 않고, 피해자와 관련되는 많은 사람에게까지 큰 불행을 초래할 위험성을 내포하고 있다.

생물무기 사용의 의혹

적의 전투력을 상실시킬 목적으로, 적진에 병원균을 살포하는 전술은 그리스시대 초기에까지 거슬러 올라간다. 1763년, 미국에서는 중앙 북동부의 오하이오에서 원주민인 인디언과의 분쟁이 계속되었다. 피트(Pitt) 성채(城砦)의 부대 지휘관이 남긴 기록에 의하면, 두 원주민 리더에게 천연두 전문병원에서 입수한 모포와 스카프를 제공한 것이 원인으로, 방역 체제가 전혀 갖춰지지 않은 원주민 병사에게 천연두가 만연되었다고 한다. 적의 전의(戰意) 상실을 노린 전술이었다는 것이다.

현대에 와서는 1991년 6월에, 러시아 최초의 공화국 대통령이 된 보리스 옐친(Boris N. Yeltsin)은 소련 붕괴 후 냉전 종식의 기운이 높아지는 가운데, 한 가지 마음에 걸리는 것이 있었다. 1979년 우랄산맥의 중앙부에 위치하는 스베르들로프스크(Sverdlovsk)에서 탄저균의 비산(飛散)이 원인으로 60명에 이르는 주민이 사망하는 재해가 발생했다. 미국은 신속하게 정보 수집에 분주했다. 얼마 지나지 않아 소련 정부는 그 진상을 발표했다. 사망한 60명은 분명히 탄저균의 감염이 원인

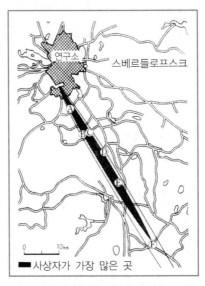

[그림 7.2] 구소련의 스베르들로프스크의 생물무기생산연구소에서 사고로 탄저균 아포가 누출되어 많은 시민이 사망했다.

278

이었으며, 그 감염 경로는 탄저균에 감염된 소고기가 법률을 무시한 업자의 암거래에 의해 주민에게 팔렸다는 설명이었다.

미국은 이미 생물무기로서 탄저균의 병원성(病原性), 방호 체제, 생물무기로서의 사용에 관한 풍부한 지식과 정보를 갖추고 있었다. 미국은 수집한 정보로 추찰하건대, 소련의 설명 내용에는 합리적이지 않은 것이 있다는 결론을 내렸다. 일반적으로 생물무기의 연구·생산·저장·사용 사실 등을 입증하는 확증적 증거 수집은 어렵다고 한다. 그러나 미국은 정보 분석 결과 지난 1979년의 탄저균에 의한 사망은 스베르들로프스크의 소련군 생물무기생산연구소의 폭발이 원인이었다고 1980년에 발표했다. 그 후, 두 나라는 각기 자기 발표의 정당성을 계속 고집했다. 진상 규명을 위해 어느 쪽 주장에도 기울지 않는 불편부당한 과학적 규명은 끝내 이뤄지지 않았다.

옐친은 우랄 공과대학 출신으로, 과학에 관한 소양이 있었으므로 은밀하게 정보를 수집해서 과학적 분석을 한 결과를 소련 붕괴 후 얼마 지나지 않아 발표했다. 60명이나 사망한 것은 군 연구소의 사고로 유출·전파된 탄저균이 원인이었다는 것이다. 그러나 이 발표도 미·소 양국의 신뢰 회복에는 별로 도움이 되지 못했다. 하지만 많은 사람에게 생물무기의 위험성에 관해서는 큰 경각심을 일깨우는 계기가 되었다.

1998년 2월 19일, 미국 네바다 주 라스베이거스의 헨더슨 (Henderson)이란 도시에서 작은 유리용기를 가지고 걸어가던 거동이 수상한 두 남자가 조사를 받게 되었다. 그 결과 용기에는 배양된 탄저균이 들어 있는 것이 밝혀졌다.

FBI는 집요하게 추궁했다. 그중의 한 사람은 3년 전인 1995년에 페스트균을 넣은 소형 바이엘병 3개를 어디서인지 우편물로 송달받은 사실이 있었다는 것이 판명되었다. 이 사람은 또 1997년에는 뉴욕 시내의 지하철 구내에 탄저균을 넣은 작은 원형의 병을 놓아 두었다고도 진술했다. 다행히도 당시 병원균을 정화했던 전문가에 의하면, 부근에 균은 방출되지 않았고, 따라서 감염도 발생하지 않았다.

그 나흘 뒤인 23일, 뉴욕, 캔자스시티, 피츠버그, 델라웨어 등의 시내에 '탄저균 아포(芽胞) 재중'이라고 쓴 종이를 붙인 병이 우송되었다. 신중한 수사 결과 곧 장난(hoax)으로 밝혀졌다. 장난은 협박(threat)과 함께 생물무기 사용 범죄의 키워드가 되었다.

일본에서는 이제 기억에서도 사라질 정도의 옛 사건이기는 하지만, 1964년 가을에서부터 1966년 봄에 걸쳐, 지바(千葉), 시즈오카(静岡), 가나가와(神奈川) 현 등지에서 연속으로 티푸스가 유행했다. 발생 상황으로 미뤄 아무래도 병원균이 고의적으로 뿌려진 것 같다고 추측되었다. 수사 결과 바나나와 카스텔라에 균을 도포한데서 발생한 무서운 사건으로 밝혀졌다.

증거물에 의한 입증이 매우 어려운 이런 유형의 범죄 때문에 인간의 살상을 목적으로 병원균을 사용한 용의자는 1심에서는 증거 불충분으로 무죄가 되었다. 그러나 1976년 4월 도쿄고등법원에서는 항소심 판결에서 상황 증거에 충분한 합리성이 입증되고, 본인 진술의 신빙성으로 미뤄 유죄 판결이 내려졌다.

생물무기로서 최적인 탄저균

가느다란 실 같은 것이 서로 얽혀 꿈틀거리는 화면이 TV에 방영된 적이 있었다. 영양분이 충분히 주어진 한천배지(寒天培地)에서 증식한, 죽순을 직각으로 절단한 것과 같은 하나하나의 원통간상(圓筒杆狀)의 탄저균(폭 1마이크로미터, 길이 6마이크로미터 정도; 1마이크로미터는 1,000분의 1 밀리미터)이 연쇄상으로 길게 이어진 집락(集落) 상황이다.

1876년에 로베르트 코흐(Robert Koch, 1843~1910)는 이 균의 순수 배양에 성공했다. 세균학 연구 기술의 획기적인 발견으로 칭송되고, 이 발견이 계기가 되어 병원체가 연달아 발견되었다. 오늘날에 이르러서는 자주 듣게 되는 탄저균이지만 티푸스나 콜레라의 병원균과는 달리 이제까지 접한 적이 없는 생소한 것이었다. 그 이유는, 이 균이 주로 소나 양, 말 등의 가축 동물에게 감염시키고 사람에게는 감염 예가 별로 없었기 때문이다.

탄저균은 배양 조건을 조정하면 균체 바깥쪽에 협막(莢膜)이라고 하는 단백질성의 막을 형성한다. 이 막은 몸 속에서

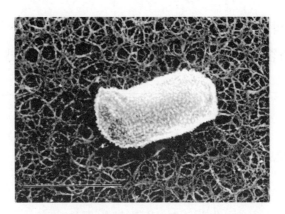

[그림 7.3] 탄저균 아포(길이 약 1마이크로미터)

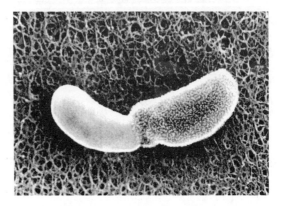

[그림 7.4] 탄저균 아포가 파쇄되어 탄저균이 나오는 모습

백혈구와 같은 식세포의 식균작용에 완강하게 저항하는 성질을 가지고 있다. 이 막 덕분에 탄저균은 몸체의 구석구석까지 전파해서 언제까지나 독력(毒力, virulence)을 발휘하는 능력을 유지하고 있다.

또 탄저균은 배양 조건이 악화되면 균체의 거의 중앙부에 아포(芽胞, 포자라고도 한다)를 만든다. 아포를 만든 균체 그 자체는 용해되어 없어지고 아포가 균체 대신에 균을 증식하게 된다. 아포는 일체의 대사를 멈춘 잠자는 세포이지만 생명은 굳건히 유지하고 있으며, 특히 열이나 건조 등의 물리화학적 처리에 강하게 저항한다. 그 때문에 아포는 세균의 내구형(耐久型)이라고도 불리며, 토양 속에서 몇십 년이나 생존할 수 있다.

배양 시 아포가 만들어질 때, 균체 밖으로 왕성하게 독소가 배출되어 배지에 쌓이고, 일단 아포가 몸 속에 들어가면 보통 탄저균으로 복원하며, 이때에도 활발하게 독소를 배출한다. 이 독소로 인해 몸의 세포는 죽음에 이른다. 협막과 아포가 가지고 있는 독력과 내구성은 생물무기로서 매우 적합한 조건을 제공한다고 할 수 있다.

2001년 9월에 미국에서 일어난 동시다발 테러에서는 이 탄저균이 현실적으로 인간에 대한 살상과 위협 수단으로 사용되기도 했다.

생물무기 사용 금지 동향

제1차 세계대전 동안, 적의 전의(戰意) 상실을 목적으로 독일군은 소와 말에 병원균을 감염시켰다는 강한 의심을 받아왔다. 확증적 증거가 부족한 비난이기는 했지만, 소나 말을 경로로 하는 전염병의 만연과, 무엇보다도 이 비인도적 행위에 사람들은 공포심을 금치 못했다.

이와 같은 경각심은 1922년 미국 워싱턴의 군축회의에서 되살아났다. 생물무기의 금지를 둘러싸고 활발한 토의가 진행되었다. 독가스 무기에 대해서는 1899년의 제1차 헤이그 평화회의에서 이미 토의된 바 있었다. 워싱턴 군축회의의 결과를 발판으로 1925년 6월에는 독가스를 포함한 생물무기의 사용 금지를 강조하는 제네바의정서가 채택되었다. 그러나 영국과 소련은 상대국이 사용한 경우의 보복적 사용 권리를 유보하자고 압박해, 미국은 조인하지 않고 끝나버렸다. 이렇게 되어 생물무기 개발은 브레이크 없이 진일보하는 단계에 들어섰다.

제2차 세계대전 중 1942년에서 43년에 걸쳐 영국은 스코틀랜드 북서부에 있는 글리나드 섬에서 탄저균 아포를 담은 폭탄 공격의 효과를 조사하는 실험을 했다. 폭심지(爆心地)에서 다양한 거리에 놓여진 동물의 감염 상황과 토양 속의 아포 잔존 상황도 조사했다. 그중에서 토양을 경년적(經年的)으로 조사한 결과를 보면, 30년 후인 1972년까지 많은 양의 아포가 잔존했고, 1979년에 채취한 토양에서도 소량이기는 하지만 여전히 아포는 존재했다. 그 후에 2,000리터의 바닷물에 녹인 포름알데히드(formaldehyde) 용액으로 실험구역을 제균(除菌)해 1988년이 되어서야 겨우 탄저균이 없는 섬이 되었다.

1943년에 미국은 메릴랜드 주에 생물화학전 연구센터인 캠프 데트릭(Camp Detrick)을 설립하고, 1955년에는 포트 데

트릭(Fort Detrick)으로 규모를 확대해 생물화학무기 연구에서 세계의 주도권을 잡게 되었다.

이제까지 생물무기로 연구되어 온 미생물은 바이러스(천연두, 앵무병, 황열병 등), 리케차(rickettsia: 발진티푸스, Q열 등)*, 세균(탄저, 브루셀라, 콜레라, 페스트 등), 그리고 독소(보툴리누스[botylinus]**, 진균 등)에 이르고 있다.

이와 같은 상황은 지구 인류에 대한 큰 위협이란 여론에, 1972년 4월 UN총회에서 '생물·독소 무기 금지 조약(Biological and Toxin Weapon Convention, 1972)'이 채택되었다. 그리고 1990년 7월의 휴스턴 서미트(선진국 정상회담)에서는 바이오테크놀로지를 응용한 생물무기 확산 방지를 선언했다.

생물무기의 과학수사

모든 세균이 생물무기가 되는 것은 아니다. 병원성을 가지고 있는 세균일지라도 대개는 전술상의 효과를 노려 수식(修飾)·가공되는 경우가 많다. 현대의 분자생물학, 유전자 기술이 이를 가능하게 했다. 공격자가 바라는 바와 같은 효력을 발휘하는 생물무기로 꾸며 낸 산물이다.

---

* 세균보다 작고 바이러스보다 큰 미생물로 이, 진드기 등에 기생하며 발진티푸스 등의 병원체이다.
** 보툴리누스균(혐기성 간균의 일종)이 만들어 내는 독소에 의해 일어나는 식중독. 구토·복통·경련·시력장애 등을 일으킨다.

유전자 기술이 오늘날처럼 고도로 발전하기 이전의 생물무기 연구는 세균 입자의 크기를 작게 하는 것이 중심이었다. 입자를 작게 하면 할수록 기관지를 통해 폐의 기능 중심인 폐포(肺胞)에 세균을 도달시킬 수 있다. 그것은 감염된 사람의 치사(致死)를 의미하기도 한다. 여기서 연구 성적의 하나를 소개하면, 7마이크로미터 입자 지름의 세균으로는 실험동물의 절반이 사망하는 데 6,500개의 세균이 필요했으나 1마이크로미터에서는 고작 3개의 세균으로 충분했다.

이 실험은 에어로졸(대기 중의 먼지에 상당하는 미립자)과 같은 미립자로 어떻게 가공하느냐의 기술에 달려 있다. 오늘날의 항공기 이용에 의한 에어로졸(aerosol) 산포(散布)에 많은 지식을 부여하게 되었다.

생물무기의 미립자화 추구에 벤토나이트(bentonite)의 이용도 검토되었다. 이것은 천연의 콜로이드상 함수규산 알루미늄을 성분으로 하는 흡수성 도토(陶土)로, 수 마이크로미터 이하의 미립자로 되어 있다. 이 입자에 흡착한 항원으로 혈청 중의 항체 역가(力價)를 측정하는 방법이 1951년에 보고된 바 있다. 항원을 흡착한 벤토나이트 미립자는 매우 안정되어 있어, 적어도 수개월에서 1년 정도는 항원 활성이 변하지 않는다.

생물무기의 미립자화에는 그 효력 유지의 길이와 아울러 매우 적합한 것으로 생각되었다. 사용된 생물무기에의 벤토나이트에 의한 미립자화 가공 유무는 서로 다른 장소에서 사용된 세균 상호의 동일성 식별과 경로 해명에 유효한 정보가 될

286

지 모른다.

지난 30여 년 사이 유전자 기술은 장족의 발전을 이어왔다. 그 결과 생물무기에 사용하는 세균의 무기 효과를, 목적에 부응하는 것으로 활용하는 연구가 진행되어 왔다.

범죄 수사의 첫걸음은, 범죄 현장에서 온갖 증거를 수집하는 데 있는 것은 사실이지만, 생물무기 사용의 범죄에서는 흉기에 해당하는 것이 눈에 보이지 않고, 냄새도 나지 않는다. 피해자에게 당장은 뚜렷한 손상도 없다. 현장은 평온한 상태일 수도 있다. 발증까지 걸리는 잠복기가 범죄 발생의 인지를 지연시킨다. 대개의 경우, 범인은 현장에 출입하지 않는다. 아마도 수사는 어려움에 처하게 될 것이다. 이 범죄가 악마적인 것은, 질병이 사람에서 사람으로 광범위하게 전파되어 마침내는 대량 살인으로 이어질 위험성을 내포하고 있기 때문이다.

1972년의 조약 채택으로 여러 나라가 이 저주할 범죄의 방지와 근절을 위해 과학수사와 관련되는 연구자는 기술적 사찰 체제 구축에 힘을 쏟았다. 그 활동은 우선 국제학술회의에서 범죄 검증의 기술적 방책을 토의하는 것이었다. 사용된 세균을 1분이라도 빨리 검출(detection)해서 그 종류를 확인(identification)하는 것이 최대 주제가 되었다. 그것도 범죄 현장에서의 검증(on site verification)을 목적으로 했다. 범인을 찾아내기 전에 무엇보다 먼저 감염의 전파를 저지하지 않으면 안 된다. 세균을 확인하고 그에 대응한 적절한 방호 체제를 구축하도록 노력해야 함은 물론이다.

세균의 검출과 확인은 대부분의 경우 전통적인 배양 기술과 형태적 검사, 면역학적 검사, 필요하다면 세균 성분의 생화학적 검사까지 종합해서 실시된다.

과학수사는 검출과 확인 외에도 또 하나의 귀중한 사명을 띠고 있다. 범인을 찾아내게 될지 모르는 정보를 사용한 세균에서 수집하지 않으면 안 된다. 즉, 세균에 대한 경로의 해명 작업이 필요하다. 생물무기에 사용되는 세균의 특징을 찾아낼 필요가 있다.

세균은 형태학적 성상(性狀), 병원성, 면역학적 성상 등의 특징이 같거나 근사한 군(群, axon)을 하나로 묶어 종(種, species)이라고 한다. 그리고 1개의 세균이 연속적으로 분열해 증식한 같은 유전자를 갖는 세균집단을 균주(菌株, strain)라고 하며, 균주는 클론(clone)이다.

현재의 기술적 검증은 이전의 전통적 기법에 더해진 유전자 해석이 크게 활약하고 있다. 종(種)과 계(系)의 확인뿐만 아니라 유전자의 특징을 찾아내려고 한다. 그러기 위해서는 세 가지 전술이 사용된다. 종의 유전자 해석(taxonomic assay), 기능적 유전자 해석(functional assay), 계의 특징적 유전자 해석(strain specific taxonomic assay)의 3종이다.

세균의 세포도 인간의 몸 세포와 마찬가지로 다양한 단백질을 만든다. DNA의 지령 암호를 읽고 번역해 그에 바탕해서 단백질을 만드는 것은 RNA이다. RNA에는 읽는 역할을 하는 mRNA, 아미노산을 운반하는 역할의 tRNA, 그리고 번역장치가 되는 rRNA의 세 종류가 있다. rRNA에도 세 종류가 있으며, 그중의 하나 16SrRNA의 유전자 (16SrRNA gene) 부분의 염기 배열이 종과 종 사이에서 차이를 보인다.

이 차이를 유전자 탐색자(gene probe)로 찾아내는 것이 종의 유전자 해석이다. 또 계(系)와 계 사이에도 약간이기는 하지만 차이가 있으므로 그 식별에 사용되기도 한다. 세균의 발병력(發病力, virulence)은 협막의 성상에 크게 관계된다. 협막(莢膜)을 만드는 유전자(capsule gene)의 염기 배열을 탐색자로 결정해서 발병력의 개변 상황을 조사하는 것이 기능적 유전자 해석이고, 탄저균에는 이 해석이 많이 실시된다. 이 해석법은 발병력 인자 유전자 해석법이라고도 한다. 계와 계 사이의 차이를 조사하는 것이 계 특이적인 유전자 해석법인데, 그 차이가 근소하기 때문에 어려운 해석법이기도 하다.

유전자 해석은 소독되었거나 약독화(弱毒化)해서 비활성화한 세균에도 지장 없이 실시할 수 있으므로 일각이라도 빨리 감염을 저지해야 할 생물무기 사용 범죄에서는 매우 유효한 검증 수단이 된다. 또 매우 미량의 증거량일지라도 PCR법(합성효소 연쇄반응)이라고 하는 미량의 DNA를 늘이는(증폭) 방법을 구사하기 때문에 면역학적 방법이나 생화학적 분석 방법보다 정확한 분석을 기대할 수 있다. 한편, 토양과 하천의 오수 등, 환경에서 유래하는 오염물질이 PCR법에 의한 DNA 증폭을 방해하는 수도 있기 때문에 해석에 시간을 요하는 것도 예상할 수 있다.

염기 배열의 근소한 차이로부터 다양한 정보를 얻을 수 있는 셈인데, 해석의 감도(感度)와 특이성을 고려하면서 해석 결과를 신중하게 평가·해석하는 것도 강하게 요구된다.

또 탄저균, 보툴리누스균, 진균 등이 만들어 내는 외독소(外毒素) 검증은 외독소 자체는 대부분이 단백질성의 화학물질이므로 화학무기의 검증에 준해서 가스크로마토그래피(gas chromatography), 적외흡수 분광법, 질량분석법 등을 써서 실시될 것이다.

생물무기 범죄의 과학수사 목적은 다른 전통적인 범죄와 마찬가지로, 증거물을 분석해 조금이라도 신속히 범인을 찾아 내는 데 있으며, 두 번 다시 그러한 범죄가 반복되지 않도록 하는 데 있다. 공격하는 자의 지식·기술·정보 모두에 대해, 검증하는 쪽의 능력이 그 몇 배나 능가해야만 소기의 목적을 달성할 수 있다. 과학수사는 전통적인 자연과학을 기반으로 하면서도 온갖 증거물의 상황에 대응할 수 있는 전략 기술을 잘 구사해야 만전을 가할 수 있을 것이다. 생물무기 사용 범죄의 수사는 이 모든 것을 요구하고 있다.

제8장

화학을 이용한 범죄

죽음을 부른 미약

1954년 4월 29일자 영국의 타블로이드판 신문 『데일리 미러(*Daily Mirror*)』는 '미약(媚藥), 타이피스트를 죽이다'라는 자극적인 표제로 역사상 가장 색다른 중독 사건을 보도했다.

기삿거리가 될 만한 것이 있으면 집요하게 좇는 것이 이 신문의 관행이라, 첫 보도가 있은 지 수개월 후 용의자 아서 포드(Arthur Ford)에게 고의살인죄로 유죄가 선고될 무렵, 재판의 경과를 전하는 기사의 한 글자 한 글자를 속속들이 읽은 독자들은 화학과 독극물학(毒劇物學, toxiocology)에 대한 얼마간의 지식을 얻게 되었다.

포드는 제2차 세계대전 후 런던에 소재하는 제약회사의 오피스 매니저로 근무한 중년 남성으로, 두 자녀를 둔 기혼남이면서도 한 여비서에게 군침을 삼키고 있었다. 물론 그 비서는 포드의 유혹을 거절했지만 그것이 오히려 열정에 불길을 당긴 듯하다.

이러한 때 이 연애 문제에 대한 해결책이 참으로 우연하게 그에게 제시되었다고 포드는 생각했다. 어느 날 한 고객이 "칸타리딘(cantharidin)으로 사마귀를 제거할 수 있느냐?"고 문의해 온 것이다. '칸타리딘'이라는 말을 듣는 순간 퇴짜를 맞은 사나이의 뇌리에 예전에 전우로부터 들은 이야기가 문득 떠올랐다.

그가 군에 복무하고 있을 때 전우가 딱정벌레의 일종인 유럽산 청가뢰(spansh fly)를 최음제(催淫劑)로 이용해 마음내키지 않아 하는 연인을 유혹했다는 이야기가 생각난 것이다. 이 유럽산 청가뢰의 유효 성분이야말로 칸타리딘일 것이다. 포드는 곧바로 회사의 상사에게 칸다리딘의 재고가 있느냐고 물었다. 무엇에 쓰려고 하느냐는 상사의 물음에 이웃사람이 토끼를 번식시키려고 하는데 칸타리딘이 번식 촉진에 도움이 될 것 같아서라고 얼버무렸다.

하지만 화학자인 그 상사는 분명하게 못을 박았다. 칸타리딘은 매우 위험한 독극물이므로 만약 잘못해서 사람이 극히 적은 양만 복용해도 사망하는 사례가 발생할 수 있다며 칸타리리딘의 이용을 경고했다. 포드는 더 이상 상사에게 간청하지 않고 물러섰다.

하지만 아서 포드는 칸타리딘을 사용하면 쉽게 여성을 정복할 수 있다는 생각에 사로잡혀 그 유혹을 뿌리치지 못했다.

그는 회사 창고에 쌓여 있는 병에서 소량의 칸타리딘을 훔쳤다. 그리고 초콜릿을 덮은 코코넛 아이스크림을 사와서는 아이스크림에 칸타리딘을 넣어 유혹의 대상인 여성에게 권했다.

그것을 본 다른 비서가 자기에게도 나눠 달라고 했으므로 포드는 두 여비서와 함께 아이스크림을 먹기 시작했다. 그러나 곧바로 세 사람은 심한 위통과 두통에 몸부림치다가 급히 병원으로 이송되었다. 다음 날 두 여비서는 사망하고 카사노바가 되려던 의기소침한 사내만이 의식을 되찾았다.

검시 결과 비서들의 사체에서 칸타리딘이 검출되었다. 아서 포드는 성취하지 못한 사내 연애(office love)가 결과적으로 무고한 두 여성을 죽음에 이르게 했다고 당국에 자백했다. 재판관은 포드가 전문가로부터 칸타리딘의 위험성에 대해 경고를 받은 사실을 지적하며 고의 살인죄로 징역 5년형을 선고했다.

기이하게도 같은 해 『브리티시 메디컬 저널(British Medical Journal)』이 또 하나의 칸타리딘 중독 사건을 보고했다. 이것 또한 매우 특이한 사례였다. 한 낚시꾼이 최음제가 든 미끼를 사용하면 ― 칸타리딘을 미량 혼합하면 ― 물고기를 더 많이 낚을 수 있을 것이라고 생각했다. 그래서 그는 병 속에 물과 칸타리딘을 넣고, 엄지로 병의 주둥이를 막은 다음 병을 흔들어 내용물을 혼합했다.

그런 다음 낚시꾼은 낚싯바늘에 미끼를 꿰려다가 그만 엄지가 바늘에 찔려 피가 약간 흘렀다. 낚시꾼은 평소 버릇대로 그 엄지를 입으로 빨았다. 낚시꾼이 사망한 것은 그로부터 여섯 시간 후였다. 불행하게도 칸타리딘은 물에 잘 녹지 않기 때문에 물에 완전히 녹지 않은 칸타리딘이 낚시꾼의 엄지에 묻어 있었던 것이다.

'칸타리딘은 미약'이란 소문이 퍼져 있지 않았더라면 이와 같은 비극은 발생하지 않았을 것이다. 칸타리딘 미약설은 원래 칸타리딘이 남녀 쌍방의 생식기 발기성 조직에 영향을 미치는 것을 근거로 하고 있다. 하지만 실제로 칸타리딘은 전혀 쾌락이라고는 형용할 수 없는 작용을 한다고 한다. 오히려 요생식로(尿生殖路)에 염증을 유발하므로 최음제로 이용해 목적을 달성했노라는 성공담에 현혹되어서는 안 된다.

칸타리딘의 효과는 최음성(催淫性)과는 매우 거리가 멀고 오히려 심각한 의학 문제가 되고 있다. 1861년 프랑스의 의학 전문지는 북아프리카의 프랑스 외인부대 대원 여러 명이 장기간에 걸쳐 발기 시에 통증을 느낀다고 하는 진귀한 증례를 보고했다. 치료에 임한 의사는 증상이 칸타리딘에 의한 것이라고 추정했지만 병사들은 칸타리딘 따위는 전혀 가까이한 적이 없다며 의혹을 부정했다. 실제로 여성들에게 접근하려 해도 그런 환경에 있지 못했기 때문에 병사들의 주장은 사실이었다.

거듭 질문을 해가는 과정에서 이 증상을 호소하는 병사 모두가 현지인들로부터 개구리 다리로 만든 음식을 사 먹었다는 것이 판명되었다. 통찰력이 있는 의사는 즉각 알아차렸다. 그래서 개구리를 포획한 현장으로 찾아가 보았더니 거기에는 역시 유럽산 청가뢰가 서식하고 있었다.

의사는 개구리 몇 마리를 포획해 해부해 보았다. 내장에 유럽산 청가뢰가 가득 들어 있었다. 의사는 호기심을 충족시켰다. 틀림없이 병사들은 유럽산 청가뢰를 삼킨 개구리의 다리를 먹으면서 모르는 사이에 칸타리딘을 섭취했던 것이다.

하지만 이 가설은 실증되지 못했다. 칸타리딘의 흔적을 조사하는 것은 당시의 화학 기술로써는 한계가 있었기 때문이다. 그러나 그로부터 130년 후에 코넬대학교의 토머스 아이즈너(Thomas Eisner, 1929~2011)가 실험을 하여 기뢰과(Meloidae)의 갑충(甲蟲)을 먹은 개구리 다리에는 칸타리딘이 잔류하고 있음을 증명했다. 아이즈너에 의하면, 이와 같은 개구리의 다리를 먹은 사람은 목숨을 잃을 위험이 있다고 한다. 이러다 보니 인간에게는 또 한 가지 걱정이 늘어난 셈이다. 개구리 다리로 만든 요리를 먹을 때는 먹기 전에 그 개구리가 어떤 먹이를 먹고 자랐는가를 알아보는 것이 현명할 것 같다.

사랑에 눈이 멀었던 아서 포드의 비극적인 살인은 사마귀 제거에 칸타리딘을 사용할 수 있느냐는 물음에서 비롯되었다. 당시 약제사는 아마도 이러한 목적을 위해 보관하고 있었을 것이다. 하지만 만약 칸타리딘이 몸 속에 흡수되기라도 한다면 사마귀는 고사하고 본인이 죽는 것을 피할 수 없을 것이다.

캐나다 매니토바(Manitoba) 주 위니펙(Winnipeg)에 사는 한 소녀는 본인밖에 모르는 성격 탓에 사마귀 제거제를 다량 복용해 식도를 태우고 심장에도 상처를 입어 병원으로 실려

갔다. 칸타리딘이 얼마나 위험한가를 잘 알려 주는 사건이다.

좀비화학 — 복어의 독으로 살아 돌아와?

약 20년 전, 마이클 잭슨(Michael Jackson)이 비디오 <스릴러(Thriller)>에서 살아 있는 시체인 좀비(zombie)를 연기하며 세상을 떠들썩하게 한 적이 있었다. 그런 일이 실제로 있을 수 있을까? 죽은 사람이 묘에서 살아나와 산 사람들을 위협하면서 농촌을 배회하는 일 따위가? 이 좀비 전설을 조사하려면 부두(Voodoo)교와 좀비의 땅인 아이티(Haiti)가 가장 적절한 곳일 것이다.

사체(死體)가 영력(靈力)으로 되살아나는 영화는 오랫동안 관객을 두려움에 몰아넣기도 했지만, 한 과학자가 좀비 전설의 그늘에 있는 과학을 파헤쳤다. 하버드대학교의 에드먼드 웨이드 데이비스(Edmund Wade Davis)가 카리브 해에 있는 아이티의 오지(奧地)를 탐험해 좀비 전설의 기원을 수소문한 결과 겨우 진짜일 것 같은, 살아 있는 표본을 발견했다.

클레어비우스 나르시스(Claivius Narcisse)라는 이름의 가난한 아이티 농부는 1962년에 사망해 땅 속에 묻혔지만, 18년 후 돌연히 그 지방의 시장에 나타나 여동생을 무척이나 놀라게 했다. 본인이 여동생에게 이야기한 바에 의하면 18년 전 나르시스는 토지의 권리를 둘러싸고 형과 말다툼을 했다고 한다. 그러자 형은 부두교의 주술사와 짜고 나르시스를 좀비로 만들었다. 나르시스는 매장된 뒤 묘에서 곧장 다시 발굴되었다.

다시 살아난 나르시스는 다른 좀비들과 함께 강제 노역(奴役)에 종사했다. 2년 후에 강제 노역장에서 가까스로 탈출했지만 형에게 발견될까 두려워 인적이 드문 곳에서 방랑 생활을 계속했다. 그러다가 인편으로 형도 이미 사망했다는 사실을 알고, 이제는 고향에 돌아가도 안전할 것이라고 생각했다.

나르시스는 '좀비 파우더(zombie powder)'를 문질러 바른 후 죽은 것과 같은 상태가 되었고, 그 효력이 서서히 소멸한 후 '되살아났다'고 털어놓았다. 그리고 강제 노역에서 탈주하는 것을 막기 위해 늘 약으로 마비된 상태에서 살았다고 했다.

데이비스는 즉시 이 흥미진진한 이야기의 실제 조사에 착수했다. 당시 이미 정신과 의사인 네이선 클라인(Nathan S. Klein) 박사가 인도 사목(印度蛇木, *Rauwolfia serpentina*)의 뿌리에서 추출한 레세르핀(reserpine)을 분리한 약을 정신과 치료에 사용해 명성을 얻고 있었다. 데이비스는 나르시스가 말한 '좀비 파우더'의 유효 성분에도 약효가 있을 것이라고 생각했다. 카메라와 약간의 돈을 마련한 데이비스는 이른바 '좀비 파우더'를 — 돈만 준다면 — 만들어 주겠다는 부두교의 주술사를 몇 사람 만났다.

데이비스는 주술사들이 '좀비 파우더'를 조제하는 현장을 볼 수도 있었다. 좀비 파우더는 묘지에서 유아의 사체를 파내어 두개골을 가루로 만들거나 두꺼비의 추출물을 사용하는 등, 여러 가지 재료를 섞어 만들었다. 하지만 그 어떠한 가루(粉)에나 공통으로 사용되는 원료는 오직 '복어'뿐이었다.

데이비스는 새삼 흥미를 느꼈다. 그는 복어의 간장과 난소에는 테트로도톡신(tetrodotoxin)이라는 신경계를 마비시키는 독이 함유되어 있다는 것은 물론, 복어는 동양의(특히 일본의) 미식가들이 올바르게 조리되지 않은 것을 먹고 사망하기도 한다는 사실도 알고 있었다. 복어 요리를 다루는 요리사는 위험한 복어의 내장(內臟) 취급에 대해 오랜 훈련을 쌓아 왔음에도 불구하고 때로는 실수로 손님을 죽음에 이르게 하는 경우도 있다.

하지만 데이비스는 의학 문헌 속에서 하나의 기사를 발견하고 덩실거리며 기뻐했다. 복어에 중독된 희생자가 사체 안치소로 실려 가는 도중에 벌떡 일어났다는 것이다. 이야말로 바로 좀비의 원형이라고 생각했다.

흥분한 데이비스는 미국으로 돌아와 '좀비 파우더'의 표본을 분석했다. 틀림없이 표본 중의 2개에서 테트로도톡신의 존재가 확인되었다. 데이비스는 아이티의 주술사들에 대한 조사를 계속해 '좀비 오이'로 만들어지는 조제약이 있는 것을 확인했다. 이 조제약이 되살아난 좀비들을 멍한 마비 상태로 만든다고 그는 믿었다. 이 '좀비 오이'란 정신 활성물질인 아트로핀(atropine)과 스코폴라민(scopolamine)의 보고(寶庫)인 나팔꽃처럼 생긴 독말풀(jimsonweed) 바로 그것이다.

아트로핀과 스코폴라민은 둘 다 정신 착란, 기억 상실, 혼미, 기행(奇行)을 야기하는 경우가 있다. 스코폴라민에는 정신을 안정시키는 효과가 있기 때문에 실제로 '자백' 약으로 주목받고 있다. 스코폴라민에 의해 유발된 상태에서 피검자는 거짓말을 꾸며 댈 만한 정신력(精神力)을 상실한다. 눈이 흐릿해지고 평형 감각을 잃는 경우도 있다.

데이비스는 좀비 전설에 푹 빠져든 듯했다. 그리고 그의 주장을 지지하는 듯한 사례를 영국의 유명한 의학 잡지인 『랜싯(The Lancet)』이 보고했다. 내용인즉, 싱가포르에 거주하는 한 남성이 복어를 먹고 36시간 동안 혼수 상태에 빠졌는데, 그 사이 간뇌에 반사가 보이지 않았고, 그것은 보통 광범위한 뇌손상이 있음을 의미했다. 하지만 꼭 죽은 사람 같았던 이 사내는 1주일 후에 되살아났다는 것이다.

데이비스는 이 괴상한 모험담을 『뱀과 무지개(The Serpent and the Rainbow)』(1988)라는 저서에서 상세하게 기술하고 있다. 이 작품은 <좀비 전설>이라는 어설픈 영화로도 제작되었다. 이렇게 하여 데이비스의 좀비 전설은 어떤 이유에서인지 사실이 된 것 같았다. 하지만 속단은 이르다. '좀비 파우더'를 분석한 과학자들은 파우더에는 분명히 테트로도톡신이 함유되어 있기는 하지만 그것은 극히 미량이므로 좀비와 같은 상태를 야기할 리가 없다고 주장하고 있다. 하지만 데이비스는 테트로도톡신이 미량이라도 발견되었다는 것은 다른 표본은 확보하지 못했지만 일반적인 좀비 파우더에는 테트로도톡신이 대량 포함되어 있을 가능성이 있다고 반론했다.

테트로도톡신이 신경작용을 저해한다는 사실은 의심할 여지가 없고, 테트로도톡신은 세포가 세포에 신호를 전달하는 데 불가결한, 세포에 의한 나트륨 섭취를 저해한다. 부두교가 주장하는 바에 의하면, 좀비는 소금을 먹는 것을 허용하지 않는 듯하다. 소금을 섭취하면 '반(反)좀비화'하게 된다고 하니 믿어야 할지 말아야 할지…….

소금은 염화나트륨이다. 나트륨이 테트로도톡신의 효과를 말소시켜버리기 때문인지도 모른다. 어찌 됐든 복어, 좀비 오이, 되살아나는 사체 이야기는 이 정도에서 끝내기로 하겠다. 매우 흥미로운 이야기인 것만은 분명하다. 하지만 모든 이야기를 진지하게 듣지 말고 건성으로 듣고 넘어가는 것이 좋을 듯하다.

괴승 라스푸틴 — 시안화물의 위력

그리고리 라스푸틴(Grigori Efimovich Rasputin 1872~1916), 또 하나의 별명 괴승(怪僧) 라스푸틴은 제정(帝政) 러시아 최후의 황제인 니콜라이 2세와 황후의 신임을 받아 강력한 권력을 손에 넣었다. 시베리아 출신의 이 무학(無學)의 농부는 더벅머리에 헝클어진 턱수염, 강렬한 체취의 이른바 촌놈이었지만 니콜라이 2세의 아들인 알렉세이(Alexei)의 목숨을 구해 로마노프 왕조의 총애는 물론 확고한 지위를 획득했다.

혈우병(血友病)을 앓고 있던 알렉세이 황태자는 대퇴부에 가벼운 타박상을 입어 매우 쇠약한 상태였다. 러시아 황후인 그의 어머니 알렉산드라(Alexandra)는 황태자의 병으로 인해 마음고생이 심했다. 그도 그럴 것이 빅토리아 여왕의 손녀가 되는 알렉산드라로부터 알렉세이에게 혈우병이 유전된 것이라고 생각했기 때문이다.

라스푸틴은 러시아 황후에게 "생명을 구하기 위해서는 황태자 전하를 의사에게 맡기지 말고 기도를 드리는 것만이 살릴 수 있는 길이라고 조언했다.

황후가 라스푸틴의 조언에 따랐더니 신통하게도 알렉세이는 회복되었다. 의사가 주사와 검사를 중단한 순간부터 혈우병을 앓고 있던 알렉세이의 내출혈(內出血)이 멎었기 때문이다. 황제와 황후는 라스푸틴에게 빚을 지게 된 셈이다.

이런 일이 있은 이후 라스푸틴은 점차 왕조 내에서 권력이 강화되었으나 그 기괴한 처신은 다른 신하들의 질투와 관심의 표적이 되었다. 신하들은 모두 이 괴승의 신조(信條)에 눈살을 찌푸렸다. 어쨌든 그 신조라는 것이 죄를 용서받기 위해서는 먼저 범하지 않으면 안 되고, 죄가 무거워지면 질수록 용서도 커진다는 것이었다. 실제로, 젊은 여성 참회자의 죄가 부족하다고 느끼자 라스푸틴은 직접 여성의 죄가 무거워지도록 거들어 주면서 즐거워했다고 한다.

이러함에도 불구하고 라스푸틴에 대한 황제의 신임은 깊어만 갔다. 결국 라스푸틴의 조언을 국정(國政)에까지 반영하기에 이르렀다. 라스푸틴을 매우 못마땅하게 여겼던 신하들은 더는 참을 수가 없었다. 그리고 드디어 최후의 날이 왔다. 이 악마와 같은 요괴승을 죽이려고 신하들은 음모를 꾸몄다. 운을 하늘에만 맡겨 둘 수는 없어 시안화물(cyanide)로 독살하기로 정했다.

1916년 12월 30일, 신하의 한 사람인 펠릭스 유수포프(Felix Felixovich Yusupov) 공작은 그의 부인 이름으로 편지를 보내 라스푸틴을 파티에 초대한 후 치사량의 10배가 넘는 청산가리(시안화칼륨)를 숨겨 넣은 초콜릿 케이크를 대접했다.

괴승은 게걸스럽게 케이크를 먹어 치웠지만 아무런 일도 일어나지 않아 경과를 지켜보던 사람들은 오싹 소름이 끼쳤다. 이 악마는 드디어 초자연의 힘까지 몸에 지녔다는 것인가? 공모자들은 어찌할 바를 몰라 허둥거렸고, 그중의 한 사람이 라스푸틴의 팔에 총격을 가했다. 직사(直射)였다. 유수포프 공작이 쓰러진 라스푸틴 위에 몸을 구부려 '이것으로 괴승도 드디어 절명했나 보다'라며 확인하려는 순간 '사체'는 벌떡 일어나 공작을 쫓기 시작했다. 다시 총소리가 두 번 울리고나서야 괴승은 쓰러졌다. 밖으로 끌어낸 라스푸틴의 사체는 네바(Neba) 강에 던져졌다. 검시 결과 사인(死因)은 익사인 것으로 판명되었다.

청산가리는 어찌해서 라스푸틴 암살이라는 임무를 수행하지 못했던 것일까? 이름난 '살인약' 청산가리도 얼빠진 실수를 하는 경우가 있다는 말인가? 시안화물은 체내의 중요한 효소인 시토크롬산화 효소(cytochrome oxidase)를 비활성화한다. 시토크롬산화 효소는 호흡에 불가결한 반응을 일으킨다. 하지만 시안화물이 이 효소를 비활성화하면 심장과 폐 등, 생명유지에 필요한 장기를 동작시키는 에너지를 상실하게 된다. 그 결과 급사할 수도 있다.

독살의 목적을 달성하지 못한 이유의 하나로, 음모자들이 불활성화한 오래된 청산가리를 사용했을 가능성을 생각할 수 있다. 시간이 지나면서 대기 중의 이산화탄소와 반응하면 청산가리는 서서히 탄산칼륨으로 바뀌어 공기 중에 조금씩 시안화수소를 방출한다. 이 가설은 그다지 기발한 것은 아니다.

라스푸틴 사건이 있기 수년 전, 러시아의 어느 서커스단에서는 날뛰는 한 마리의 코끼리를 사살해야 할 사태가 벌어졌다. 그 코끼리는 크림 케이크를 매우 좋아했으므로 살해를 위임받은 한 단원이 물동이만 한 케이크에 청산가리를 섞어 제공했다. 코끼리는 남김없이 모두 먹어 치웠지만 아무런 이상도 없었다. 역시 청산가리가 독살에 실패한 것이다. 불운한 그 코끼리 앞에 끝내 총살대(銃殺隊)가 등장하고서야 사태는 마무리되었다.

보통 청산가리는 '믿을 만한' 독극물이다. 그렇기 때문에 냉전기(冷戰期) 옛 소련의 국가보안위원회(KGB)의 스파이는 정적을 암살할 때 이 독극물을 이용했다. 1957년에는 국외로 추방된 우크라이나의 정치 지도자로서 뮌헨에서 반소련 색채가 짙은 신문을 발행하고 있던 신문사 사주(社主)도 시안화물에 의해 암살당했다.

이 암살에서는 화학 반응이 효과적으로 이용되었다. 신문 사주를 처형하라는 지령을 받은 KGB의 스파이는 청산가리와 황산을 섞어 시안화수소를 발생하는 장치를 숨겨 갖고 있었다. 희생자의 얼굴에 이 가스를 직접 분사하면 심장 발작과 같은 급사를 모면할 수 없게 된다. 이것은 제2차 세계대전 때 나치의 가스실에서도 사용된 화학 반응이고 오늘날에도 사형이 집행되는 미국의 주에서는 이용되고 있다.

그러하다면 어찌해서 KGB의 스파이는 암살을 수행할 때 독가스의 영향을 받지 않았던 것일까? 방독 마스크를 착용했기 때문이었나? 그럴 리가 없다. 방독 마스크를 쓰고 공중(公衆)의 면전에서 목표에 은밀하게 다가간다는 것은 납득이 되지 않는다. 달리 방법이 있었을 것임에 틀림없다.

옛 소련의 화학자는 소량의 시안화합물을 스스로 제거하는 신체의 메커니즘을 기본으로, 교묘한 해독 시스템을 개발했다고 한다. 시안화합물을 사이오시안산염(thiocyanate)으로 전화(轉化)시켜 소변과 함께 배출시키는 로다나아제(rhodanase)라는 효소를 이용한 것이다. 하지만 이 반응에는 보통은 체내에 극히 적은 양밖에 존재하지 않는 사이오황산염(thiosulfate)을 필요로 한다.

암살을 결행하는 날 아침 이 스파이는 티오황산나트륨(속칭 사진정착제 '하이포[hypo]'라고도 한다)을 조식(朝食)으로 섭취해 신체가 시안화물을 처리할 수 있도록 조치했다. 그리고 암살 수행 직전 입 속의 아질산아밀(amyl nitrite)의 앰플을 깨물어 깊이 흡입했다. 이렇게 함으로써 혈중에 메토헤모글로빈(metohemoglobin)이라는 헤모글로빈의 일종이 합성되었다. 메토헤모글로빈은 시안화물과의 친화성이 강해 시안화물을 티오시안산염으로 전화시켜 소변을 통해 배출시킨다.

이 화학이론은 믿을 만하지만 시안화물에 대한 방어력에는 의심의 여지가 있다. 과도한 아질산아밀은 그 자체가 유독하므로 해독제의 양이 극히 적당량이어야 한다. 그러나 현재 실시되고 있는 시안화물의 중독 치료에는 아질산 나트륨과 사이오황산 나트륨을 정맥에 투여한 후 아질산아밀의 흡입이 포함되어 있다.

약 20년 전 멕시코의 한 의학생에 대해 실시된 것도 바로 이 치료법이었다. 그 학생은 아무리 흔들고 소리쳐도 개가 일어나지 않으므로 개의 코에 자기 입을 대고 인공호흡을 시도했다. 그러나 그것도 소용없이 끝났다. 개는 죽었고 학생 자신도 의식을 잃었다.

치료를 담당한 병원의 의사는 환자의 호흡에서 아몬드 냄새를 채취해 시안화물 중독을 의심했다고 한다. 개는 자고 있는 것이 아니었다. 어쩌다 시안화물을 마셔 폐에서 독극물을 배출하고 있었던 것이다. 그러므로 시안화물을 먹은 개의 경우, 잠든 개는 깨우지 않는 것이 좋을 듯하다.

세일럼의 마녀 재판

미국 매사추세츠 주의 항구도시 세일럼(Salem)은 핼로윈 (Halloween)에 방문하는 데는 최고의 즐거운 장소일 것이다. 점포마다 마녀의 토산품이 넘쳐나고 거리의 여기저기에는 점술사(占術師)인 마녀들이 대기하고 있다. 그리고 마녀 박물관에서는 미국의 역사상 가장 저주스러운 사건의 하나가 잔인하게도 빛과 소리의 쇼가 되어 상연되고 있다.

1692년의 세일럼 마녀 재판은 무수한 마녀 사냥 중에서 증거 서류가 가장 많이 남아 있는 사건이다. 이 비극적 재판의 발단은 엄격한 청교도(淸敎徒)의 관습을 거북스럽게 여긴 몇 명의 처녀가 스트레스를 해소하려고 부모의 눈길을 피해 시작한 운세 판단(運勢判斷)에서 비롯되었다.

모든 것이 그녀들에게는 천진난만한 놀이였다. 한 처녀가 난백색의 이상한 수정구(水晶球)를 만들어, 거기에 관(棺)이 막힘 없이 비추는 것을 보았다고 주장할 때까지는. 그러자 다른 처녀들도 세상에 재미있는 환영(幻影)을 보려고 아우성을 쳤고, 드디어는 기괴한 행동을 하기에 이르렀다. 처녀들을 치료한 읍내 의사는 그 기행(奇行)의 원인을 의학적으로 설명하지 못해 처녀들은 마술에 걸린 것이 틀림없다고 결론을 내렸다.

처녀들은 다행이라고 생각해 의사의 진단 결과를 받아들였다. 마술의 탓으로 돌린다면 금지된 점(占)을 몰래 본 사실

306

을 고백하지 않아도 넘어갈 수 있기 때문이다. 그러나 '처녀들이 마술에 걸렸다'는 소문은 곧 읍내 전체에 퍼져, 세일럼의 많은 주민이 마술에 걸린 듯한 증상을 보이게 되었다. 히스테리가 읍내 전체에 확산된 듯했다. 마녀가 읍내 전체에 마술을 건 것임이 틀림없다고 속단해 읍민을 총동원한 마녀 사냥이 시작되었다.

소동의 발단이 된 처녀들은 세간의 주목을 받아, 들뜬 마음에서 마녀일 듯한 여성들을 주저없이 지명했다. 혐의가 씌워진 여성들은 전라(全裸)로 되어 감추려 해도 나타나는 '마녀의 표시'를 찾기 위해 온몸을 샅샅이 검색당했다. 그리고 사마귀가 있으면 그것은 악마에게 홀린 것이라 간주되었다. 아무런 증거가 발견되지 않았을지라도 용의자를 조사하는 동안 조금이라도 히스테리 증상을 나타내면 그것이 곧 유죄의 증거가 되었다.

이 집단 히스테리 소동이 가라앉기까지 200명 이상의 여성이 마술을 건 죄로 교도소에 수감되고, 19명이 교수형에 처해졌으며, 한 사람은 학대를 견디지 못해 자살했다.

세일럼의 비극은 집단 히스테리의 전형(典型)으로 곧잘 인용되기도 한다. 하지만 과학자들 중에는 다른 해석을 하는 사람도 있다. 이 비극에는 성(聖)안토니열(熱)이라는 흥미로운 질환이 관련되어 있다는 것이다. 하지만 성 안토니(St. Antony)가 실제로 이 질환 때문에 고통을 당한 것은 아니었다.

3세기 무렵, 젊고 경건한 그리스도 교도인 안토니는 세속에 싫증을 느껴 시나이 사막에서 은둔 생활을 하기로 했다. 그러나 막상 사막에서 생활하기 시작하자 고독감을 견디지 못해 마침내 환각(幻覺)을 보게 되었다. 인근을 배회하는 동물이 보이기도 하고, 때로는 유혹하는 처녀들의 모습이 보이기도 했다. 그러한 망상에 시달리면서도 안토니는 힘겹게 고독을 극복하고 마침내 이집트에 최초의 그리스도교 전도관을 설립했으며, 105세까지 장수했다.

늘 강박 관념에 시달리면서도 의지를 관철한 안토니의 강인한 정신력은 안토니와 마찬가지로 흔들리는 정신력 때문에 고뇌하는 그리스도 교도들의 마음을 움직였다. 그들은 성 안토니에게 기도하며, 자신이 안고 있는 마음의 문제를 잘 풀어나갈 수 있도록 도와 달라고 빌었다. 그러자 때로는 용하게도 그 소원이 성취되었다. 그들의 대다수가 불온한 환각, 온몸이 타는 듯이 따끔따끔한 감각 증상을 호소했으므로 결국 그러한 증상이 나타나는 병을 '성안토니열'이라 부르게 되었다.

16세기 말에 이르러 이 병은 맥각균(麥角菌, *Clauiceps purpurea*: 자낭균류 히포크레아균목 맥각균과의 균류)에 오염된 라이맥(rye麥)을 먹은 것이 원인으로 발생하는지도 모른다고 생각하게 되었다. 오늘날에 이르러서도 이 균에서 다양한 화합물(맥각알카로이드)이 발생하고, 그것이 경련과 작열감, 혈관 수축을 야기한다는 사실이 알려져 있다. 혈관이 수축된 결과 괴저(괴사로 인해 환부가 탈락 또는 부패해 그 생리적 기능을 잃는 병)가 생겨 손가락, 발가락, 팔, 다리를 잃는 사람도 있었다.

리세르그산 디에틸아미드(lysergic acid diethylamide: 통칭 LSD)는 맥각에서 분리된 물질이다. 강력한 환각제인 이 LSD 는 1943년 스위스의 제약회사에 근무하고 있던 화학자 알베르트 호프만(Albert Hofmann, 1906~2008)이 맥각을 연구하다가 발견했다. 맥각 알카로이드는 편두통 약으로 쓰이고 있으며, 과거에는 출산 후의 출혈을 억제하기 위해서도 많이 사용되었다.

그러면 도대체 어찌해서 성 안토니에게 빌면 맥각 중독이 치유되는 것인가? 이 증상으로 인해 고통받는 사람들은 기도를 드리기 위해 성 안토니의 성당을 향해 순례의 길을 떠나는 경우도 있었다. 길을 떠나면 당연히 일상의 식생활을 거르는 경우도 생기므로 맥각균에 오염된 라이맥을 섭취하지 않게 되어 증상이 호전되었는지도 모른다. 또 성당의 수도사들은 배아(胚芽)와 기울을 벗겨낸 소맥분으로 빵을 만들었으므로, 이 빵에 치료 효과가 있었던 것으로도 생각할 수 있다. 오늘날에 이르러서는 라이맥으로 만든 빵을 먹을 때 이러한 염려는 전혀 할 필요가 없다. 설사 라이맥이 맥각균에 오염되었다 할지라도 현대의 제분 기술은 그것을 말끔히 제거할 수 있기 때문이다.

여기서 다시 세일럼의 이야기로 돌아가자. 당시 라이맥은 필수 식품이었다. 기록에 의하면, 1692년의 날씨는 맥각균이 번식하기에 안성맞춤이었다. 소동을 일으킨 처녀들은 하나같이 체중이 가벼워 맥각균에 오염된 소맥분에 중독되기 쉬운 체질이었는지도 모르고, 또 망상에 걸린 듯한 상태는 각종 맥각의 화합물에 의해 향정신작용을 일으켰는지도 모른다.

더욱 흥미로운 사실은, 처녀들이 실제로 마술에 걸렸는지 여부를 조사하는 시험 중에는 라이맥도 이용되었다. 서인도 제도(諸島) 출신의 노예가 명령을 받고 병고에 시달리는 처녀들의 소변과 라이맥을 혼합해 마녀 케이크를 만들었다. 처녀들이 마술에 걸려 있는지 판명하기 위해 그 케이크는 개에게 주어졌다. 개가 처녀들과 같은 증상을 나타내면 처녀들이 마술에 걸린 것이라고 단정했다.

현대 과학에서 애석하게도 당시의 세일럼 읍장은 이 시험을 정당한 것으로 간주하지 않아 결과의 기록도 남겨 놓지 않았다. 개의 반응은 마녀 재판 맥각 범인설의 신빙성을 가늠하는 단서가 되었을 것임에도 17세기에는 개가 이상한 증상을 나타내면 그것이 마술의 증거로 해석되었을 것이고, 현대의 화학 지식으로는 소변 속의 맥각 알칼로이드가 원인이라는 가설이 성립된다. 하지만 진실은 과연 어떤 것이었을까? 세일럼의 주민 대부분이 집단 히스테리의 희생자였는지, 아니면 화학의 마술적 희생자였는지는 영원한 수수께끼이다.

분무기로 살인을

어떤 프로그램에서 고정 출연자(regular)로 근무하는 X는 어느 날, 한 여성 청취자로부터 걸려온 전화를 받았다.

"도대체 자연요법을 잘 아는 의사는 왜 몇 사람 되지 않는 것입니까?"

신랄하게 의사를 비난하는 어조였다.

'아이고 맙소사, 어차피 또 의사로부터 가망이 없다고 버림받은 증상이 약초요법이나 영양 보조식품으로 호전되었다는 판에 박은 이야기를 듣게 되었군.'

그렇게 생각한 X는 자기도 늘 써먹던 말로 충고하려고 했다.

"더 확실한 진전이 있을 때까지는 기다리는 것이 좋을 듯합니다. 증거라고는 세간에 떠도는 소문뿐, 그런 이야기는 헛소문인 경우가 예사니까요. 어떻든 이러한 문제는 과학적으로 신중하게 대응해야 합니다." 운운…….

하지만 전화를 걸어온 여성은 X의 충고를 들었는지 못 들었는지 자기 말만 계속 했다. 요약하면, 어떤 의사가 먹어서는 안 되는 기피(忌避) 식품의 리스트를 적어 준 덕분에 병이 기적적으로 치유되었다는……. 이야기는 단순했다.

그녀의 고르지 못한 건강 상태는 모두 식물성 알레르기 탓이었다고 한다. 그래서 그녀는 의사가 적어 준 리스트에 있는 식품을 먹지 않기로 했다. 숙성한 치즈, 닭의 간, 소금에 절인 청어, 초콜릿, 소시지, 누에콩, 붉은 포도주 등.

X는 이 시점에서 그녀가 말하는 의도를 알았다. 그 리스트는 모노아민산화 효소(monoamine oxidase) 저해제(阻害劑)라는 항우울제를 처방받는 환자가 기피해야 할 대표적 식품이었

기 때문이다. 틀림없이 이 여성의 아무런 관계도 없는 온갖 고르지 못한 몸 상태에 대해 들은 날카로운 관찰안의 내과 의사는 그녀의 증상은 우울병 증상이라고 종합적으로 판단해 적절한 항우울제를 처방하고, 식사에 대한 조언도 한 것으로 짐작되었다. 그러나 의사와 의사소통도 제대로 못 한 그녀는 자기 임의로 몸이 좋지 않았던 것은 모두 알레르기 탓이었다고 믿었던 것 같다.

그러면 왜 모노아민산화 효소 저해제를 복용하고 있는 사람에게는 이와 같은 기묘한 식사 제한이 필요한가. 이야기의 전체적인 맥락을 이해하기 위해 여기서 한 가지 문학(文學)에 접근해 보기로 하자.

법정 변호사인 호레이스 럼폴(Horace Rumpole)은 영국 문학에서 독자들의 마음을 사로잡은 등장인물의 한 사람이다. 극작가이며 소설가, 변호사이기도 한 존 모티머(John Clifford Mortimer, 1923~2009)가 자기 작품에 등장시킨 논쟁을 즐기지만 호감도 가는 이 법정 변호사는 런던의 범죄 분자들의 호적수(好敵手)인 동시에 '절대 복종해야 할 여성'인 아내 힐다(Hilda Rumpole)의 호적수이기도 하다.

행복한 결혼 생활을 유지하기 위해 럼폴로부터 올바른 화학(化學)을 배울 수는 없지만 드라마 <럼폴과 전문가 증인(Rumpole and the Expert Witness)>에서 부부의 불화가 무엇을 초래하게 되는지는 배울 수 있다.

스토리의 알맹이는 한 의사의 교활한 속임수이다. 아내를 죽이려고 하는 의사에 관한 이야기인데 동기는 예나 지금이나 마찬가지 — 다른 여성이 생겼기 때문에 — 였지만 방해물이 된 아내를 없애는 수단이 기발했다. 흉기는 치즈 스프레이, 아니 그렇다고 콜레스테롤로 살해한 것은 아니다. 그의 배덕(背德) 행위는 모노아민산화 효소 저해제를 악용함으로써 성취되었다.

여기서 잠시 시대 배경을 설명하고 이야기를 이어가도록 하자. 1951년 이프로니아지드(iproniazid)라는 신약이 개발되어 결핵 치료에 사용되었다. 이프로니아지드는 결핵균의 감염으로 인한 무서운 전염병에 효과가 있는 최초의 약 중의 하나였다. 하지만 간에 부작용이 따르는 것으로 밝혀져 지금은 마찬가지 효과가 있고 안전한 이소니아지드(isoniazid)가 이용되고 있다.

그런데, 아직 이프로니아지드가 처방되던 당시, 의사들은 매우 흥미로운 부작용을 발견했다. 이 약을 복용하면 환자들이 매우 쾌활해지는 현상이다. 춤추고 노래까지는 하지 않았지만 항우울 효과가 있는 것만은 분명했다. 당초, 이 효과를 이용할 기회는 없었다. 그도 그럴 것이, 당시 항우울병 치료에 화학약품을 사용하는 것은 금지되어 있었기 때문이다. 하지만 1956년, 이프로니아지드에 흥미를 느낀 몇 사람의 연구자가 마우스로 동물실험을 하여 극적인 효과를 증명했다. 이프로니아지드를 주사한 마우스는 행복감에 들뜬 듯했다.

이 연구 결과에 자극을 받은 네이선 클라인(Nathan S.

Kline)이라는 정신과 의사는 인도 사목(印度蛇木, *Rauwolfia serpentina*)의 뿌리에서 추출한 레세르핀(reserpine)이라는 물질로 통합 실조증(失調症)을 치료함으로써 이미 명성을 떨친 바 있었으나, 이번에는 우울병 환자에게 이프로니아지드를 투여해 보았다. 그 결과는 놀라워서 곧 이프로니아지드는 기분을 향상시키는 약으로 널리 이용하게 되었다.

하지만 이 새로운 항우울제에는 부작용이 있는 것으로 밝혀져 의사들은 실망했다. 이 약은 우울병에는 효과가 있지만 혈압이 높은 환자에게는 컨디션을 악화시킨다는 보고가 있었던 것이다. 복용한 사람들 중에는 간혹 심장 발작을 유발하는 환자도 있었다. 이 부작용을 이용해 존 모티머는 자기 작품에서 비열한 의사로 하여금 범죄를 자행하게 했던 것이다.

극도의 고혈압증은 모노아민산화 효소 저해제가 어떤 종류의 음식물, 음료, 혹은 다른 약과 화합했을 때에 일어날 수 있다. 즉, 약과 식품의 조합이 나쁠 때에 일어난다. 맥주, 초콜릿, 닭 간, 소금에 절인 청어, 숙성한 치즈는 가장 고혈압을 초래하기 쉬운 식품이다. 이프로니아지드는 모노아민산화 효소를 억제함으로써 항우울 작용을 한다. 모노아민산화 효소는 노르에피네프린(norepinephrine), 도파민(dopamine), 세로토닌(serotonin) 등, 인간의 기분을 조절하는 뇌의 화학물질 농도를 조정한다. 이 효소를 억제하면 이러한 뇌의 화학물질 농도가 높아져 결과적으로 우울 상태가 줄어든다.

하지만 숙성된 치즈나 와인 등의 식품에는 혈압을 상승시키는 물질이 함유되어 있다. 예를 들어, 티라민(tyramine)은 보통은 모노아민산화 효소에 의해 체내에서 분해된다. 하지만 이 효소를 비활성화하면 티라민의 농도가 상승하고 혈압도 급상승한다. 그 때문에 현재는 모노아민산화 효소 저해제를 복용하고 있는 환자는 금기해야 할 식품에 관해 의사로부터 엄격한 지도를 받는다.

이제 여기서 다시 럼폴에 관한 이야기로 돌아가자. 주인공인 비열한 의사는 우울증 치료를 위해서라면서 아내에게 모노아민산화 효소 저해제를 복용하게 했다. 그리고는 구운 치즈 스프레이에 와인까지 곁들여 아내를 대접했다. 치즈와 와인에 포함된 티라민이 항우울제와 공모(共謀)해 의사의 내심을 실행했다. 그의 아내는 심장 발작으로 사망했다.

그런 이야기는 지나친 억측 같다고? 아니다. 그렇지만도 않다. 의학 문헌에는 모노아민산화 효소 저해제의 부작용으로 인한 돌연사의 사례가 여럿 기록되어 있다. 어느 경우에나 평소에는 모노아민산 효소에 의해 대사되는 물질을 체내에 섭취한다. 그러면 모노아민산 효소가 억제되어 있기 때문에 그 물질이 과잉 상태가 된다. 예를 들면, 진통제(디메롤, Dimerol)나 울혈 제거약을 포함한 감기약 등은 그 부작용이 사인(死因)이 된 예가 있다. 식물에서 추출한 에페드린(ephedrine)이란 화학물질은 많은 '천연' 살 빼기 약인 서플리먼트(supplement) 마황(麻黃)에 함유되어 있다. 하지만 모노아민산 효소 저해제를 복용하고 있는 사람이 이와 같은 살 빼기 약이나 약초 서

플리먼트를 섭취하게 되면 생명을 잃을 수도 있다.

소설은 끝부분에서 럼폴은 음모를 간파하고 사건을 멋지게 해결해 의사를 교도소로 보냈다. 하지만 이 소설의 진정한 가치는 약과 식품의 혼합에는 늘 조심해야 한다는 것을 경고하는 데 있는지도 모른다. 변호사 럼폴은 건강도 변호한 셈이다.

과학수사와 범죄

2018년 1월 15일 1판1쇄
2024년 1월 15일 1판3쇄

저자 : 정해상
펴낸이 : 이정일

펴낸곳 : 도서출판 **일진사**
www.iljinsa.com

(우) 04317 서울시 용산구 효창원로 64길 6
대표전화 : 704-1616, 팩스 : 715-3536
이메일 : webmaster@iljinsa.com
등록번호 : 제1979-000009호(1979.4.2)

값 18,000원

ISBN : 978-89-429-1528-6